11—039职业技能鉴定指导书

职业标准·试题库

2014年版

水轮发电机组值班员

（第二版）

电力行业职业技能鉴定指导中心　编

电力工程　水电机械运行与 检修专业

U0315590

中国电力出版社
CHINA ELECTRIC POWER PRESS

内 容 提 要

本《指导书》是按照劳动和社会保障部制定国家职业标准的要求编写的，其内容主要由职业概况、职业技能培训、职业技能鉴定和鉴定试题库四部分组成，分别对技术等级、工作环境和职业能力特征进行了定性描述；对培训期限、教师、场地设备及培训计划大纲进行了指导性规定。本《指导书》自 1999 年出版后，对行业内职业技能培训和鉴定工作起到了积极的作用，本书在原《指导书》的基础上进行了修编，补充了内容，修正了错误。

试题库是根据《中华人民共和国国家职业标准》和针对本职业（工种）的工作特点，选编了具有典型性、代表性的理论知识（含技能笔试）试题和技能操作试题，还编制有试卷样例和组卷方案。

《指导书》是职业技能培训和技能鉴定考核命题的依据，可供劳动人事管理人员、职业技能培训及考评人员使用，也可供电力（水电）类职业技术院校和企业职工学习参考。

图书在版编目（CIP）数据

水轮发电机组值班员：11-039 / 电力行业职业技能鉴定指导中心编. —2 版. —北京：中国电力出版社，2011.5（2022.6 重印）
（职业技能鉴定指导书. 职业标准试题库）
ISBN 978-7-5123-1478-8

Ⅰ. ①水… Ⅱ. ①电… Ⅲ. ①水轮发电机-机组-运行-职业技能-鉴定-习题集 Ⅳ. ①TM312.06-44

中国版本图书馆 CIP 数据核字（2011）第 037483 号

中国电力出版社出版、发行

（北京市东城区北京站西街 19 号 100005 http://www.cepp.sgcc.com.cn）
三河市航远印刷有限公司印刷
各地新华书店经售

*

2003 年 3 月第一版
2011 年 5 月第二版 2022 年 6 月北京第二十五次印刷
850 毫米×1168 毫米 32 开本 13.25 印张 339 千字
印数 51501—52500 册 定价 **60.00** 元

电力职业技能鉴定题库建设工作委员会

说　明

为适应开展电力职业技能培训和实施技能鉴定工作的需要，按照劳动和社会保障部关于制定国家职业标准，加强职业培训教材建设和技能鉴定试题库建设的要求，电力行业职业技能鉴定指导中心统一组织编写了电力职业技能鉴定指导书（以下简称《指导书》）。

《指导书》以电力行业特有工种目录各自成册，于1999年陆续出版发行。

《指导书》的出版是一项系统工程，对行业内开展技能培训和鉴定工作起到了积极作用。由于当时历史条件和编写力量所限，《指导书》中的内容已不能适应目前培训和鉴定工作的新要求，因此，电力行业职业技能鉴定指导中心决定对《指导书》进行全面修编，在各网省电力（电网）公司、发电集团和水电工程单位的大力支持下，补充内容，修正错误，使之体现时代特色和要求。

《指导书》主要由职业概况、职业技能培训、职业技能鉴定和鉴定试题库四部分内容组成。其中，职业概况包括职业名称、职业定义、职业道德、文化程度、职业等级、职业环境条件、职业能力特征等内容；职业技能培训包括对不同等级的培训期限要求，对培训指导教师的经历、任职条件、资格要求，对培训场地设备条件的要求和培训计划大纲、培训重点、难点以及对学习单元的设计等；职业技能鉴定的依据是《中华人民共和国国家职业标准》，其具体内容不再在本书中重复；鉴定试题库是依据《中华人民共和国国家职业标准》所规定的范围和内容，以实际技能操作为主线，按照选择题、判断题、简答题、计算题、绘图题和论述题六种题型进行选题，并以难易程度组合排列，同时汇集了大量电力生产建设过程中具有普遍代表性和典型性的实际操作试题，构成了各工种的技能鉴定试题库。试题库的深度、广度涵盖了本职业技能鉴定的全部内容。题库之后还附有试卷样例和组卷方案，为实施鉴定命题提供依据。

《指导书》力图实现以下几项功能：劳动人事管理人员可根据《指导书》进行职业介绍，就业咨询服务；培训教学人员可按照《指导书》中的培训大纲组织教学；学员和职工可根据《指导书》要求，制订自学计划，确立发展目标，走自学成才之路。《指导书》对加强职工队伍培养，提高队伍素质，保证职业技能鉴定质量将起到重要作用。

本次修编的《指导书》仍会有不足之处，敬请各使用单位和有关人员及时提出宝贵意见。

电力行业职业技能鉴定指导中心

2008 年 6 月

目　录

1 ▼ 职业概况

1.1 职业名称

水轮发电机组值班员（11—039）。

1.2 职业定义

对水电站主、辅设备进行监视、操作及从事运行管理的人员。

1.3 职业道德

热爱水力发电事业，热爱本职工作，刻苦钻研技术，遵守劳动纪律，爱护工具、设备，安全文明生产，诚实团结协作，艰苦朴素，尊师爱徒。

1.4 文化程度

中等职业技术学校及以上学历毕（结）业。

1.5 职业等级

本职业按照国家职业资格的规定，设为初级（五级）、中级（四级）、高级（三级）、技师（二级）、高级技师（一级）五个技术等级。

1.6 职业环境条件

室内作业。部分季节设备巡视检查、现场就地操作时高温作业和有一定的噪声、灰尘、潮湿和电磁辐射。

1.7 职业能力特征

本职业应具有分析判断水电站水轮发电机组、水电站辅助设备、水电站输配电设备异常运行情况，及时、正确处理故障的能力；具有用精练语言进行联系、交流工作的能力；具有准确而有目的地运用数字进行分析计算的能力；具有思维想象几何形体及识绘图的能力。

2 职业技能培训

2.1 培训期限

2.1.1 初级工：累计不少于 500 标准学时。

2.1.2 中级工：在取得初级职业资格的基础上累计不少于 400 标准学时。

2.1.3 高级工：在取得中级职业资格的基础上累计不少于 400 标准学时。

2.1.4 技师：在取得高级职业资格的基础上累计不少于 500 标准学时。

2.1.5 高级技师：在取得技师职业资格的基础上累计不少于 350 标准学时。

2.2 培训教师资格

2.2.1 具有中级以上专业技术职称的工程技术人员和技师可担任初、中级工的培训教师。

2.2.2 具有高级专业技术职称的工程技术人员和高级技师可担任高级工、技师和高级技师的培训教师。

2.3 培训场地设备

2.3.1 具有本职业（工种）理论知识培训的教师和教学设备。

2.3.2 具有基本技能训练的场所及实际操作训练设备。

2.3.3 具有仿真机或虚拟仿真机、模拟机。

2.3.4 本厂生产现场实际设备。

2.4　培训项目

2.4.1　培训目的：通过培训达到《职业技能鉴定规范》对本职业的知识和技能要求。

2.4.2　培训方式：以自学和脱产学习相结合的方式，进行基础知识讲课和技能训练。

2.4.3　培训重点：

（1）水电站设备规范及运行规程：包括水轮机、发电机、变压器、电动机、配电装置、直流设备、压力油系统、油压启闭机、固定式卷扬机、压缩空气系统、技术供水系统、排水系统、消防系统、泄水建筑物、厂用电系统、电力系统运行等方面的规定。

（2）运行操作：

1）水轮发电机组及变压器的启动、停止及运行；

2）水轮发电机励磁系统的切换操作；

3）配电装置的运行；

4）电动机的运行；

5）厂用电系统的操作；

6）直流系统的运行、操作；

7）输配电系统的运行操作；

8）水电站辅助设备的运行操作；

9）泄水建筑物闸门的运行操作。

（3）事故分析、判断和处理。

2.5　培训大纲

本职业技能培训大纲，以模块组合（MES）——模块（MU）——学习单元（LE）的结构模式进行编写（见表 1）；职业技能模块及学习单元对照选择见表 2；学习单元名称见表 3。

表1 水轮发电机组值班员培训大纲

模块序号及名称	单元序号及名称	学习目标	学习内容	学习方式	参考学时
MU1 水轮发电机组值班人员职业道德	LE1 水轮发电机组值班员的职业道德及电力法规和环境保护	了解水轮发电机组值班人员的职业道德规范，并能自觉遵守行为规范准则和电力法规的规定，自觉保护环境	1. 热爱祖国，热爱本职工作 2. 刻苦学习，钻研技术 3. 爱护设备和工具 4. 遵守纪律，安全文明 5. 团结协作 6. 尊师爱徒、严守岗位职责 7. 电力法规的内容 8. 环境保护的有关内容	自学	4
MU2 水电站安全运行	LE2 安全生产的法制教育	了解安全法制教育的内容及重要性，自觉遵守法规	1. 从电力生产"安全第一、预防为主、综合治理"的方针入手，培养职工的主人翁责任感 2. 树立法制观念，增强安全生产的自觉性	讲课与自学	6
	LE3 "安全第一、预防为主、综合治理"的方针	掌握"安全第一、预防为主、综合治理"方针的意义并贯彻执行	1. 树立事故可预防的信心 2. 严格执行各项规章制度，杜绝误操作事故 3. 认真搞好季节性安全工作 4. 坚持对事故处理的"四不放过"原则 5. 认真组织各项安全活动	讲课与自学	8

模块序号及名称	单元序号及名称	学习目标	学习内容	学习方式	参考学时
MU2 水电站安全运行	LE4 电业安全工作规程	了解并掌握《电业安全工作规程》和《电业事故调查规程》的内容，能把有关条款和本厂实际结合起来，并遵照执行	1. 带电设备的安全距离 2. 保证安全的组织措施 3. 保证安全的技术措施 4. 本厂的安全措施 5. 工作票的办理 6. 本厂的安全性评价和应急管理体系	讲课与自学	10
	LE5 安全责任制	了解并掌握"管生产必须管安全，安全生产人人有责"的原则	1. 厂长、生产厂长、总工在安全生产方面的职责和权利 2. 安全专责在生产方面的权利 3. 清楚自己在安全生产中所负的责任	自学	5
	LE6 安全用具及仪表	了解并掌握安全用具的种类，能正确使用和保管各种安全用具	1. 验电器的使用 2. 防毒面具、防护面具和安全帽的使用 3. 万用表、绝缘电阻表、摆度表、钳型电流表、红外线测温仪的使用 4. 其他安全用具的使用	讲课与自学	7
	LE7 紧急救护法	了解并掌握紧急救护法的内容和急救方法	1. 触电急救 2. 溺水急救 3. 人工呼吸	讲课与自学	6

模块序号及名称	单元序号及名称	学习目标	学习内容	学习方式	参考学时
MU2 水电站安全运行	**LE8** 水电站消防系统	掌握水电站消防系统的组成、消防器材的使用以及设备着火后的处理	1. 消防器材的种类和使用 2. 水电站消防水系统 3. 水电站火灾报警系统 4. 发电机消防系统 5. 变压器及配电设备的消防系统 6. 防火门的管理 7. 消防系统的巡回检查与故障处理 8. 设备着火后的处理	讲课与现场培训相结合	10
MU3 微机应用	**LE9** 微机应用	了解并掌握微机的基本原理、UNIX系统、Windows 2000、Windows XP、Windows VISTA操作系统、WORD 2000及以上版本、电子表格和本厂的MIS和其他生产管理系统	1. 了解 Windows 和 UNIX 操作系统 2. 了解微机的基本原理 3. 掌握 Windows XP 4. 掌握文字处理及排版 5. 掌握电子表格 6. 掌握本厂 MIS 和其他生产管理系统的基本功能与操作	讲课与自学	60
MU4 电力系统运行规定	**LE10** 调度管辖范围	了解各级调度的权限，并能在运行中正确向调度申请办理	1. 省调管辖的设备 2. 网调管辖的设备 3. 其他调度管理的设备（市调、梯调等）	讲课	4

模块序号及名称	单元序号及名称	学习目标	学习内容	学习方式	参考学时
MU4 电力系统运行规定	LE11 电压、频率的调整	掌握电压、频率的管理规定，并能在运行中正确操作	1. 电压管理的规定 2. 频率管理的规定 3. 电压和频率的调整	讲课与自学	10
	LE12 运行方式	了解并掌握本厂设备的各种运行方式	1. 本厂主变压器及其中性点的运行方式 2. 本厂机组的运行方式 3. 本厂电气主接线的运行方式 4. 其他类型的电气主接线的运行方式 5. 厂用电的运行方式	仿真机和现场培训	20
	LE13 倒闸操作	了解并掌握倒闸操作的规定与要求，并能进行本厂的各项倒闸操作	1. 倒闸操作的一般规定 2. 输电线路的停、送电操作 3. 电气主接线的倒闸操作 4. 厂用电的倒闸操作	仿真机结合现场培训	30
	LE14 事故处理	掌握事故处理的原则与方法，并能进行各种系统事故的处理	1. 事故处理原则 2. 线路跳闸现象及处理 3. 线路单相断线及断路器单相跳闸的现象及处理 4. 线路事故，断路器拒动的现象及处理 5. 系统振荡的事故现象及处理 6. 系统瓦解后的事故处理 7. 厂用电的事故处理	仿真机或结合现场实际培训	40

模块序号及名称	单元序号及名称	学习目标	学习内容	学习方式	参考学时
MU5 水轮发电机组运行规定	**LE15** 水轮发电机组设备技术规范	掌握水轮发电机组的运行规范和技术参数	1. 发电机参数 2. 水轮机参数	讲课与自学	10
	LE16 水轮发电机组的运行参数	掌握水轮机、发电机的额定参数，并能进行发电机运行参数的正常调整	1. 允许温度与温升的规定 2. 绝缘电阻的规定 3. 各轴承的温度规定 4. 各轴承的水平摆度允许值的规定 5. 各机架的垂直振动量允许值的规定 6. 冷却系统的规定	现场讲课与自学	20
	LE17 水轮发电机组的运行方式	掌握水轮机、发电机的正常、异常运行方式	1. 正常情况下的运行 2. 异常情况下的运行 3. 电压、频率、电流、功率因数、功率的调整 4. 发电机的进相运行与操作 5. 水轮发电机组的调相压水运行 6. 各种水头下，机组的振动区 7. 可逆式水轮机的工况转换	现场讲课与自学	20

模块序号及名称	单元序号及名称	学习目标	学习内容	学习方式	参考学时
MU5 水轮发电机组运行规定	LE18 水轮发电机组的启动、并列与解列停机操作	掌握发电机启动前应具备的条件，发电机正常启动、并列、解列、停机操作	1. 启动前的准备工作 2. 启动前的试验项目 3. 水轮发电机组的自动控制 4. 启动过程中的检查 5. 发电机或带线路的零起升压（递升加压）操作 6. 发电机的正常启动并列操作 7. 发电机的正常解列停机操作 8. 水轮发电机组制动系统的原理、操作与事故处理	仿真机与现场培训相结合	30
	LE19 水轮发电机组运行中的监视、检查与维护	掌握机组的运行监视、检查与维护，并能保证发电机的正常运行	1. 正常运行中的监视与检查 2. 正常运行中的维护	现场培训	10
	LE20 水轮发电机组的异常运行与事故处理	掌握发电机的异常、紧急事故处理和事故处理时的操作	1. 发电机的异常运行 2. 发电机故障的发现 3. 发电机事故的处理 4. 水轮机的异常运行 5. 水轮机的事故处理	仿真机与现场培训相结合	16

模块序号及名称	单元序号及名称	学习目标	学习内容	学习方式	参考学时
MU6 变压器运行规定	LE21 变压器技术规范	掌握变压器的技术参数	1. 主变压器的技术规范 2. 厂用变压器的技术规范 3. 变压器冷却系统的技术规范	现场培训	8
	LE22 变压器的运行与维护	掌握变压器的运行规定，保证变压器的正常运行	1. 额定运行方式 2. 异常运行方式 3. 绝缘电阻的规定 4. 变压器运行中的检查 5. 变压器冷却系统的运行维护	仿真机与现场培训相结合	20
	LE23 变压器的操作	掌握各类变压器的操作	1. 变压器运行前的试验操作 2. 变压器的并列与倒闸操作 3. 变压器分接头的切换操作 4. 变压器气体保护的运行与规定	仿真机与现场培训相结合	10
	LE24 变压器异常运行与事故处理	掌握变压器的异常现象、事故现象，能进行变压器的各类事故的处理	1. 变压器的异常运行及处理 2. 变压器的事故处理 3. 变压器冷却系统的运行维护与事故处理	仿真机与现场培训相结合	16

模块序号及名称	单元序号及名称	学习目标	学习内容	学习方式	参考学时
MU7 配电装置运行规定	LE25 配电装置的设备技术规范	掌握各种配电设备的技术规范，并能进行各类设备的正常操作	1. 高压断路器的技术规范 2. 厂用高压断路器的技术规范 3. 隔离开关的技术规范 4. 电压互感器的技术规范 5. 电流互感器的技术规范 6. 避雷器的技术规范 7. 低压开关的技术规范 8. 母线和电缆的技术规范 9. 阻波器、电抗器、电容器的技术规范 10. GIS 组合电器的技术规范	讲课和自学	10
	LE26 配电装置正常运行、检查与维护	掌握配电装置的检查及维护内容，并能进行配电装置的检查与维护	1. 高压断路器的运行检查与维护 2. 厂用高压断路器的运行检查与维护 3. 厂用低压开关的运行与维护 4. 电压互感器的运行与检查 5. 电流互感器的运行与检查 6. 电缆的运行与检查 7. 避雷器的运行与检查 8. 隔离开关的运行与检查 9. 阻波器、电抗器、电容器的运行与检查 10. 组合电器的运行维护	现场培训	16

12

模块序号及名称	单元序号及名称	学习目标	学习内容	学习方式	参考学时
MU7 配电装置运行规定	LE27 配电装置的操作与注意事项	掌握配电装置的操作程序与方法,并能进行配电装置的正常操作	1. 断路器的操作及注意事项 2. 隔离开关的操作程序及注意事项 3. 接地开关的操作顺序与注意事项 4. 五防闭锁装置的操作与注意事项 5. 厂用断路器的操作与注意事项 6. 便携式地线操作与注意事项	现场培训	20
	LE28 配电装置的事故处理	掌握各种配电装置事故的原因,能进行配电装置的事故处理	1. 断路器的事故处理 2. 母线、隔离开关的事故处理 3. 互感器的事故处理 4. 厂用断路器的事故处理 5. 厂用配电装置的事故处理	仿真机结合现场培训	18
MU8 保护及自动装置的运行规程	LE29 保护装置的运行规程	掌握厂用电、发电机、水轮机、主变压器、线路、母线的保护配置、保护原理与动作后果以及保护装置的运行与维护	1. 厂用电的保护配置及动作后果 2. 备用电源自动投入装置的原理与运行维护 3. 水轮发电机组的保护配置与运行维护 4. 主变压器的保护配置与运行维护 5. 母线的保护配置与运行维护 6. 输电线路的保护配置与运行维护 7. 试验操作时保护的投退操作 8. 重合闸装置的原理与运行操作	讲课与现场培训相结合	40

模块序号及名称	单元序号及名称	学习目标	学习内容	学习方式	参考学时
MU8 保护及自动装置的运行规程	LE30 励磁系统的运行规定	掌握励磁系统的运行方式与切换	1. 励磁系统的工作原理 2. 励磁系统的保护设置 3. 励磁系统的运行方式 4. 励磁系统的切换 5. 发电机失磁后的处理 6. 励磁系统故障后的处理	现场讲课与自学	20
	LE31 水轮机调节	掌握各种类型水轮机的调节方式	1. 水力学的有关知识 2. 水轮机的有关知识 3. 水轮机调节 4. 水轮机调速器的手、自动切换 5. 水轮机调速器的一次调频、孤网运行等功能 6. 水轮机调速器手动运行规定 7. 水轮机调速器的故障与处理 8. 调速器油系统的运行维护与事故处理	现场讲课与自学	20
	LE32 水电站自动装置	掌握水电站各种自动装置的原理与运行维护	1. 组合式同步表的运行维护 2. 自动准同期装置的运行维护与操作 3. 水轮发电机组的低频启动装置 4. 水轮发电机组手动并列操作	现场讲课与自学	16

模块序号及名称	单元序号及名称	学习目标	学习内容	学习方式	参考学时
MU9 水电站辅助设备运行规程	LE33 技术供水系统的运行操作与事故处理	掌握技术供水系统的正常运行方式及事故处理	1. 技术供水的水源及用户 2. 技术供水系统图 3. 技术供水系统的自动控制 4. 单台机组冷却水源的切换与冷却水向的倒换 5. 技术供水系统的事故处理	仿真机与现场培训相结合	20
	LE34 排水系统的运行操作与事故处理	掌握排水系统的组成、操作与事故处理	1. 渗漏排水系统的设备组成与运行定额 2. 检修排水系统的设备组成与运行定额 3. 水泵的结构特点与运行维护 4. 排水系统图 5. 排水系统的自动控制 6. 排水系统的正常操作 7. 防止水淹厂房的措施 8. 排水系统的事故处理	仿真机与现场培训相结合	16
	LE35 油系统的运行操作与事故处理	掌握油系统的组成、油的种类及作用	1. 油系统图 2. 用油的种类 3. 油库消防 4. 油的净化与处理 5. 用油设备中油质的判定 6. 油系统的事故处理	现场培训	10

模块序号及名称	单元序号及名称	学习目标	学习内容	学习方式	参考学时
MU9 水电站辅助设备运行规程	**LE36** 压缩空气系统的运行维护与事故处理	掌握水电站压缩空气的气压等级及用途、压缩空气系统的设备组成及运行定额	1. 高、低压机的结构特点 2. 高、低压机的运行维护 3. 高、低压机的自动控制与事故处理 4. 压缩空气系统图 5. 压缩空气系统的正常运行方式与事故处理	现场培训	10
	LE37 机组进水口闸门系统与水轮机主阀的运行规定	掌握机组进水口闸门（或水轮机主阀）的运行维护与事故处理	1. 水轮机引水建筑物的类型与特征参数 2. 机组进水口闸门的类型与其启闭系统 3. 水轮机主阀的类型与启闭系统 4. 机组进水口闸门（或主阀）的自动控制 5. 机组进水口闸门（或主阀）的操作及事故处理	讲课与现场培训相结合	18
MU10 水电站泄水建筑物的运行规程	**LE38** 各大泄水建筑物的参数与运行规程	掌握水电站的各大泄水建筑物的闸门操作与运行维护规定	1. 泄水建筑物的运行维护规程 2. 泄洪建筑物的运行维护规程 3. 排沙建筑物的运行维护规程 4. 过鱼、过木建筑物的运行维护规程 5. 船闸的运行维护规程 6. 灌溉建筑物的运行维护规程	讲课与现场培训相结合	10

模块序号及名称	单元序号及名称	学习目标	学习内容	学习方式	参考学时
MU11 水电站直流系统的运行维护规程	LE39 直流系统的技术规范	掌握蓄电池、整流装置、充电控制装置、直流发电机的技术规范，并能进行各项操作	1. 蓄电池的技术规范 2. 硅整流装置的技术规范 3. 充电控制装置的技术规范 4. 直流发电机的技术规范	讲课	10
	LE40 直流系统运行方式	掌握直流系统的运行方式及允许值的规定，并能进行直流系统的运行操作	1. 直流系统的正常运行方式 2. 运行电压的允许值 3. 蓄电池的温度与电解液的密度 4. 绝缘电阻的允许值 5. 直流系统绝缘监察装置的原理与运行方式	讲课与现场培训	16
	LE41 直流系统的正常操作、巡回检查与维护	掌握直流系统并列原则及直流停送电操作，并能进行直流设备的运行维护与操作	1. 直流系统并列原则 2. 直流充电设备的启动、停止操作 3. 蓄电池组正常维护 4. 蓄电池组与直流充电机的并列操作	讲课与现场培训	10
	LE42 直流系统的异常及事故处理	掌握蓄电池及直流系统的异常原因与事故处理	1. 直流系统接地处理 2. 晶闸管整流装置及充电控制装置的异常与处理 3. 直流母线及蓄电池的异常与处理 4. 全厂直流消失的事故处理	讲课与现场培训	12

模块序号及名称	单元序号及名称	学习目标	学习内容	学习方式	参考学时
MU12 电动机运行规定	LE43 电动机的技术参数与运行方式	了解电动机的铭牌数据，掌握电动机的允许运行方式	1. 电动机的种类与铭牌数据 2. 电动机的正常运行方式 3. 电动机的温度、温升、窜动的允许值 4. 电动机的绝缘电阻	自学	8
	LE44 电动机的操作、监视与维护	掌握电动机启动前的检查项目，启动、停止操作以及电动机的运行维护	1. 电动机的启动方式 2. 电动机及其所拖动设备的安全措施 3. 电动机及其拖动设备的启动操作 4. 电动机的保护及控制 5. 电动机及其所拖动设备的运行与维护	讲课与现场培训	18
	LE45 电动机异常运行及事故处理	掌握电动机及其所拖动设备的异常运行与事故处理	电动机及其所拖动设备的异常运行判断及事故处理	讲课与现场培训	10

模块序号及名称	单元序号及名称	学习目标	学习内容	学习方式	参考学时
MU13 水电站计算机监控	LE46 水电站计算机监控系统	掌握水电站计算机监控系统的组成、功能、操作与事故处理	1. 计算机监控系统的类型 2. 计算机监控系统的组成 3. 计算机监控系统的功能 4. 计算机监控系统的运行维护 5. 计算机监控系统的异常及事故处理	讲课与现场培训	20
MU14 水电站运行管理	LE47 水电站运行管理的内容、特点和任务	掌握水电站运行管理工作的内容、特点和任务，并做好管理工作	1. 水电站运行管理工作的内容、特点 2. 水电站运行管理工作对运行人员的要求 3. 运行管理人员的职责	讲课与自学	6
	LE48 运行管理工作的标准化	掌握标准化的定义、内容，更好地做好运行管理工作	1. 标准化的内容 2. 工作票的标准化管理 3. 操作票的标准化管理 4. 三项制度的标准化 5. 其他工作的标准化	讲课与自学	20
	LE49 水电站运行管理的日常工作	掌握水电站运行管理的日常工作	1. 全员设备管理 2. 全面质量管理 3. 两票三制（掌上电脑 PDA 巡视） 4. 运行分析 5. 商业化运营	讲课与自学	10

模块序号及名称	单元序号及名称	学习目标	学习内容	学习方式	参考学时
MU14 水电站运行管理	LE50 水电站运行的技术管理	掌握水电站技术管理的内容,做好技术管理工作	1. 技术管理的任务和内容 2. 运行应具备的技术资料 3. 技术资料的管理 4. 技术培训与反事故演习 5. 五防万能钥匙和便携式地线管理	讲课与现场培训	20
	LE51 水电站的可靠性管理	掌握水电站主、辅设备的可靠性管理,制订措施,降低非计划性停运次数,提高设备可靠性	1. 水电站可靠性管理基本知识 2. 主辅设备可靠性管理统计 3. 水电站设备异常分析 4. 水电站设备缺陷处理	讲课与自学	10
MU15 水电站经济运行与经济指标	LE52 水电站经济运行与经济指标分析	掌握水电站经济运行的方法、经济指标的分析和计算、水库来水量的预测、上网电价的预报,顺应"竞价上网"的要求,掌握并网运行管理和辅助服务管理的有关要求,提高水电站的运行效益	1. 水电站经济运行的方法 2. 水电站的经济指标 3. 水电站来水量的预测 4. 水电站上网电价的预报 5. 竞价上网的有关政策法规 6. 发电厂并网运行管理实施细则 7. 发电厂辅助服务管理实施细则	讲课	20

表 2

职业技能模块及学习单元对照选择表

模块	MU1	MU2	MU3	MU4	MU5	MU6	MU7	MU8	MU9	MU10	MU11	MU12	MU13	MU14	MU15
内容	水轮发电机组值班人员职业道德	水电站安全运行	微机应用	电力系统运行规定	水轮发电机组运行规定	变压器运行规定	配电装置运行规定	保护及自动装置的运行规程	水电站辅助设备运行规程	水电站进水建筑物的运行规定	水电站直流系统的运行维护规程	电动机运行规定	水电站计算机监控	水电站运行管理	水电站经济运行与经济指标
参考学时	4	52	60	104	106	54	64	56	74	10	48	36	20	66	20
适用等级	初级 中级 高级 技师 高级技师	初级 中级 高级 技师 高级技师	初级 中级 高级 技师 高级技师	中级 高级 技师 高级技师	初级 中级 高级 技师 高级技师	初级 中级 高级 技师 高级技师	初级 中级 高级 技师 高级技师	中级 高级 技师 高级技师	初级 中级 高级 技师 高级技师	初级 中级 高级	初级 中级 高级 技师	初级 中级 高级	高级 技师 高级技师	高级 技师 高级技师	高级 技师 高级技师
学习单元序号选择 — 初级	1	2, 3, 4, 5, 6, 7, 8	9		15, 19	21, 22	25, 26		33, 34, 35, 36, 37	38	39, 40, 41, 42	43, 44, 45			
中级	1	2, 3, 4, 5, 6, 7, 8	9	11, 12, 13, 14	15, 16, 17, 18, 19	21, 22, 23, 24	25, 26, 27, 28	29, 30, 31, 32	33, 34, 35, 36, 37	38	39, 40, 41, 42	43, 44, 45			
高级	1	2, 3, 4, 5, 6, 7, 8	9	10, 11, 12, 13, 14	15, 16, 17, 18, 19, 20	21, 22, 23, 24	25, 26, 27, 28	29, 30, 31, 32	33, 34, 35, 36, 37	38	39, 40, 41, 42	43, 44, 45	46	47, 48, 49, 50, 51	52
技师	1	2, 3, 4, 5, 6, 7, 8	9	10, 11, 12, 13, 14	15, 16, 17, 18, 19, 20	21, 22, 23, 24	25, 26, 27, 28	29, 30, 31, 32			42		46	47, 48, 49, 50, 51	52
高级技师	1	2, 3, 4, 5, 6, 7, 8	9	10, 11, 12, 13, 14	15, 16, 17, 18, 19, 20	21, 22, 23, 24	25, 26, 27, 28	29, 30, 31, 32			42		46	47, 48, 49, 50, 51	52

表3　　　　　　　　　　　　学习单元名称表

单元序号	单元名称	单元序号	单元名称
LE1	水轮发电机组值班员的职业道德及电力法规和环境保护	LE23	变压器的操作
		LE24	变压器异常运行与事故处理
LE2	安全生产的法制教育	LE25	配电装置的设备技术规范
LE3	"安全第一、预防为主"的方针	LE26	配电装置正常运行、检查与维护
LE4	《电业安全工作规程》		
LE5	安全责任制	LE27	配电装置的操作与注意事项
LE6	安全用具及仪表	LE28	配电装置的事故处理
LE7	紧急救护法	LE29	保护装置的运行规程
LE8	水电站消防系统	LE30	励磁系统的运行规定
LE9	微机应用	LE31	水轮机调节
LE10	调度管辖范围	LE32	水电站自动装置
LE11	电压、频率的调整	LE33	技术供水系统的运行操作与事故处理
LE12	运行方式		
LE13	倒闸操作	LE34	排水系统的运行操作与事故处理
LE14	事故处理		
LE15	水轮发电机组设备技术规范	LE35	油系统的运行操作与事故处理
LE16	水轮发电机组的运行参数	LE36	压缩空气系统的运行维护与事故处理
LE17	水轮发电机组的运行方式		
LE18	水轮发电机组的启动、并列与解列停机操作	LE37	机组进水口闸门系统与水轮机主阀的运行规定
LE19	水轮发电机组运行中的监视、检查与维护	LE38	各大泄水建筑物的参数与运行规程
LE20	水轮发电机组的异常运行与事故处理	LE39	直流系统的技术规范
		LE40	直流系统运行方式
LE21	变压器技术规范	LE41	直流系统的正常操作、巡回检查与维护
LE22	变压器的运行与维护		

单元序号	单 元 名 称	单元序号	单 元 名 称
LE42	直流系统的异常及事故处理	LE48	运行管理工作的标准化
LE43	电动机的技术参数与运行方式	LE49	水电站运行管理的日常工作
LE44	电动机的操作、监视与维护	LE50	水电站运行的技术管理
LE45	电动机异常运行及事故处理	LE51	水电站的可靠性管理
LE46	水电站计算机监控系统	LE52	水电站经济运行与经济指标分析
LE47	水电站运行管理的内容、特点和任务		

3 职业技能鉴定

3.1 鉴定要求

鉴定内容和考核双向细目表按照本职业（工种）《中华人民共和国职业技能鉴定规范·电力行业》执行。

3.2 考评人员

考评人员是在规定的工种（职业）、等级和类别范围内，依据国家职业技能鉴定规范和国家职业技能鉴定试题库电力行业分库试题，对职业技能鉴定对象进行考核、评审工作的人员。

考评人员分考评员和高级考评员，其中考评员可承担初、中、高级技能等级鉴定；高级考评员可承担初、中、高级技能等级和技师、高级技师资格考评。其任职条件是：

3.2.1 考评员必须具有高级工、技师或者中级专业技术职务以及以上资格，具有 15 年以上本工种专业工龄；高级考评员必须具有高级技师或者高级专业技术职务，取得考评员资格并具有 1 年以上实际考评工作经历；

3.2.2 掌握必要的职业技能鉴定理论、技术和方法，熟悉职业技能鉴定的有关法规和政策，有从事职业技术培训、考核的经历；

3.2.3 具有良好的职业道德，秉公办事，自觉遵守职业技能鉴定考评人员守则和有关规章制度。

鉴定试题库

4

4.1 理论知识（含技能笔试）试题

4.1.1 选择题

下列每题都有 4 个答案，其中只有一个正确答案，将正确答案填在括号内。

La5A1001 单位体积液体所具有的质量称为该液体的（**B**）。

（A）容积；（B）密度；（C）重率；（D）压强。

La5A1002 判断图 A-1 所示灯泡连接方式是（**B**）。

（A）串联；（B）并联；（C）混联；（D）电桥。

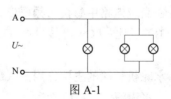

图 A-1

La5A2003 系统备用容量中，按其状态分时，当发电机组在开机状态下的备用称为（**A**）备用。

（A）旋转；（B）检修；（C）国民经济；（D）事故。

La5A2004 金属之所以是电的良导体是因为一切金属（**A**）。

（A）内部存在大量自由电子；（B）内部的电子比其他物质

多；（C）内部的电荷多；（D）由电子组成。

La5A2005 双绕组电力变压器中，一、二次绕组的额定容量（**A**）。

（A）相等；（B）不相等；（C）高压侧大；（D）一次侧大。

La5A3006 单位视在功率的单位为（**C**）。

（A）kW；（B）kW·h；（C）kV·A；（D）kvar。

La5A3007 我们平时用交流电压表或电流表测量交流电时，所测数值都是（**B**）值。

（A）最大；（B）有效；（C）平均；（D）瞬时。

La5A3008 下列说法正确的是（**A**）。

（A）二极管整流是利用二极管的单向导电性；（B）半波整流电路输出电压低、脉动大、效率高；（C）全波整流电路输出电压高、脉动小、效率低；（D）以上说法都错。

La5A3009 在交流电路中感抗与频率成（**A**）关系。

（A）正比；（B）反比；（C）非线性；（D）二次函数关系。

La5A3010 水轮机转轮的主要作用是（**B**）。

（A）自动调节水流流量；（B）实现水能转换；（C）承受水轮机转动部分重量；（D）回收能量。

La5A3011 一导线每小时通过导线截面的电量为 900C（库仑），则导线中电流为（**C**）。

（A）900A；（B）15A；（C）0.25A；（D）0.5A。

La5A3012 两根同材料同长度的导体，甲的截面积是乙的截面积的两倍，则甲的电阻是乙的（**D**）。

（A）2 倍；（B）4 倍；（C）1/4 倍；（D）1/2 倍。

La4A1013 免维护蓄电池的名称为（**C**）。

（A）铅酸蓄电池；（B）阀控式蓄电池；（C）阀控式密封铅蓄电池；（D）密封蓄电池。

La4A1014 处于静止状态的水中，各点位置高度和测压管高度之（**C**）为一常数。

（A）积；（B）商；（C）和；（D）差。

La4A1015 电路换路瞬间电流不能发生突变的元件是（**B**）。

（A）电阻元件；（B）电感元件；（C）电容元件；（D）热敏元件。

La4A2016 半导体中的自由电子是指（**D**）。

（A）价电子；（B）组成共价键的电子；（C）与空穴复合的电子；（D）挣脱共价键束缚的电子。

La4A2017 当受压面不是水平放置时，静水总压力作用点（**C**）受压面的形心。

（A）高于；（B）等于；（C）低于；（D）或高于或低于。

La4A2018 在交流电路中，容抗与频率成（**B**）。

（A）正比；（B）反比；（C）非线性；（D）二次函数关系。

La4A3019 R_1 和 R_2 为串联两电阻，已知 $R_1=5R_2$，若 R_1 上消耗功率为 1W，则 R_2 上消耗功率为（**C**）。

（A）5W；（B）20W；（C）0.2W；（D）10W。

La4A3020　两只电阻当它们并联时的功率比为 **9∶4**，若将它们串联则两电阻上的功率比是（**C**）。

（A）9∶4；（B）3∶2；（C）4∶9；（D）2∶3。

La4A3021　一只 **220V/60W** 与一只 **220V/45W** 的灯泡串联接于 **300V** 电源上，则（**B**）。

（A）60W 灯泡较亮；（B）45W 灯泡较亮；（C）一样亮；（D）都不亮。

La4A4022　在开关的位置中，表示是试验位置的英语单词是（**C**）。

（A）OPEN；（B）CLOSE；（C）TEST；（D）CONNECTED。

La3A2023　电压表 **A** 的电阻是 **2000Ω**，电压表 **B** 的电阻是 **400Ω**，量程都是 **15V**，当它们串联在 **12V** 的电源上，电压表 **B** 的读数将是（**C**）。

（A）12V；（B）10V；（C）2V；（D）1V。

La3A2024　水电站引水钢管设置调压塔或调压井的目的是（**C**）。

（A）为便于安装长引水钢管；（B）为降低引水钢管压力，节约成本；（C）部分或全部地阻断引水钢管中水击波的传播；（D）有效降低引水钢管中水的流速。

La3A3025　下面说法错误的是（**D**）。

（A）电路中有感应电流必有感应电动势存在；（B）自感是电磁感应的一种；（C）互感是电磁感应的一种；（D）电路中产生感应电动势必有感应电流。

La3A3026　衡量电能质量的三个主要技术指标是电压、频率和（**A**）。

（A）波形；（B）电流；（C）功率；（D）负荷。

La3A4027 中性点不接地系统发生单相金属性接地时，接地相对地电压变为（**A**）。

（A）零；（B）相电压；（C）线电压；（D）$3U_0$。

La3A5028 厂用电 6kV～10kV 系统的接地方式通常采用（**B**）。

（A）中性点直接接地；（B）中性点不接地；（C）中性点经消弧线圈接地；（D）中性点经电容器接地。

La2A3029 （**A**）设备不是计算机的输入输出设备。

（A）CPU；（B）键盘；（C）打印机；（D）显示器。

La2A3030 电动机回路中热继电器整定包括时间的整定和（**B**）的整定。

（A）电压大小；（B）电流大小；（C）温度大小；（D）阻抗大小。

La1A2031 在单相桥式全波整流电路中，如果电源变压器二次电压有效值为 50V，则每只二极管承受的最大反向电压是（**B**）。

（A）25V；（B）50V；（C）75V；（D）100V。

La1A3032 硅稳压管工作于（**D**），它在电路中起稳定电压的作用。

（A）正向电压区；（B）死区电压区；（C）反向电压区；（D）反向击穿区。

Lb5A1033　水电厂计算机监控系统中，机组在检修状态下，发电机图符显示为（**D**）。

（A）红色；（B）蓝色；（C）黄色；（D）白色。

Lb5A1034　正弦交流电流的最大值为有效值的（**A**）。

（A）$\sqrt{2}$ 倍；（B）$\sqrt{3}$ 倍；（C）π倍；（D）1 倍。

Lb5A1035　正常汽轮机油的颜色是（**A**）。

（A）淡黄色；（B）淡黄色稍黑；（C）乳白色；（D）无色。

Lb5A2036　静水压强的方向一定是（**B**）并指向作用面的，这是静水压强的第二特性。

（A）平行；（B）垂直；（C）斜交；（D）竖直向下。

Lb5A2037　随着水深的增加，静水压强将（**A**）。

（A）增加；（B）减少；（C）不变；（D）不确定。

Lb5A2038　以绝对真空为基准而得到的压强值叫（**B**）压强。

（A）真空；（B）绝对；（C）相对；（D）大气。

Lb5A2039　人体触电时，危害人体安全的主要因素是（**C**）。

（A）加于人体的电压；（B）电流频率；（C）流过人体的电流；（D）电流的热效应。

Lb5A2040　交流电路中，电容上电压相位与电流相位关系是（**B**）。

（A）相同；（B）电压相位滞后电流相位 90°；（C）电压相位超前电流相位 90°；（D）电压相位超前电流相位 180°。

Lb5A2041 每张操作票可填写（**C**）操作任务。

（A）3 个；（B）2 个；（C）1 个；（D）若干个都行。

Lb5A2042 第二种工作票应在进行工作（**A**）预先交给值班员。

（A）当天；（B）前一天；（C）第二天；（D）第三天。

Lb5A2043 已知三相对称正序电压的 **A** 相 U_A=1.414 Usinωt，则 **B** 相初相为（**C**）。

（A）0°；（B）120°；（C）–120°；（D）180°。

Lb5A2044 表示开关已蓄能的单词是（**D**）。

（A）CHANGE；（B）DISCHANGED；（C）DISCHARGED；（D）CHARGED。

Lb5A3045 对变压器的冷却方式可根据变压器（**B**）来确定。

（A）容量；（B）容量与工作条件；（C）工作条件；（D）额定电压。

Lb5A3046 下面说法中正确的是（**B**）。

（A）电感滤波是利用电感线圈，抗交直流的特性滤去交流成分的；（B）电感滤波的特点是体积大、成本高、容易引起电磁干扰；（C）电子电路中用电感滤波的比用电容滤波的多；（D）以上说法都错。

Lb5A3047 水电站的排水类型中，除了渗漏和检修排水外，还有（**D**）排水。

（A）水池；（B）生活；（C）水泵；（D）生产。

Lb5A3048 发电机阻力矩与机组转向的方向（**B**）。

（A）相同；（B）相反；（C）无关；（D）垂直。

Lb5A3049 轴流转桨式水轮机主轴中心孔可用于（**A**）。

（A）装置操作油管；（B）轴心补气；（C）轴心补气和安装励磁引线；（D）装置操作油管和轴心补气。

Lb5A4050 在一定温度下液体不发生沸腾气化的条件是外界压强（**A**）气化压强。

（A）大于；（B）等于；（C）小于；（D）不等于。

Lb5A4051 对 NPN 三极管来说，下面说法正确的是（**C**）。

（A）当发射结正向偏置时，从发射区来的少数载流子电子很容易越过发射结扩散到基区；（B）扩散到基区的电子全被空穴复合掉了；（C）外电路不断地向发射区补充电子，以维持多数载流子的浓度差；（D）以上说法都错。

Lb5A4052 少油断路器中的油主要作用是用来（**A**）的。

（A）熄灭电弧；（B）绝缘；（C）冷却；（D）润滑。

Lb4A1053 在正弦交流纯电感电路中，电压、电流的数值关系是（**C**）。

（A）$i=U/I$；（B）$U=iX_L$；（C）$I=U/\omega L$；（D）$I=U_m/\omega L$。

Lb4A1054 低电压继电器返回系数 K_v 为（**C**）。

（A）$K_v<1$；（B）$K_v=1$；（C）$K_v>1$；（D）$K_v>2$。

Lb4A1055 下列用户中（**A**）属于一类用户。

（A）煤矿通风；（B）电气化铁路；（C）农村照明用电；（D）电力排灌。

Lb4A2056　混流式水轮机主轴中心孔可用于（**B**）。

（A）装置操作油管；（B）轴心补气或励磁引线；（C）装置操作油管和轴心补气；（D）排水。

Lb4A2057　由于液体本身（**C**）性作用，使得过水断面上各点流速不同，因此计算时采用平均流速。

（A）压缩；（B）弹；（C）黏滞；（D）阻力。

Lb4A2058　表面作用着大气压强的液流称为（**C**）。

（A）渐变流；（B）有压流；（C）无压流；（D）恒定流。

Lb4A2059　水电站的电气量有（**C**）。

（A）电压、频率、流量；（B）电流、有功功率、转速；（C）电压、电流、功率、频率；（D）电压、电流、功率、转速。

Lb4A2060　液体单位（**B**）是指单位位能与单位压能两者之和。

（A）动能；（B）势能；（C）内能；（D）热能。

Lb4A2061　任意断面总水头等于上游断面总水头（**B**）两断面间的总水头损失。

（A）加上；（B）减去；（C）乘以；（D）除以。

Lb4A2062　水流是恒定流，明渠中的（**B**）沿程不变。

（A）总水头；（B）流量；（C）流速；（D）位能。

Lb4A3063　对于 Yy 接法电压互感器所接仪表能够测量（**B**）。

（A）相电压；（B）线电压；（C）零序电压；（D）当高压侧 B 相熔断器熔断时其所接电压表指示的电压 U_{ab} 为正常

值的 1/2。

Lb4A3064 变压器空负荷时,感应电动势和磁通相量关系是(**C**)。

(A)超前 90°;(B)超前 180°;(C)滞后 90°;(D)滞后 180°。

Lb4A4065 下面说法正确的是(**A**)。

(A)反馈是指将输出信号通过反馈电路送还到输入端;(B)反馈的作用是为了提高放大倍数;(C)反馈的作用是为了提高电路的稳定性;(D)正反馈有利于提高电路的稳定性。

Lb4A4066 下面说法正确的是(**C**)。

(A)直流信号一般是指恒定不变的信号;(B)对直流信号可以用多级交流放大器放大,只不过放大倍数比放大交流信号时小;(C)直流放大器可以放大交流信号;(D)交流信号不能放大。

Lb4A4067 一负荷电流相位滞后端电压 80°,该负荷需电源(**C**)。

(A)提供无功;(B)提供有功;(C)同时提供有功和无功;(D)吸收有功,发出无功。

Lb4A4068 多级放大电路中总的放大倍数为(**B**)。

(A)$k=k_1+k_2+k_3+\cdots+k_n$;(B)$k=k_1 \cdot k_2 \cdot k_3 \cdot \cdots \cdot k_n$;(C)$k=k_1 \div k_2 \div k_3 \div \cdots \div k_n$;(D)以上公式都错。

Lb4A4069 两断面间根据能量守恒定律,流经第一断面的单位总能量应(**A**)流经第二断面的单位总能量。

(A)大于;(B)等于;(C)小于;(D)不等于。

Lb4A4070 当出现主变压器冷却器全停时，应立即手动（B）。

（A）同时启动全部冷却器；（B）逐台启动冷却器；（C）每两台同时启动；（D）怎样启动都行。

Lb4A4071 从油浸变压器顶部看，有 1%～1.5%的坡度，这是（B）。

（A）安装误差；（B）导顺气流通道；（C）没有什么用途；（D）为了放油彻底。

Lb4A4072 计算机监控系统的干扰信号按干扰源划分可分为（D）。

（A）差模干扰信号和共模干扰信号；（B）周期性干扰信号和非周期性干扰信号；（C）电磁感应干扰信号和静电干扰信号；（D）内部干扰信号和外部干扰信号。

Lb3A1073 水轮机双重调节调速器设置两套调节机构是遵循一定的规律而进行工作的，这种工作关系叫做（B）。

（A）相联关系；（B）协联关系；（C）同步关系；（D）对立关系。

Lb3A2074 断路器失灵保护在（A）动作。

（A）断路器拒动时；（B）保护拒动时；（C）断路器失灵；（D）控制回路断线。

Lb3A2075 电流互感器的二次侧应（B）。

（A）没有接地点；（B）有一个接地点；（C）有两个接地点；（D）按现场情况不同，不确定。

Lb3A2076 常温下 SF_6 气体是（A）的。

（A）无色无味；（B）有色有毒；（C）无色有毒；（D）有色有味。

Lb3A2077 反击式水轮机尾水管的作用是（**C**）。

（A）使水流在转轮室内形成旋流；（B）引导水流进入导水机构；（C）使转轮的水流排入河床，回收部分能量；（D）为施工方便。

Lb3A2078 大容量的主变压器引出线（外套管处）发生相间短路故障时，（**B**）保护快速动作，变压器各侧断路器跳闸。

（A）重瓦斯；（B）差动；（C）复合电压启动过电流；（D）过电压。

Lb3A3079 水轮发电机定子绝缘的吸收比不应小于（**C**）。

（A）1.0；（B）1.2；（C）1.3；（D）1.5。

Lb3A3080 蓄电池容量用（**B**）表示。

（A）放电功率与放电时间的乘积；（B）放电电流与放电时间的乘积；（C）充电功率与时间的乘积；（D）充电电流与电压的乘积。

Lb3A3081 发电机正常运行时，气隙磁场由（**C**）。

（A）转子电源产生；（B）定子电流产生；（C）转子电流与定子电流共同产生；（D）剩磁场产生。

Lb3A3082 物体由于运动而具有的能量称为（**A**）。

（A）动能；（B）势能；（C）机械能；（D）内能。

Lb3A4083 在如图 **A-2** 所示的电路中，若 $E_1=60\text{V}$，$E_2=30\text{V}$，$R_1=R_2=2\Omega$，$R_3=10\Omega$，$R_4=16\Omega$，则 I 为（**C**）。

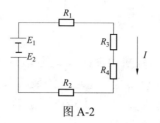

图 A-2

（A）0A；（B）3A；（C）1A；（D）−1A。

Lb3A4084 变压器铁芯中设置油道的目的是（**B**）。
（A）绝缘；（B）散热；（C）导磁；（D）减小质量。

Lb3A4085 在电力网中，当电感元件与电容元件发生串联且感抗等于容抗时，就会发生（**B**）谐振现象。
（A）电流；（B）电压；（C）铁磁；（D）磁场。

Lb3A5086 向心轴承主要承受（**C**）载荷。
（A）轴向；（B）斜向；（C）径向；（D）径向和轴向。

Lb2A1087 在输电线路故障前后，故障录波器通常不记录（**B**）。
（A）三相电压电流；（B）断路器压力；（C）断路器动作情况和故障持续时间；（D）故障相别和故障类型。

Lb2A2088 一般水轮机进水蝴蝶阀适用水头在（**C**）。
（A）90～120m；（B）70～100m；（C）200m 以下；（D）50～140m。

Lb2A2089 半导体中空穴电流是由（**B**）。
（A）自由电子填补空穴所形成的；（B）价电子填补空穴所形成的；（C）自由电子定向运动所形成的；（D）价电子的定向

运动所形成的。

Lb2A2090　水轮机的设计水头是指（**C**）。

（A）保证水轮机安全稳定运行的最低水头；（B）允许水轮机运行的最高工作水头；（C）水轮机发出额定出力的最低水头；（D）水轮机效率最高的水头。

Lb2A2091　下列描述跨步电压的大小哪种说法是正确的？（**A**）

（A）与入地电流强度成正比，与接地体的距离平方成反比；（B）与入地电流强度成正比，与接地体的距离成反比；（C）与入地电流强度成反比，与接地体的距离平方成正比；（D）与入地电流强度成正比，与接地体的距离成正比。

Lb2A2092　水轮机调速系统中，由原来的平衡状态过渡到新的平衡状态的过程称为（**C**）或动态过程。

（A）平衡过程；（B）不平衡过程；（C）过渡过程；（D）非稳定过程。

Lb2A2093　一台电流互感器，其一次电流恒定不变，当二次阻抗为 **0.5Ω**时，二次电流为 **3A**，当二次阻抗为 **0.25Ω**时，二次电流为（**A**）。

（A）3A；（B）6A；（C）1.5A；（D）1A。

Lb2A3094　工作在放大状态的三极管，基极电流 I_b，集电极电流 I_c，发射极电流 I_e 的关系是（**D**）。

（A）$I_c=I_e+I_b$；（B）$I_b=I_e+I_c$；（C）$I_b=I_c-I_e$；（D）$I_e=I_b+I_c$。

Lb2A3095　一变压器变比 K=2，当二次阻抗折算到一次阻抗时，要乘以（**C**）。

（A）1；（B）2；（C）4；（D）1/4。

Lb2A4096 在对称三相交流电路中，当负荷为三角形连接时，线电压在相位上将比对应相电流（**A**）。

（A）滞后 30°；（B）超前 30°；（C）滞后 120°；（D）超前 120°。

Lb2A4097 当电力系统发生故障时，要求该线路继电保护该动的动，不该动的不动称为继电保护的（**A**）。

（A）选择性；（B）灵敏性；（C）可靠性；（D）快速性。

Lb2A4098 电流互感器二次侧接地是为了（**C**）。

（A）测量用；（B）工作接地；（C）保护接地；（D）节省导线。

Lb2A4099 液体的黏滞系数是随温度（**A**）而减小的。

（A）升高；（B）降低；（C）不变；（D）波动。

Lb2A5100 高频保护的范围是（**A**）。

（A）本线路全长；（B）相邻一部分；（C）本线路全长及下一线路的一部分；（D）相邻线路。

Lb1A1101 PLC 的中文含义是（**C**）。

（A）计算机；（B）微型计算机；（C）可编程逻辑控制器；（D）运算放大器。

Lb1A1102 任意断面的测压管水头等于相应断面的总水头减去（**C**）水头。

（A）位能；（B）压能；（C）流速；（D）弹性势能。

Lb1A2103 普通逻辑集成电路块引脚序号的排列顺序是（D）。

（A）从左到右；（B）从右到左；（C）从右到左顺时针；（D）从左到右逆时针。

Lb1A2104 室内 GIS 发生故障有气体外逸时，下面描述不正确的是（D）。

（A）全体人员立即撤离现场；（B）立即投入全部通风装置；（C）事故发生 15min 内只允许抢救人员进入室内；（D）事故后3h，工作人员可以无防护措施进入。

Lb1A2105 轴流转桨式水轮机，叶片密封装置的作用是（C）。

（A）防止水压降低；（B）防止渗入压力油；（C）对内防油外漏，对外防水渗入；（D）对内防水外漏，对外防油渗入。

Lb1A2106 对于 P 型半导体来说，下列说法正确的是（D）。

（A）在本征半导体中掺入微量的五价元素形成的；（B）它的载流子是空穴；（C）它对外呈现正电；（D）它的多数载流子是空穴。

Lb1A3107 测量 220V 直流系统正负极对地电压，U_+= 140V，U_-= 80V，说明（C）。

（A）负极全接地；（B）正极全接地；（C）负极绝缘下降；（D）正极绝缘下降。

Lb1A3108 具有（C）特性的发电机是不能在公共母线上并联运行的。

（A）正调差；（B）负调差；（C）零调差；（D）有差。

Lb1A3109 悬吊型水轮发电机的下机架为（**B**）机架。

（A）负荷；（B）非负荷；（C）不一定；（D）第二。

Lb1A3110 某 35kV 中性点不接地系统，正常运行时，三相对地电容电流均为 10A，当 A 相发生金属性接地时，A 相接地电流为（**D**）。

（A）10A；（B）15A；（C）20A；（D）30A。

Lb1A3111 在纯正弦电流回路中，下列说法正确的是（**D**）。

（A）总有功功率是电路各部分有功功率之和，总视在功率是电路各部分视在功率之和；（B）总无功功率是电路各部分无功功率之和，但总复功率不一定是电路各部分复功率之和；（C）总有功功率是电路各部分有功功率之和，但总无功功率不一定是电路各部分无功功率之和；（D）总无功功率是电路各部分无功功率之和，但总视在功率不一定是电路各部分视在功率之和。

Lb1A4112 故障切除时间等于（**C**）。

（A）继电保护装置动作时间；（B）断路器跳闸时间；（C）继电器保护装置动作时间与断路器跳闸时间之和；（D）电弧启燃到熄灭的时间。

Lb1A4113 对于设备缺陷管理，下列哪项不正确（**A**）。

（A）值班员发现设备缺陷后应马上自行处理；（B）值班员发现设备缺陷后应及时向值长汇报；（C）对于较大的设备缺陷和异常，班值长应予复查；（D）对系统管辖的设备要汇报调度员。

Lb1A4114 新安装变压器投运前，应做（**A**）冲击合闸试验。

（A）5 次；（B）4 次；（C）3 次；（D）2 次。

Lb1A5115 当通过人体的交流电流超过（**C**）时，触电者自己就不容易脱离电源。

（A）50mA；（B）30mA；（C）10mA；（D）5mA。

Lb1A5116 三相桥式全控整流电路，要求触发脉冲的间隔为（**A**）。

（A）60°；（B）120°；（C）180°；（D）150°。

Lb1A5117 如图 A-3 所示，理想自耦变压器接在电压为 U 的正弦交流电源上，当开关 S 接 a 时，交流电流表与交流电压表的示数分别是 I_1 和 U_1，当开关 S 接 b，交流电流表与交流电压表的示数分别是 I_2 和 U_2。由此可知（**D**）。

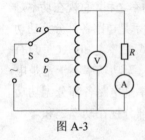

图 A-3

（A）$U_1 > U_2$，$I_1 > I_2$；

（B）$U_1 > U_2$，$I_1 < I_2$；

（C）$U_1 < U_2$，$I_1 > I_2$；

（D）$U_1 < U_2$，$I_1 < I_2$。

Lc5A1118 水电站中检修排水的特征是（**A**）。

（A）排水量大，排水时间短；（B）排水量小，排水时间短；（C）排水量大，排水时间长；（D）排水量小，排水时间长。

Lc5A3119 水电站的出力简化公式为（**C**）。

（A）$P=9.81QH$；（B）$P=9.81\eta Q$；（C）$P=KQH$；（D）$E=0.00272WH$。

Lc5A4120 抽水蓄能电站在电力系统中的主要作用是（**D**）。

（A）抽水；（B）发电；（C）蓄能；（D）削峰填谷。

Lc5A5121 闸门顶与水面齐平，其静水压强分布图是个（**A**）形。

（A）三角；（B）矩；（C）梯；（D）圆。

Lc4A1122 管道某断面的压强水头 P_i/γ 为负说明该处出现真空，要改变这种状态可以（**B**）部分管道的安装高度。

（A）提高；（B）降低；（C）改变；（D）不改变。

Lc4A2123 为了提高功率因数，通常采用的补偿方式是（**C**）。

（A）过补偿；（B）全补偿；（C）欠补偿；（D）共振补偿。

Lc4A2124 水电站辅助设备中，压力油管或进油管的颜色是（**D**）。

（A）黄色；（B）绿色；（C）白色；（D）红色。

Lc4A2125 水头在 800m 以上的水电站，宜采用的水轮机型式为（**A**）。

（A）冲击式；（B）反击式；（C）贯流式；（D）斜流式。

Lc4A3126 高效率区较宽的水轮机型式是（**D**）。

（A）轴流式；（B）转桨式；（C）冲击式；（D）轴流转桨式。

Lc3A2127 水库的工作深度是指（**B**）。

（A）防洪限制水位与死水位之间的水层深度；（B）正常蓄水位与死水位之间的水层深度；（C）防洪高水位与死水位之间的水层深度；（D）设计洪水位与校核洪水位之间的水层深度。

Lc3A2128 电压互感器的下列接线方式中，哪种接线方式不能测量相电压（**A**）。

（A）Yy；（B）YNynd；（C）Yynd；（D）Yyn。

Lc3A3129 采用电容补偿装置调整系统电压时，对系统来说（**D**）。

（A）调整电压的作用不明显；（B）不起无功补偿的作用；（C）调整电容电流；（D）既补偿了系统的无功容量，又提高了系统的电压。

Lc3A3130 两台阻抗电压不相等的变压器并列运行时，在负荷分配上（**A**）。

（A）阻抗电压大的变压器负荷小；（B）阻抗电压小的变压器负荷小；（C）负荷的分配不受阻抗电压的影响；（D）相等。

Lc3A4131 断路器降压运行时，其遮断容量会（**C**）。

（A）相应增加；（B）不变；（C）相应降低；（D）不确定。

Lc3A4132 电力系统发生振荡时，振荡中心电压波动情况是（**A**）。

（A）幅度最大；（B）幅度最小；（C）幅度不变；（D）不能确定。

Lc2A2133 除下列哪项之外，发电机定子绕组应当更换（**B**）。

（A）耐压试验不合格；（B）吸收比不合格；（C）绕组严重变形，主绝缘可能损伤；（D）绕组防晕层严重破坏。

Lc2A3134 水轮发电机转动惯量 J 与其飞轮力矩 GD^2 的关系为（**D**）。

（A）$GD^2=J$；（B）$GD^2=gJ$；（C）$GD^2=4J$；（D）$GD^2=4gJ$。

Lc2A4135 间隙一定，冲击放电时，击穿电压与冲击波的（**D**）有关。

（A）波长；（B）波头；（C）频率；（D）波形。

Lc2A5136 新安装或大修后的 SF_6 断路器中 SF_6 气体的水分允许含量标准为不高于（**B**）。

（A）$250cm^3/m^3$；（B）$150cm^3/m^3$；（C）$300cm^3/m^3$；（D）$500cm^3/m^3$。

Lc2A5137 电缆线芯的功能主要是输送电流，线芯的损耗是由（**A**）来决定。

（A）导体截面和电导系数；（B）电压高低；（C）电阻系数；（D）温度系数。

Lc1A2138 对于有两组跳闸线圈的断路器（**A**）。

（A）其每一跳闸回路应分别由专用的直流熔断器供电；（B）两组跳闸回路可共用一组直流熔断器供电；（C）其中一组由专用的直流熔断器供电，另一组可与一套主保护共用一组直流熔断器；（D）对直流熔断器无特殊要求。

Lc1A3139 变压器的接线组别表示是变压器高、低压侧（**A**）间的相位关系。

（A）线电压；（B）线电流；（C）相电压；（D）相电流。

Lc1A4140 一般制造厂家的设计标准是保证机组在飞逸工况下运行（**B**）而不损坏。

（A）1min；（B）2min；（C）3min；（D）4min。

Lc1A4141 励磁装置伏特赫兹限制动作后，随着发电机频率降低，其端电压（**B**）。

（A）变高；（B）变低；（C）不变；（D）不一定。

Lc1A4142 绝缘子安装前用规定的绝缘电阻表摇测时，其绝缘电阻值应不低于（**D**）。

（A）200MΩ；（B）300MΩ；（C）400MΩ；（D）500MΩ以上。

Lc1A5143 若三相全控桥逆变颠覆，则会发生（**D**）。

（A）强励；（B）强减；（C）逆变；（D）续流。

Jd5A1144 为防止变压器铁芯、夹件、压圈等金属部件感应悬浮电位过高而造成放电，铁芯必须（**B**）。

（A）两点接地；（B）单点接地；（C）多点接地；（D）屏蔽接地。

Jd5A1145 电气设备防止感应过电压的办法是（**C**）。

（A）装设避雷针；（B）装设避雷线；（C）装设避雷器；（D）装设屏蔽线。

Jd5A2146 空气之所以是储存压能的良好介质，是因为空气（**D**）。

（A）易流动；（B）质量轻；（C）储存方便；（D）有良好的可压缩性。

Jd5A2147 滤水器的作用是（**C**）。

（A）清除泥沙；（B）清除水垢；（C）清除悬浮物；（D）软化水质。

Jd5A2148 水轮机检修排水除了尾水管直接排水方式外，还有（**D**）排水方式。

（A）虹吸；（B）集水井；（C）水池；（D）廊道。

Jd5A3149 铅酸蓄电池的充电终期电压是（**C**）。
（A）1.8V；（B）2.2V；（C）2.3V；（D）2.0V。

Jd5A4150 如扩大工作任务，必须由工作负责人通过（**C**）并在工作票上增填工作项目。
（A）工作负责人；（B）工作票签发人；（C）工作许可人；
（D）值长。

Jd5A5151 产生谐振过电压的原因是（**B**）。
（A）雷电波侵入；（B）电网参数变化；（C）电压互感器铁芯不饱和；（D）过负荷引起。

Jd4A1152 具有多年调节库容的水电站在系统中一般（**B**）。
（A）担任基荷；（B）担任峰荷；（C）按保证出力工作；
（D）可担任备用任务。

Jd4A1153 离心水泵的安装高度主要受（**B**）控制，否则将抽不上水或出水量很小。
（A）扬程；（B）海拔高度或大气压；（C）电动机功率；
（D）水泵效率。

Jd4A2154 异步电动机运行中转速变慢，定子电流时大时小，出现周期性摆动，机座振动，有时还发生嗡嗡之声，其故障性质是（**B**）。
（A）定子线圈接地；（B）转子断条；（C）三相运行；（D）基础螺栓松动。

Jd4A2155 经检修或变动后的机组直流二次回路，其绝缘电阻应（**B**）。

（A）大于 1MΩ；（B）大于 0.5MΩ；（C）大于 1.5MΩ；（D）大于 10MΩ。

Jd4A2156 发电机甩负荷时，机组转速（**A**）。

（A）升高；（B）降低；（C）不变；（D）到零。

Jd4A2157 介质被击穿形成电弧后，电弧得以维持燃烧的主要原因是靠（**B**）。

（A）碰撞游离；（B）热游离；（C）强电场发射；（D）热电发射。

Jd4A3158 发电机励磁调节器在"手动"，只增加有功时，则（**B**）。

（A）无功增加；（B）无功减少；（C）无功不变；（D）不确定。

Jd4A4159 中性点不接地系统发生单相接地时，其接地电流为（**A**）。

（A）容性电流；（B）感性电流；（C）电阻性电流；（D）负荷电流。

Jd3A2160 变压器瓦斯保护动作后，经检查气体无色不能燃烧，说明是（**A**）。

（A）空气进入；（B）木质故障；（C）纸质故障；（D）油故障。

Jd3A2161 水轮发电机停机过程中，当机组转数下降到（**B**）额定转数时，电气制动装置投入。

（A）20%～30%；（B）50%～70%；（C）85%；（D）40%～50%。

Jd3A3162 推力轴承所用的油类为（**A**）。

（A）透平油；（B）绝缘油；（C）空压机油；（D）齿轮箱油。

Jd3A3163 关于油品的压力过滤和真空过滤，下列说法错误的是（**C**）。

（A）工作原理不同；（B）作用不一样；（C）压力过滤是机械净化，真空过滤是油的再生；（D）压力过滤简单、较慢、有油耗，真空过滤速度快、质量好、无油耗。

Jd3A4164 水电站一般设置强、弱电两种直流电系统，其中弱电直流系统的电压等级为（**D**）。

（A）220V；（B）110V；（C）48V；（D）48V 或 24V。

Jd2A3165 起到提高并列运行水轮发电机组运行稳定性的是（**C**）。

（A）转子磁轭；（B）定子铁芯；（C）转子阻尼绕组；（D）转子集电环。

Jd2A3166 三绕组变压器绕组有里向外排列顺序（**B**）。

（A）高压，中压，低压；（B）低压，中压，高压；（C）中压，低压，高压；（D）低压，高压，中压。

Jd2A4167 立式水轮发电机由于镜板的旋转运行，镜面与推力瓦间将建立（**B**）油膜。

（A）0.05mm；（B）0.1mm；（C）0.2mm；（D）1mm。

Jd2A4168 发电机的低频振荡一般是由于转子的阻尼不足而引起的功率振荡，其振荡频率一般在（**C**）之间。

（A）5～10Hz；（B）15～25Hz；（C）0.1～2.5Hz；（D）40～

60Hz。

Jd2A5169 工频耐压试验能考核变压器（**C**）缺陷。

（A）绕组匝间绝缘损伤；（B）外绕组相间绝缘距离过小；（C）高压绕组与低压绕组引线之间的绝缘薄弱；（D）高压绕组与高压分接引线之间绝缘薄弱。

Jd2A5170 二次回路接线中，每个接线端子的每侧接线最多不得超过（**B**）。

（A）1根；（B）2根；（C）3根；（D）4根。

Jd1A3171 电压互感器一次侧中性点接地属于（**A**）。

（A）工作接地；（B）保护接地；（C）保安接地；（D）接零。

Jd1A4172 推力轴承冷却器有渗漏现象时，对有渗漏的冷却管可以进行封堵，但封堵数量不得超过冷却器冷却管总根数的（**B**）。

（A）10%；（B）15%；（C）20%；（D）30%。

Jd1A4173 开关通常有工作位、试验位和检修位三个位置，其试验位的含义为（**C**）。

（A）一次二次回路均接通；（B）一次回路接通，二次回路断开；（C）一次回路断开，二次回路接通；（D）一次二次回路均断开。

Jd1A4174 对变压器差动保护进行相量图分析时，应在变压器（**C**）时进行。

（A）停电；（B）空负荷；（C）载有一定负荷；（D）事故过负荷。

Jd1A5175　用摇表测量高压电缆等大电容量设备的绝缘电阻时，若不接屏蔽端 **G**，测量值比实际值（**A**）。

（A）偏小；（B）偏大；（C）相同；（D）不确定。

Jd1A5176　熔断器中充满石英砂的作用是提高（**C**）。

（A）机械强度；（B）绝缘；（C）灭弧能力；（D）密封性。

Jd1A5177　发电机三相定子绕组，采用星形连接，这主要是为了消除（**B**）。

（A）偶次谐波；（B）三次谐波；（C）五次谐波；（D）高次谐波。

Je5A1178　发电机消弧线圈一般采用（**C**）方式运行。

（A）欠补偿；（B）全补偿；（C）过补偿；（D）共振补偿。

Je5A1179　需变更工作班中成员须经（**A**）同意。

（A）工作负责人；（B）工作许可人；（C）工作票签发人；（D）值长。

Je5A1180　电气工作人员因故间断工作（**B**）以上者，应重新考试合格方可上岗。

（A）2 个月；（B）3 个月；（C）4 个月；（D）6 个月。

Je5A1181　第一、第二种工作票的有效时间指（**B**）。

（A）工作所需时间；（B）批准的检修时间；（C）领导规定的时间；（D）调度批准的时间。

Je5A2182　变压器呼吸器中的硅胶受潮后应变成（**B**）。

（A）白色；（B）粉红色；（C）蓝色；（D）黄色。

Je5A2183 水导轴承冷却用水一般是排至（**C**）。

（A）顶盖；（B）廊道；（C）尾水；（D）集水井。

Je5A3184 随着水轮发电机负荷的增加，水轮机必须相应地将导叶开度（**D**）。

（A）保持不变；（B）减小；（C）关到零；（D）增大。

Je5A3185 用一钳型电流表测量三相对称电路电流，如果将三相导线均放入钳口中，电流表指示为（**C**）。

（A）正常相电流；（B）三相电流；（C）零；（D）三相电流的代数和。

Je5A3186 发电机转子上安装阻尼绕组，能起到（**B**）反转磁场的作用。

（A）增强；（B）削弱；（C）补偿；（D）消除。

Je5A3187 电磁式万用表用完后，应将转换开关置于（**B**）。

（A）最高电阻挡；（B）最高交流电压挡；（C）最高电流挡；（D）OFF 挡。

Je5A3188 多油式断路器中油的主要作用是用来（**D**）的。

（A）熄灭电弧；（B）相间绝缘；（C）对地绝缘；（D）灭弧、绝缘及散热。

Je5A3189 影响变压器寿命的主要因素是（**C**）。

（A）铁芯；（B）绕组；（C）绝缘；（D）油箱。

Je5A3190 在水轮机进水蝶阀旁设旁通阀是为了使（**B**）。

（A）它们有自备的通道；（B）开启前充水平压；（C）阀门或蝶阀操作方便；（D）检修排水。

Je5A3191 离心水泵在检修后第一次启动前，需要灌水、排气，其目的是（**B**）。

（A）防止产生真空；（B）为使水泵启动后在叶轮进口处产生负压；（C）防止水泵过载；（D）防止飞速。

Je5A4192 分段运行的直流系统，当一套蓄电池组故障时应（**C**）。

（A）将蓄电池组退出，用充电设备单带负荷；（B）两段母线联络起来运行；（C）先将两段母线并联起来，再退出故障组的蓄电池和充电设备；（D）先退出故障组的蓄电池和充电设备，再将母线联络运行。

Je5A4193 离心泵泵壳两侧密封装置的作用是（**A**）。

（A）防止水向外泄漏和空气进入泵壳；（B）保护水泵；（C）防止润滑油外漏；（D）支撑泵轴。

Je5A3194 第一种工作票应在工作前（**C**）交给值班员，临时工作可在工作开始前履行工作许可手续。

（A）5日；（B）3日；（C）1日；（D）当日。

Je5A4195 工作尚未完成，工作票已到期，工作负责人应办理延期手续，一张工作票延期手续最多可以办（**A**）。

（A）1次；（B）2次；（C）3次；（D）若干次。

Je5A4196 高压室内的二次接线和照明等回路上的工作，需要将高压设备停电或做安全措施者，应该使用（**A**）工作票。

（A）电气第一种工作票；（B）电气第二种工作票；（C）继电保护安全措施票；（D）水力机械工作票。

Je4A1197 水轮机接力器关闭时间整定的目的是满足（**C**）

的要求。

（A）正常停机；（B）事故停机；（C）调保计算；（D）机组不飞逸。

Je4A1198 发电机定子接地时（保护不直接动作停机）应（**C**）。

（A）继续运行；（B）减负荷；（C）尽快减负荷停机；（D）拉开发电机中性点接地开关可继续运行。

Je4A1199 发电机失磁后发电机向系统（**A**）无功功率。

（A）吸收；（B）送出；（C）不送不出；（D）发出。

Je4A2200 水轮机进水口快速闸门的作用是（**A**）。

（A）防止机组飞逸；（B）调节进水口流量；（C）正常时落门停机；（D）泄水时提门。

Je4A2201 零序电流滤过器没有零序电流输出的是（**A**）。

（A）三相对称短路；（B）两相接地短路；（C）单相接地；（D）不对称运行。

Je4A2202 变压器的负序电抗（**A**）正序电抗。

（A）等于；（B）小于；（C）大于；（D）不等于。

Je4A2203 时间继电器需要长期加电压时，必须在继电器线圈中串联一附加（**A**）。

（A）电阻；（B）电容；（C）电感；（D）二极管。

Je4A2204 距离保护的第一段能瞬时切除被保护线路（**C**）范围内的故障。

（A）全长；（B）全长的 50%；（C）全长的 80%～85%；

（D）全长的 85%～95%。

Je4A2205 电力系统中水电与火电互补是指（**A**）。

（A）丰水期多发水电节省燃料，枯水期多发火电并可供暖；（B）火电厂不能承担调频、调峰等任务；（C）火电费用高，而水电费用低两者互补；（D）火电上网价格高，水电上网价格低两者互补。

Je4A2206 扑救可能产生有毒气体的火灾（如电缆着火等）时，扑救人员应使用（**B**）。

（A）过滤式防毒面具；（B）正压式消防空气呼吸器；（C）自救空气呼吸器；（D）湿毛巾。

Je4A2207 实现水轮机调节的途径就是改变（**A**）。

（A）过机流量；（B）机组转速；（C）机组水头；（D）机组效率。

Je4A2208 调速器静特性曲线的斜率称为（**A**）。

（A）永态转差系数 b_p；（B）暂态转差系数 b_t；（C）局部反馈系数 α；（D）机组调差率 e_p。

Je4A2209 调速器中，反馈机构（或回路）是（**B**）。

（A）自动控制机构；（B）自动调节机构；（C）自动监视机构；（D）自动指示机构。

Je4A3210 机组并入系统后，自调节能力增强，为提高调速器的速动性，使其增减负荷迅速，一般可将（**C**）切除。

（A）永态反馈；（B）局部反馈；（C）暂态反馈；（D）所有反馈。

Je4A3211 调速器中,变速机构(或频率给定回路)是（**A**）。

（A）自动控制机构；（B）自动调节机构；（C）自动监视机构；（D）自动指示机构。

Je4A3212 机组达到额定转速后投入电网的瞬间,导叶所达到的开度为（**D**）。

（A）起始开度；（B）终了开度；（C）限制开度；（D）空载开度。

Je4A3213 用绝缘电阻表测量设备的对地绝缘电阻时,通过被测电阻的电流是（**A**）。

（A）直流；（B）交流；（C）整流直流；（D）逆变交流。

Je4A3214 变速机构在一定范围内平行移动是（**D**）。

（A）水轮机静特性线；（B）发电机静特性线；（C）调速器静特性线；（D）调速系统静特性线。

Je4A3215 增加并入大电网的机组所带有功功率的方法是（**A**）。

（A）增加调速器的有功给定值或增加导叶的开度；（B）增大励磁电流；（C）减小转速调整；（D）增大调速器的永态转差系数。

Je4A3216 实测的调速器静特性曲线在转速上升和下降时不是一条曲线而是两条曲线,往返两条曲线之间的部分,叫做（**C**）。

（A）非线性度Δ；（B）不均衡度δ；（C）转速死区 i_x；（D）放大系数 K。

Je4A3217 通过甩负荷试验测得的参数可绘制出（**D**）图。

（A）水轮机静特性；（B）发电机静特性；（C）调速器静

特性；（D）调速系统静特性。

Je4A3218 主变压器中性点接地属于（**A**）。

（A）工作接地；（B）保护接地；（C）防雷接地；（D）安全接地。

Je4A4219 某工厂有 **6kV** 高压电动机及 **220/380V** 三相四线制低压电网用电设备，则选用自备发电机的额定电压应为（**C**）。

（A）6kV；（B）3.6kV；（C）6.3kV；（D）400V。

Je4A4220 某水轮机允许吸出高度为 **1.5m**，设计该水轮机吸出高度时应在（**A**）。

（A）1.5m 以下；（B）1.5m 以上；（C）1.5m；（D）2m。

Je4A4221 深井泵的轴折断后表现为（**D**）。

（A）电流增大；（B）电流减小；（C）振动变大、电流增大；（D）振动减小、电流减小。

Je4A5222 调速器永态转差系数 b_p 值一般是（**A**）。

（A）0～8%；（B）0～100%；（C）1%；（D）1%～5%。

Je4A5223 立式机组顶转子操作时，发现转子不上升或上升一定高度后不继续上升时，应（**A**）。

（A）停止油泵运行，检查管路及风闸是否漏油；（B）保持油泵继续运行，同时检查管路是否漏油；（C）保持油泵继续运行，同时检查风闸是否漏油；（D）停止油泵运行，立即排油。

Je3A2224 电动机的容量越小，铜损在总损耗中所占比例（**A**）。

（A）越大；（B）越小；（C）不变；（D）不确定。

Je3A2225 水电站机电设备中，（**A**）用水量占技术供水的总用水量的比例较大。

（A）发电机定子空气冷却器；（B）推力轴承冷却器；（C）主轴密封装置；（D）水轮机水导轴承冷却器。

Je3A2226 在屋外变电所和高压室内搬运梯子、管子等长物应由（**B**）进行，并保持安全距离。

（A）1 人；（B）2 人；（C）3 人；（D）4 人。

Je3A2227 运行中的变压器温度最高的部分是（**D**）。

（A）引线；（B）变压器油；（C）绕组；（D）铁芯。

Je3A2228 水轮发电机停机过程中，当机组转数降到（**A**）额定转数时，可以投入机械制动加闸。

（A）10%～30%；（B）50%～70%；（C）85%；（D）90%。

Je3A2229 油压装置的压油槽中油占总容积比例为（**C**）。

（A）1/4；（B）2/3；（C）1/3；（D）1/2。

Je3A2230 水轮发电机作为调相机运行时，其（**A**）功率为负。

（A）有功；（B）无功；（C）有功与无功；（D）视在。

Je3A3231 相差高频保护（**B**）相邻线路的后备保护。

（A）可作为；（B）不可作为；（C）就是；（D）等同于。

Je3A3232 发电机带负荷失磁后（失磁保护未动作），则机组转数（**A**）。

（A）增高；（B）降低；（C）不变；（D）不一定。

Je3A3233 电机在不对称负荷下工作时将出现（**A**）。

（A）转子表面发热；（B）定子表面发热；（C）转子振动；（D）定子热变形。

Je3A3234 从继电保护原理上讲，受系统振荡影响的有（**D**）。

（A）零序电流保护；（B）负序电流保护；（C）纵差保护；（D）相间距离保护。

Je3A3235 并列运行的机组的负荷分配决定于它们静特性曲线的（**D**）。

（A）转速死区；（B）非线性度；（C）不光滑度；（D）斜率。

Je3A3236 操作转换开关的规范用语是（**D**）。

（A）投入、退出；（B）拉开、合上；（C）取下、装上；（D）切至。

Je3A3237 调速系统中漏油箱的作用是（**A**）。

（A）收集调速系统的漏油，并向油压装置的集油槽输送；（B）给调速系统提供压力油；（C）收集调速系统的回油，并向油压装置的压油槽输送；（D）放置油品的油槽。

Je3A3238 电动机缺相运行时，其运行绕组中的电流（**A**）。

（A）大于负荷电流；（B）小于负荷电流；（C）等于负荷电流；（D）不确定。

Je3A3239 在进行倒闸操作时，在检查断路器在断开位置后，先合（**D**）隔离开关。

（A）开关内侧；（B）开关外侧；（C）线路侧；（D）母线侧。

Je3A3240 拆除三相短路接地线的正确顺序为（**C**）。

（A）接地端与导体端同时进行拆除；（B）先拆接地端；（C）先拆导体端；（D）随意。

Je3A4241 电气制动转矩与机组转速成（**B**）。

（A）正比；（B）反比；（C）无关；（D）平方。

Je3A4242 推力轴承只承受（**A**）载荷。

（A）轴向；（B）斜向；（C）径向；（D）轴向和径向。

Je3A4243 变压器投切时会产生（**A**）。

（A）操作过电压；（B）大气过电压；（C）雷击过电压；（D）操作低电压。

Je3A4244 线路带电作业时，本线路的重合闸应（**D**）。

（A）投单重；（B）投三重；（C）改时限；（D）退出。

Je3A4245 水轮发电机转子的磁极越少，则发电机的额定转速越（**A**）。

（A）高；（B）低；（C）不变；（D）不确定。

Je3A5246 在（**A**）电场中，气体的击穿电压随气压的增大而增大。

（A）均匀；（B）不均匀；（C）极不均匀；（D）弱。

Je3A5247 发电机长期运行时，处于定子绕组中靠近中性点的绕组绝缘比处于靠近出线端的绕组绝缘老化速度（**B**）。

（A）快；（B）慢；（C）一样；（D）没关系。

Je2A1248 若离心泵电动机电源线接反，则（**A**）水泵不能抽水。

（A）电动机反转；（B）电动机正转；（C）电动机不转；（D）电动机线圈短路。

Je2A2249 用电磁式万用表检测二极管极性好坏时，应使用万用表的（**C**）。

（A）电压挡；（B）电流挡；（C）欧姆挡；（D）其他挡。

Je2A2250 防洪限制水位是指（**C**）。

（A）水库消落的最低水位；（B）允许充蓄并能保持的高水位；（C）汛期防洪要求限制水库兴利允许蓄水的上限水位；（D）水库承担下游防洪任务，在调节下游防护对象的防洪标准洪水时，坝前达到的最高水位。

Je2A2251 机组调差率 e_p 可以通过（**C**）试验来求得。

（A）空负荷扰动试验；（B）负荷扰动试验；（C）甩负荷试验；（D）调速器静特性试验。

Je2A2252 实现机组无差调节可（**D**）。

（A）用局部反馈；（B）用硬反馈；（C）用软反馈；（D）不用反馈。

Je2A2253 零序功率方向继电器的电压线圈（**B**）接到零序电压滤过器的出口上。

（A）正极性；（B）反极性；（C）任意；（D）负极性。

Je2A3254 产生串联谐振的条件是（**C**）。

（A）$X_L > X_C$；（B）$X_L < X_C$；（C）$X_L = X_C$；（D）$R = X_L + X_C$。

Je2A3255 用（**A**）可以储存电场能。

（A）电容；（B）电感；（C）场效应管；（D）电阻。

Je2A3256 主变压器进行空负荷试验，一般是从（**C**）侧加压并测量。

（A）中压；（B）高压；（C）低压；（D）低压或高压。

Je2A3257 变压器进行冲击合闸试验时，一般是从（**A**）侧合开关并进行测量。

（A）高压；（B）低压；（C）中；（D）低压或高压。

Je2A4258 零序电压的特性是（**A**）。

（A）接地故障点处零序电压最高；（B）变压器中性点零序电压最高；（C）零序电压的高低与接地电阻无关；（D）接地故障点零序电压最低。

Je2A4259 调速器调节参数对调节系统起主要影响作用的是（**A**）（α 为局部反馈系数）。

（A）b_p，b_t；（B）b_p，T_a；（C）b_t，T_a；（D）b_p，α。

Je2A4260 变压器铜损（**C**）铁损时最经济。

（A）大于；（B）小于；（C）等于；（D）不确定。

Je2A4261 为使模型和原型成为相似水轮机，两者不必具备下列相似条件中的（**D**）。

（A）几何相似；（B）运动相似；（C）动力相似；（D）出力相似。

Je2A4262 水轮机可以在不同的工况下运行，其中（**B**）的工况称为最优工况。

（A）出力最大；（B）效率最高；（C）流量最大；（D）开

度最大。

Je2A4263 水轮发电机组能够实现稳定运行，是因为它有（**D**）。

（A）励磁机的调节；（B）调速器的调节；（C）电压校正器的调节；（D）自调节作用。

Je2A4264 立式装置的水轮发电机，按其（**A**）的装设位置不同，分为悬吊型和伞型两大类。

（A）推力轴承；（B）上导轴承；（C）下导轴承；（D）水导轴承。

Je2A4265 在跳闸命令和合闸命令同时存在时，应保证（**A**）。

（A）跳闸；（B）合闸；（C）不动；（D）连续动作。

Je2A4266 为保证工作的安全性，工作开工前除办理工作票外，工作组成员还应进行必要的（**B**）。

（A）请示；（B）危险点分析；（C）休息；（D）安全手续。

Je2A5267 对变压器进行冲击合闸试验的目的有多项，以下哪项不是该试验的目的（**D**）。

（A）检验变压器的机械强度；（B）检验变压器的保护误动情况；（C）检验变压器的绝缘强度；（D）校验变压器断路器的同步性。

Je2A5268 钢丝绳在卷扬机滚筒上的排列要整齐，在工作时不能放尽，至少要留（**D**）。

（A）20 圈；（B）15 圈；（C）10 圈；（D）5 圈。

Je2A5269 水轮发电机在额定转速及额定功率因数时，电压与额定值的偏差不应超过（**A**）。

（A）±5%；（B）±10%；（C）±3%；（D）±4%。

Je1A1270 水电站长期最优运行的中心问题是（**A**）。

（A）水库最优调度；（B）发电量最大；（C）蓄水量最多；（D）负荷最大。

Je1A2271 调速器的 e_p 值既取决于调差机构的整定，又取决于机组的（**B**）。

（A）运行流量；（B）运行水头；（C）运行转速；（D）机组所带负荷。

Je1A2272 励磁装置通常装有电压/频率限制，主要目的是防止电压升高或频率下降导致（**A**）。

（A）发电机和主变压器铁芯饱和而引起过热；（B）转子过热局部灼伤；（C）励磁机或励磁变过热而损坏；（D）励磁整流装置和励磁控制回路异常。

Je1A2273 变压器铁芯通常采用叠片装成而非整体硅钢，主要原因是（**C**）。

（A）节省材料；（B）缩小体积；（C）减小涡流；（D）提高强度。

Je1A2274 蝶阀在开启之前为了（**B**），故放掉空气围带中的空气。

（A）减小蝶阀动作的摩擦力；（B）防止蝶阀空气围带损坏；（C）为了工作方便；（D）为了充水。

Je1A2275 在晶闸管阻容保护中，电容短路，电阻的运行温度（**B**）。

（A）降低；（B）升高；（C）不变；（D）不一定。

Je1A2276　不断减少励磁电流，最终会使发电机定子电流（**C**）。

（A）减少；（B）不变；（C）增大；（D）不一定。

Je1A2277　大型水轮发电机中，通常用分数槽绕组，以削弱（**B**）影响。

（A）基波；（B）齿谐波；（C）3 次谐波；（D）5 次谐波。

Je1A2278　SF_6 断路器及 **GIS** 组合电器绝缘下降的主要原因是由于（**B**）的影响。

（A）SF_6 气体杂质；（B）SF_6 中水分；（C）SF_6 比重；（D）SF_6 设备绝缘件。

Je1A3279　下列哪一项不属于保证安全的技术措施（**D**）。

（A）停电；（B）验电；（C）装设接地线；（D）危险点预控。

Je1A3280　变压器中产生三次谐波的主要原因是（**D**）。

（A）磁带耗损；（B）电磁不平衡；（C）电感影响；（D）铁芯饱和。

Je1A3281　下列哪项不是变压器并联运行的优点（**B**）。

（A）提高供电可靠性；（B）减小导线长度；（C）提高运行效率；（D）减小备运容量。

Je1A4282　未经值班的调度人员许可，（**B**）不得操作调度机构调度管辖范围内的设备。

（A）非值班人员；（B）任何人；（C）非领导人员；（D）领导。

Je1A4283 滑动轴承选择润滑剂时以（**B**）为主要指标。
（A）闪点；（B）黏度；（C）密度；（D）酸值。

Je1A4284 对水轮机性能起明显作用的空蚀是（**D**）。
（A）间隙空蚀；（B）空腔空蚀；（C）局部空蚀；（D）翼型空蚀。

Je1A5285 某电压互感器，二次绕组（开口三角）额定相电压为 **100V**，如开口三角绕组 **C** 相接反，运行时，开口三角输出电压为（**B**）。
（A）100V；（B）200V；（C）0V；（D）173V。

Je1A5286 直流母线的正、负极色漆规定为（**C**）。
（A）蓝、白；（B）赭、白；（C）赭、蓝；（D）赭、黄。

Je1A5287 口对口人工呼吸，吹气时，如有较大阻力，可能是（**A**），应及时纠正。
（A）头部前倾；（B）头部后仰；（C）头部垫高；（D）吹气力度不够。

Je1A5288 磁极接头处搭接面积，以接触电流密度计算应不大于（**A**）。
（A）0.25A/mm^2；（B）0.25mA/mm^2；（C）0.25A/cm^2；（D）0.35A/mm^2。

Jf5A1289 直流发电机与蓄电池组并列运行时应使发电机输出直流电压（**C**）。

（A）和蓄电池组的电压相等；（B）低于蓄电池组的电压2～3V；（C）高于蓄电池组电压 2～3V；（D）对蓄电池组进行浮充电。

Jf5A1290　（A）型温度计，是根据导体电阻随温度升高而成正比例增加的特性而制成的。

（A）电阻；（B）膨胀；（C）红外线；（D）水银。

Jf5A2291　电压互感器二次侧（B）。

（A）不允许开路；（B）不允许短路且应接地；（C）不允许短路；（D）不允许接地。

Jf5A3292　剖面图和剖视图（B）同一种形式的图样。

（A）是；（B）不是；（C）可以是也可以不是；（D）不能确定。

Jf5A3293　安全带是登杆作业的保护用具，使用时其一端系在人的（A）。

（A）腰部；（B）臀部；（C）腿部；（D）手臂。

Jf5A4294　电压继电器两线圈串联时的动作电压为两线圈并联时的（C）。

（A）1/2 倍；（B）1 倍；（C）2 倍；（D）3 倍。

Jf5A4295　使用百分表时，测杆的触头应（B）被测零件的表面。

（A）平行；（B）垂直；（C）水平方向成 45°角接触于；（D）垂直方向成 45°角接触于。

Jf5A5296　塞尺是用于测量结合面的（B）。

（A）中心；（B）间隙；（C）水平；（D）深度。

Jf4A1297 励磁机是供给水轮发电机组（**B**）励磁电流的。
（A）定子；（B）转子；（C）永磁机；（D）辅助发电机。

Jf4A1298 运行中的同步发电机，定子电流产生的磁场同转子电流产生的磁场的关系是（**D**）。
（A）无关；（B）速度相同，方向相反；（C）方向相同，速度不同；（D）速度相同，方向相同。

Jf4A2299 在不同出力下，水轮机效率变化不大的是（**B**）式水轮机。
（A）混流；（B）轴流转桨；（C）斜流；（D）轴流定桨。

Jf4A2300 水轮发电机组的压油装置采用二级压力（降压）供气是为了（**B**）。
（A）降低气体温度；（B）提高空气干燥度；（C）安全；（D）缩小储气罐的体积。

Jf4A3301 手动准同期并列操作时，若同步表指针在零位不稳定地来回晃动，应（**A**）。
（A）不能进行并列合闸；（B）应立即进行并列合闸；（C）应慎重进行并列合闸；（D）可手动合闸。

Jf4A3302 测量发电机轴电压时，应使用万用表（**B**）。
（A）直流电压挡；（B）交流电压挡；（C）电阻挡；（D）电流挡。

Jf4A5303 运行中导水叶剪断销剪断，因水力不平衡引起机组很大（**C**）。

（A）振动；（B）摆度；（C）振动和摆度；（D）挠度。

Jf4A5304 在特别潮湿或周围均属金属导体的地方工作时，行灯的电压不超过（**A**）。

（A）12V；（B）24V；（C）36V；（D）48V。

Jf4A5305 电流互感器的连接方式有很多种，但在大电流接地系统和三相四线制低电压系统中只能选用（**A**）接线方式。

（A）完全星形；（B）三角形；（C）不完全星形；（D）两相差接。

Jf3A1306 工作人员接到违反安全规程的命令，应（**A**）。

（A）拒绝执行；（B）认真执行；（C）先执行，后请示；（D）先请示，后执行。

Jf3A2307 电气工具应每（**D**）试验一次。

（A）3个月；（B）4个月；（C）5个月；（D）6个月。

Jf3A2308 防止误操作的主要措施是（**B**）。

（A）组织措施；（B）组织措施与技术措施；（C）技术措施；（D）安全措施。

Jf3A3309 变压器全电压充电时，（**B**）可能导致保护误动。

（A）空负荷电流；（B）激磁涌流；（C）负荷电流；（D）短路电流。

Jf3A3310 在有瓦斯气体的地方检修时，采取的措施中哪项不正确（**D**）。

（A）必须戴防毒面具；（B）工作人员不得少于三人，有两人担任监护；（C）使用铜制工具，以避免引起火灾；（D）应备有氧气、氨水、脱脂棉等急救药品。

Jf3A4311 中低速大中型水轮发电机多采用（**A**）式装置。

（A）立；（B）卧；（C）斜；（D）立、卧。

Jf3A4312 下列哪一项经济指标与运行工作关系最远（**B**）。

（A）发电量；（B）大修周期；（C）厂用电量；（D）空载小时。

Jf3A4313 反击式水轮发电机组停机时机械和电气制动装置都不能使用，则（**B**）。

（A）事故停机；（B）重新开启机组至空转；（C）自由制动；（D）允许机组在低转速下继续运转。

Jf3A5314 三相全控桥整流电路每隔（**B**）换流一次。

（A）30°；（B）60°；（C）90°；（D）120°。

Jf2A2315 使用风闸顶转子时，工作油压一般在（**C**）。

（A）7～8MPa；（B）7～12MPa；（C）8～12MPa；（D）18～20MPa。

Jf2A3316 发电机灭火环管的喷水孔，要求正对（**D**）。

（A）定子绕组；（B）磁极；（C）电缆；（D）定子绕组端部。

Jf2A4317 水轮发电机及其励磁机应在飞逸转速下，运转（**A**）而不发生有害变形。

（A）2min；（B）1min；（C）5min；（D）3min。

Jf2A5318 下列工作中可以办理第二种工作票的是（**D**）。

（A）高压配电室内更换照明需将一次设备停电者；（B）高

压设备二次回路上工作需将一次设备停电者；（C）在已停电的高压设备上作业者；（D）在转动的发电机上清扫励磁滑环。

Jf2A5319 推力轴承是一种稀油润滑的（**B**）轴承。

（A）滚动；（B）滑动；（C）固定；（D）向心。

Jf1A4320 导轴承在运行中承担（**B**）载荷。

（A）轴向；（B）径向；（C）轴向和径向；（D）所有。

Jf1A4321 主设备损坏，检修费用在 150 万元以上，检修期在 20 天以上者是（**C**）事故。

（A）一般；（B）重大；（C）特大；（D）重特大。

Jf1A4322 变压器油色谱分析结果：总烃高，C_2H_2（乙炔）占主要成分，H_2 含量高，则判断变压器的故障是（**C**）。

（A）严重过热；（B）火花放电；（C）电弧放电；（D）进入空气。

Jf1A5323 发电机推力轴承座与基础之间用绝缘垫隔开可防止 （**D**）。

（A）击穿；（B）受潮；（C）漏油；（D）形成轴电流。

Jf1A5324 调速器空载扰动试验，扰动量一般为±8%，超调次数不超过（**B**）。

（A）1 次；（B）2 次；（C）3 次；（D）4 次。

Jf1A5325 混流式水轮机转轮下环形状对水轮机转轮的（**D**）有较明显影响。

（A）强度和刚度；（B）直径和水轮机效率；（C）过流量和转速；（D）过流和空蚀性能。

4.1.2 判断题

判断下列描述是否正确，对的在括号内打"√"，错的在括号内打"×"。

La5B1001 水力发电需要有两个最基本的条件，一是要有流量，另一个是要有集中落差。（√）

La5B1002 牛顿第三定律是：两个物体间的作用力和反作用力总是大小相等，方向相反，同作用在一条直线上。（√）

La5B1003 静水内部任何一点的压强大小与作用面的方位有关，这是静水压强的第一特性。（×）

La5B1004 磁场中磁极间为排斥力。（×）

La5B2005 电力系统特点是：电能生产和供应、使用同时完成，即发、供、用电三者必须保持平衡。（√）

La5B2006 光纤通信具有通信容量高、抗干扰能力强、衰耗小、传输距离短等特点。（×）

La5B2007 电容器两端的电压不能发生突变。（√）

La5B2008 构成逻辑电路的基本单元是门电路，基本逻辑关系可归结为"与"、"或"、"非"三种门电路。（√）

La5B3009 能量不能创生也不能消灭,它不能从一种形式转化为另一种形式。（×）

La5B3010 水库兴利调节的基本原理是水量平衡原理。（√）

La5B4011 实际水流中总水头线都是沿程下降的。（√）

La5B5012 在强电场作用下，自由电子脱离阴极表面成为自由电子的现象叫强电场发射。（√）

La4B1013 根据欧姆定律 $R=U/I$ 知，导体的电阻与外加电压有关。（×）

La4B1014 电力线从正电荷出发，终止于负电荷。（√）

La4B1015 硅胶变红色，表示吸潮达到饱和状态。（√）

La4B2016 自感电动势 e_L 的大小和线圈中电流变化率成正比, 即 $e_L = -L\Delta i/\Delta t$。(√)

La4B2017 在纯电感电路中, 同一交流电在相位上电压超前电流 90°。(√)

La4B2018 计算机现地控制单元 (LCU) 采集和处理的数据, 主要分为模拟量、开关量和脉冲量三类。(√)

La4B2019 将额定电压为 220V 的灯泡和线圈串联, 然后分别接到 220V 直流和交流上, 灯泡将一样亮。(×)

La4B3020 正弦电压 $u = 220\sqrt{2}\sin\omega t$, 在 $t=0$ 时, 有效值为零, 最大值为零。(×)

La4B4021 液体内某点的绝对压强为 $94kN/m^2$, 由于该点压强小于大气压强 $98kN/m^2$, 所以该点发生真空。(√)

La4B5022 电容器串联时, 其总电容大于任何一个电容器的电容。(×)

La3B2023 在晶闸管整流电路中, 改变控制角 α, 就能改变直流输出电压的平均值。(√)

La3B2024 两根平行载流导线, 其电流方向相反, 则两导线之间的作用力是吸引的。(×)

La3B3025 高次谐波产生的根本原因是由于电力系统中某些设备和负荷的非线性特性, 即所加的电压与产生的电流不成线性关系而造成的波形畸变。(√)

La3B3026 判断通电导体在磁场中的运动方向可以用左手定则。(√)

La3B3027 在均质连通的静水中, 水平面上各点的静水压强是相等的。(√)

La2B3028 导体在磁场中运动, 就会产生感应电动势。(×)

La1B2029 在水库洪水中, 最高库水位和最大洪峰流量是同时出现的。(×)

La1B2030 水电站的运行费用与发电量成正比。(×)

La1B3031 变压器正常运行时，应是均匀的"嗡嗡"声。这是因为交流电通过变压器的绕组时，在铁芯里产生周期性变化的磁力线，引起自身的振动发出声响。（√）

Lb5B1032 避雷器与被保护设备的距离越近越好。（√）

Lb5B1033 油劣化的根本原因是油中进了水。（×）

Lb5B1034 水轮机将水能转变为机械能而发电机则将全部机械能转变为电能。（×）

Lb5B1035 具有调节库容的水力发电厂在电力系统中除提供电能外，还具有担任系统调频与调峰的任务。（√）

Lb5B1036 机组的温度、压力等热工仪表参数，只有经过传感器和变送器转换成电气量，才能被计算机所采集和处理。（√）

Lb5B1037 在反击式水轮机里，从转轮进口至出口，水流压力是逐渐减小的。（√）

Lb5B1038 发电机正常运行时，气隙磁场由定子电流产生。（×）

Lb5B1039 当负荷星形连接时，在数值上其线电压和相电压之比为 $\sqrt{2}$ 。（×）

Lb5B1040 并网后机组的稳定性比单机时增强。（√）

Lb5B2041 水轮机水流切向进口和法向出口是保证转轮最优工况运行的条件。（√）

Lb5B2042 发电机定子单相接地故障的主要危害是电弧烧伤定子铁芯。（√）

Lb5B2043 水头 H、流量 Q、转速 n、出力 N 和效率 η 构成了水轮机的基本工作参数。（√）

Lb5B2044 水电站油系统由透平油（汽轮机油）和绝缘油两大系统组成。（√）

Lb5B2045 准同期并列的条件是：相位、频率相同，相序一致。（×）

Lb5B2046 微机调速器空载电开限值随水头变化而改变。（√）

Lb5B2047 电气设备不允许无保护情况下运行。（√）

Lb5B3048 感应电动势 E 的大小与导线所在磁场的磁感应强度 B、导线长度 L 及导线切割磁力线的速度成正比。（√）

Lb5B3049 发电机的定子绕组发生相间短路时，横差保护也可能动作。（√）

Lb5B3050 抽水蓄能机组比其他调峰机组的优点在于调峰之外还可以填充低谷负荷。（√）

Lb5B5051 自耦变压器的特点之一是：一次和二次之间不仅有电的联系，还有磁的联系。（√）

Lb4B1052 火电厂一般不担任调峰、调频工作的主要原因是：启停机组太慢，对负荷变化适应性差。（√）

Lb4B1053 异步电动机的转差率是指同步转数与转子转速之差。（×）

Lb4B1054 变压器铁芯中的磁滞损耗是无功损耗。（×）

Lb4B1055 发电机失磁系指发电机在运行过程中失去励磁电流而使转子磁场消失。（√）

Lb4B1056 微机调速器一般都具有PID调节规律。（√）

Lb4B2057 电流速断保护的主要缺点是受系统运行方式变化的影响较大。（√）

Lb4B2058 输电线路高频保护的耦合电容器作用是构成高频信号通道，阻止高压工频电流进入弱电系统。（√）

Lb4B2059 日调节水电站在洪水期一般担任系统的调峰任务。（×）

Lb4B2060 尾水管出口水流动能愈小，则尾水管的回能系数愈大。（√）

Lb4B2061 在变压器中，输出电能的绕组叫做一次绕组，吸取电能的绕组叫做二次绕组。（×）

Lb4B2062 变压器的铁损与其负荷的大小成正比。（×）

Lb4B2063 高频保护是 220kV 及以上超高压线路的主保护。（√）

Lb4B2064　可编程控制器（PLC）编程语言采用了与线路接线图近似的梯形图语言和类似汇编语言。（√）

Lb4B2065　可编程序控制器（PLC）是将计算机技术、自动控制技术和通信技术融为一体，是实现工厂自动化的核心设备。（√）

Lb4B3066　距离保护受系统振荡影响与保护的安装位置有关，当振荡中心在保护范围外时，距离保护就不会误动作。（√）

Lb4B3067　透平油真空过滤的缺点是不能清除机械杂质。（√）

Lb4B3068　变压器在负荷运行时，也有损耗，是因为漏电抗存在。（×）

Lb4B3069　电力系统对继电保护最基本的要求是它的可靠性、选择性、快速性和灵敏性。（√）

Lb4B3070　一线圈，若线圈匝数绕得越密，所通电流越大，则磁场就越强。（√）

Lb4B3071　最大水头是允许水轮机运行的最大净水头，通常由水轮机强度决定。（√）

Lb4B4072　在电阻和电容串联的交流电回路中，电阻吸收有功功率，而电容发出无功功率。（√）

Lb4B5073　应用叠加原理可以计算线性电路中的电流和电压，同样也可以计算功率。（×）

Lb3B2074　变压器绕组匝间、层间的绝缘不属于主绝缘。（√）

Lb3B2075　轴流转桨式水轮机的运转综合特性曲线比混流式水轮机的运转综合特性曲线多出一些等转角线。（√）

Lb3B2076　当收发信装置发生故障时，高频允许保护比高频闭锁保护更容易误动。（×）

Lb3B3077　同步发电机的定子旋转磁场与转子旋转磁场的方向相同。（√）

Lb3B3078　负反馈能使电路的电压放大倍数增加，所以几

乎所有的放大器都采用负反馈。（×）

Lb3B3079 双回线的方向横差保护只保护本线路，不反映线路外部及相邻线路的故障，不存在保护配合的问题。（√）

Lb3B4080 当机组的轴线与其旋转中心线重合时，主轴在旋转过程中将不产生摆度。（√）

Lb3B4081 额定水头时，机组负荷为最大，接力器行程也为最大。（×）

Lb3B4082 振荡是指电力系统并列的两部分间或几部分间输送功率往复摆动，使系统上的电流、电压、有功、无功发生大幅度有规律的摆动现象。（√）

Lb3B4083 从继电保护原理上讲，受系统振荡影响的有相间距离保护。（√）

Lb3B5084 变压器励磁涌流中含有大量的高次谐波分量，主要有三次谐波、五次谐波、七次谐波。（×）

Lb2B1085 电力系统电压过高会使并列运行的发电机定子铁芯温度高。（√）

Lb2B1086 电力系统电压过低会使并列运行的发电机定子绕组温度高。（√）

Lb2B2087 从理论上讲，水泵水轮机在水泵工况的空蚀比水轮机工况的空蚀严重。（√）

Lb2B2088 继电保护动作信号、断路器和隔离开关位置信号都是开关量，所以也都是中断量。（×）

Lb2B2089 同步发电机带阻性负荷时，产生纵轴电枢反应。（×）

Lb2B2090 对负序分量滤过器，当通入正序和零序时，滤过器无输出。（√）

Lb2B3091 大型调速器的容量是以主配压阀的直径来表征的。（√）

Lb2B3092 变压器空载时，一次绕组中没有电流流过。（×）

Lb2B3093　在临近零转速时，电制动力矩急剧下降，因此设置机械制动是必要的。（√）

Lb2B3094　水轮机在甩负荷时，尾水管内出现真空，形成反向轴向力，使机组转动部分被抬高一定高度，这现象叫抬机。（√）

Lb2B3095　三相晶闸管全控桥在逆变工作时，其输出平均电压的极性与整流工作时的极性相同。（×）

Lb2B4096　SF_6气体在灭弧的同时会分解产生出低氟化合物，这些低氟化合物会造成绝缘材料损坏，且低氟化合物有剧毒。（√）

Lb2b4097　发电机失磁保护由阻抗继电器组成，具有明显的方向性，只有当测量阻抗在坐标的第Ⅲ、Ⅳ象限阻抗才动作。（√）

Lb2B4098　自耦变压器在运行时始终是高压侧向低压侧输送功率的。（×）

Lb2B4099　距离保护安装处到故障点的距离越远，距离保护的动作时限越短。（×）

Lb2B5100　最大运行方式是指被保护系统的等值电源阻抗最大，短路电流为最大的那种方式。（×）

Lb2B5101　并联电抗器主要用来限制短路电流，也可以与电容器组串联，用来限制电网中的高次谐波。（×）

Lb1B1102　电网电压过低会使并列运行中的发电机定子绕组温度升高。（√）

Lb1B2103　在中性点不接地的电力系统中，发生单相接地故障时其线电压不变。（√）

Lb1B2104　电路发生串联谐振时会出现电流最大，阻抗最小，端电压和电流同相位的现象。（√）

Lb1B2105　在对称三相交流电路中，当负荷为三角形连接时，线电压在相位上将比对应相电流滞后30°。（√）

Lb1B2106　电力系统中，串联电抗器主要用来限制故障时

的短路电流。（√）

Lb1B2107 混流式水轮机的容积损失是由于上、下止漏环处的漏水造成的。 （√）

Lb1B3108 距离保护第一段的保护范围基本不受运行方式变化的影响。（√）

Lb1B3109 当水轮机的装置空蚀系数大于水轮机的空蚀系数时，水轮机中不产生空蚀。（√）

Lb1B3110 "等耗量微增率"准则是保证设备安全运行的准则。（×）

Lb1B3111 开关的失灵保护和带时限的距离、方向零序电流保护，都属于"远后备"保护。（×）

Lb1B3112 渐变流和急变流都只有在非均匀流中才能发生。（√）

Lb1B4113 当线路断路器与电流互感器之间发生故障时，本侧母差保护动作三跳。为使线路对侧的高频保护快速跳闸，采用母差保护动作三跳停信措施。（√）

Lb1B4114 在系统中并列运行的各机组，根据每台机组 b_p 的大小成正比例合理地分配负荷。（×）

Lb1B4115 电力系统中，电器设备接地一般分为保护接地、防雷接地、工作接地三种。（√）

Lb1B4116 导水叶自关闭是指当调速系统失灵时，将接力器活塞两侧的油压解除，则导叶靠水力矩作用自行关闭。（√）

Lb1B5117 百年一遇的洪水是指每百年发生一次的洪水。（×）

Lb1B5118 线路的高频保护能反应本线路的相间故障和接地故障，距离保护反应的是线路的相间故障，零序保护反应的是线路的接地故障。（×）

Lc5B2119 同步发电机带感性负荷时，产生横轴电枢反应。（×）

Lc5B3120 GD^2 表示机组转动部分的惯性大小，当其他因

素不变时，在机组甩负荷时，GD^2 愈大，则机组转速上升率就愈小。（√）

Lc5B4121　变压器空负荷合闸时，由于励磁涌流存在的时间很短，所以一般对变压器无危害。（√）

Lc5B1122　变压器输出无功功率，也会引起有功损耗。（√）

Lc4B1123　高压断路器的类型主要是按电压等级和遮断容量来划分的。（×）

Lc4B2124　当系统发生短路故障时,自动励磁调节装置通过调节发电机励磁,能提高继电保护装置动作的灵敏性和可靠性。（√）

Lc4B2125　所谓自动灭磁装置就是在断开励磁电源的同时，还将转子励磁绕组自动拉入到放电电阻或其他吸能装置上去，把磁场中储存的能量迅速消耗掉。（√）

Lc4B2126　微机励磁装置两个微机通道正常情况下同时运行，一套为主机，另一套为从机。当两套微机通道均故障（死机）时，装置励磁电流能保持在故障之前的状态。（√）

Lc4B3127　调相机在迟相运行时向系统提供无功功率，进相时从系统吸收无功功率。（√）

Lc4B4128　并联电容器只能从系统吸收无功功率。（×）

Lc3B2129　母线上任一线路断路器的失灵保护是线路后备保护。（×）

Lc3B3130　变压器差动保护对主变压器绕组轻微匝间短路没有保护作用。（√）

Lc3B4131　因为 220kV 线路高频通道是相—地耦合的，所以采用高频闭锁保护。（√）

Lc3B4132　因为 500kV 线路高频通道是相—相耦合的，所以采用高频允许保护。（√）

Lc2B3133　断路器失灵保护的动作时间应大于故障线路断路器的跳闸时间及保护装置返回时间之和。（√）

Lc2B3134　水电厂应有事故备用电源,作为全厂停电紧急情况下提溢洪闸门及机组开机之电源,正常处于热备用状态。(√)

Lc2B3135　用晶闸管作励磁功率柜或调节器,在每一晶闸管元件上串联一个快速熔断器,作为过流保护;并联一组阻容保护,以吸收晶闸管换相过电压。(√)

Lc2B4136　极性介质的损耗由导损耗和极化损耗组成。(√)

Lc2B4137　海拔高度增大,空气稀薄,击穿电压降低。(√)

Lc2B5138　零序电流保护虽然作不了所有类型故障的后备保护,却能保证在本线路末端经较大过渡电阻接地时仍有足够灵敏度。(√)

Lc1B2139　内部过电压的产生是由于系统的电磁能量发生瞬间突变引起的。(√)

Lc1B2140　汽轮机油的闪点用开口式仪器测定,绝缘油的闪点用闭口式仪器测定。(√)

Lc1B3141　突变量保护中专门设有最简单的合闸于故障保护,这样做是基于认为手(重)合时只会发生内部故障。(√)

Lc1B3142　球阀下游侧的伸缩节能解决由于温度及水推力的变化而引起球阀沿压力钢管轴线方向的位移的问题,并且不会因此而产生磨损和有害变形,同时也便于球阀及其工作密封的检修和装拆。(√)

Lc1B4143　励磁系统自动电压调节方式启动时,其电流有很大的尖波;另一方面励磁系统电流方式启动时,则相对有很大的冲击电压。(√)

Lc1B4144　轴承油槽稳压板的作用是:封住润滑油上翘的抛物面,将油流的动压部分地转变为静压,构成油流折向下方流动的一定循环动力。(√)

Jd5B1145　在发现直接危及人身、电网和设备安全的紧急情况时,现场运行人员经报告领导同意后,有权停止作业。(×)

Jd5B1146　在事故处理时,不得进行交接班,交接班时发

生事故，应立即停止交接班，由交班人员处理，接班人员在交班值班长指挥下协助处理。（√）

Jd5B1147 遇有电气设备着火时，应立即将有关设备的电源切断，然后进行救火。（√）

Jd5B1148 提机组进水口闸门前最重要的是闸门前后水压平衡，机组的调速系统正常。（√）

Jd5B2149 短路是指相与相之间通过电弧或其他较小阻抗的一种非正常连接。（√）

Jd5B2150 变压器油位因温度上升有可能高出油位指示极限，则应放油，使油位降至与当时油温相对应的高度，以免溢油。（×）

Jd5B2151 当电流互感器的变比误差超过 10%时，将影响继电保护的正确工作。（√）

Jd5B3152 雨天操作室外高压设备时，绝缘棒应有防雨罩，还应穿绝缘靴。接地网电阻不符合要求的，晴天也应穿绝缘靴。（√）

Jd5B3153 "两票三制"是指：工作票、操作票和交接班制度、操作监护制度、巡回检查制度。（×）

Jd5B3154 线路停电操作顺序是：拉开线路两端断路器，拉开线路侧隔离开关、母线侧隔离开关，在线路上可能来电的各端合接地开关（或挂接地线）。（√）

Jd5B5155 水轮机调速器空载不稳定或有振动，会引起机组自动启动不稳定。（√）

Jd4B1156 调速系统排油前，应将机组的工作门落下，蜗壳水压排至零。（√）

Jd4B1157 电气设备停电后（包括事故停电），在未拉开有关隔离开关（刀闸）或做好安全措施前，若进入遮栏检查设备时，必须有监护人在场。（×）

Jd4B2158 变压器的铁芯不用整块铁制作而用硅钢片叠装而成，是为了减少变压器运行中的涡流损失及发热量。（√）

Jd4B2159 操作中发生疑问时，应立即停止操作并向发令人报告，待发令人明确答复后，方可继续操作。（√）

Jd4B2160 因为水轮机调速器中的软反馈量值大有利于机组稳定，所以软反馈量值越大越好。（×）

Jd4B3161 新设备或检修后相位可能变动的设备投入运行时，应校验相序、相位相同后才能进行同期并列或合环操作。（√）

Jd4B3162 安全阀调整试验就是检查安全阀开启的可靠性。（×）

Jd4B4163 任何人严禁跨越遮栏，不得随意移动、变动和拆除临时遮栏、标示牌等设施。（√）

Jd4B4164 监护操作时，操作人在操作过程中不得有任何未经监护人同意的操作行为。（√）

Jd3B3165 冷却水系统通水试验是为检查机组冷却水系统检修质量，保证其在任何水压下无渗漏。（×）

Jd3B3166 电调电气装置的"三漂试验"是指时间漂移试验，电压漂移试验和温度漂移试验。（√）

Jd3B3167 在工作间断期间，若有紧急需要，运行人员可在工作票未交回的情况下按照《电业安全工作规程》规定做好相应措施后并确保安全的情况下合闸送电。（√）

Jd3B3168 深井水泵停转后，须过3～5min，才能重新启动水泵，如果停泵时止逆装置不起作用，在未处理好之前不得启动水泵。（√）

Jd3B4169 雷电时，一般不进行倒闸操作，禁止在就地进行倒闸操作。（√）

Jd3B4170 在经继电保护出口的发电机组热工保护、水车保护及其相关回路上工作，可以不停用高压设备的，但需做安全措施的，应填用第二种工作票。（×）

Jd3B4171 所有500kV断路器的失灵保护出口均同时启动相应断路器的两组跳闸线圈（coil1&coil2）。（√）

Jd2B2172 同步发电机的三种不正常运行状态为过负荷、过电流、过电压。（√）

Jd2B2173 检修排水深井泵的检修不得在机组检修时进行，如是故障检修，应配备其他排水设施，以保证异常情况下的排水能力。（√）

Jd2B3174 手动启动电动机，禁止在启动瞬间立即停止。（√）

Jd2B3175 废油经过简单的机械净化方法处理后即可使用；污油除了需机械净化外，还要采用化学法或物理化学方法，才能使油恢复原有的物理、化学性质。（×）

Jd1B2176 机组大修后进行三充试验，即接力器充油试验，水系统充水试验，制动系统充气试验。（√）

Jd1B3177 电流互感器二次侧两个绕组串联后变比不变，容量增加一倍。（√）

Jd1B3178 变压器的零序保护是线路的后备保护。（√）

Je5B1179 发电机电气预防性试验时，水轮机及发电机内部工作人员应暂时停止检修工作，并撤出。（√）

Je5B1180 电站现场值班人员发现线路的两相断路器跳闸、一相断路器运行时，应立即自行拉开运行的一相断路器，事后迅速报告当班调度员。（√）

Je5B1181 变压器气体继电器的安装，要求变压器顶盖沿气体继电器方向与水平面具有 10%～20%的升高坡度。（×）

Je5B1182 在发生人身触电事故时，为了抢救触电人，可以不经许可，即行断开有关设备的电源，但事后必须立即报告调度和上级部门。（√）

Je5B1183 水轮发电机组盘车的方法有机械盘车和人工盘车两种。（×）

Je5B1184 电液调速器及微机调速器由手动切至自动时，应先调整功率给定，使导叶平衡表指示为零时，然后才可切为自动。（√）

Je5B1185 在进行倒闸操作中禁止用隔离开关切断负荷电流。（√）

Je5B1186 轴绝缘破坏，反映为测量到轴电压数值为零。（×）

Je5B2187 隔离开关的作用是在设备检修时造成明显断开点，使检修设备与电力系统隔开。（√）

Je5B2188 变压器的铁芯不能多点接地。（√）

Je5B2189 发电机正常运行时，调整无功出力，有功不变；调整有功出力时，无功会跟着变化。（√）

Je5B2190 运行人员巡检过程中，身体不得碰及转动部件，保持与带电设备的安全距离。（√）

Je5B2191 当采用无压-同期重合闸时,若线路的一端装设同期重合闸，则线路的另一端必须装设无压重合闸。（√）

Je5B2192 技术供水自动滤水器在其清污时需要将机组停止运行。（×）

Je5B2193 电流互感器在运行中二次侧严禁开路，空余的二次绕组应当短接起来。（√）

Je5B2194 单相重合闸在重合闸装置停用时，应投入三跳回路。（√）

Je5B3195 水电站设置排水系统的目的是防止厂房内部积水和潮湿，保证机组过水部分和厂房水下部分检修。（√）

Je5B3196 水电厂的技术供水主要作用是冷却、润滑、传递能量。（√）

Je5B3197 对压缩空气的质量要求，主要是气压、清洁和干燥。（√）

Je5B3198 落门时先落工作门，后落尾水门，提门时先提工作门，后提尾水门。（×）

Je5B4199 水电站供水包括技术供水、消防供水及生活供水。（√）

Je5B4200 在三相四线制中性点直接接地系统中零线必

须重复接地。（√）

Je5B5201　水轮发电机组各部温度与负荷变化无关。（×）

Je4B1202　隔离开关误合时，无论何种情况都不许再带负荷拉开。（√）

Je4B1203　误拉隔离开关时，无论何种情况都不许再带负荷合上。（×）

Je4B1204　当发生危及变压器安全的故障，而变压器的有关保护装置拒动时，值班人员应立即将变压器停运。（√）

Je4B1205　潮汐式水电站在落潮和涨潮时都可发电。（√）

Je4B1206　事故应急抢修工作特指生产主设备等发生故障，需立即恢复的抢修和排除故障的工作。（×）

Je4B2207　水轮发电机组振动按起因可分为机械振动、水力振动。（×）

Je4B2208　空气压缩机应保证其在空载状态下启动。（√）

Je4B2209　机组进行自动准同期并网时，先合上发电机出口端断路器，然后马上给发电机加上励磁。（×）

Je4B2210　电压继电器与电流继电器比较，其线圈的匝数多，导线细，阻抗小。（×）

Je4B2211　成组控制中，优先级最高的机组最先启动，最先停机；优先级最低的机组最后启动，最后停机。（×）

Je4B2212　SF_6 电气设备投运前，应检验设备气室 SF_6 气体水分和空气含量。（√）

Je4B2213　误碰保护使断路器跳闸后，自动重合闸不动作。（×）

Je4B2214　当两条母线按正常方式运行时，元件固定连接式双母线差动保护应投入选择方式运行。（√）

Je4B2215　水润滑的橡胶水导轴承不允许长时间供水中断。（√）

Je4B2216　只要降低管道的安装高度总能降低管道中流体的真空度。（√）

Je4B2217 断路器只有在检修的情况下才能进行慢分、慢合操作。（√）

Je4B2218 自励磁变压器中性点不能接地。（√）

Je4B3219 在手车开关拉出后，应观察隔离挡板是否可靠封闭。（√）

Je4B3220 给运行中变压器补油时,应先申请调度将重瓦斯保护改投信号后再许可工作。（√）

Je4B3221 同步发电机的"同步"是指定子的磁场和转子的磁场以相同的方向、相同的速度旋转。（√）

Je4B3222 在转动机械试运行时，除运行操作人员外其他人应先远离，站在转动机械的径向位置，以防止转动部分飞出伤人。（×）

Je4B3223 在进行有功功率平衡时，其先决条件是必须保证频率正常；在进行无功功率平衡时，其先决条件是必须保证电压水平正常。（√）

Je4B4224 倒闸操作时，发令人和受令人应先互报单位和姓名，发布指令的全过程（包括对方复诵指令）和听取指令的报告时双方都要录音并做好记录。（√）

Je4B5225 当系统频率降到 49.5Hz，发电厂可以不待调度通知，立即将运转发电机有功加至最大。（√）

Je3B2226 GIS 外壳采用全链多点接地的方法,在各设备三相外壳间设有短接线，用引接线将各短接线就近单独接至接地铜母线。（√）

Je3B2227 交流电弧在电流过零时暂时熄灭，过零点后，弧隙介质强度大于恢复电压时,弧隙介质强度才不会再被击穿。（√）

Je3B2228 装有 SF_6 设备的配电装置室和 SF_6 气体实验室，应装设强力通风装置，风口应设置在室内顶部，排风口不应朝向居民住宅或行人。（×）

Je3B2229 异步电动机在低负载下运行效率低。（√）

Je3B3230 为了使采样信号能完全恢复成连续信号，采样频率至少要为连续信号最高有效频率的一半。（×）

Je3B3231 在全部或部分带电的运行屏（柜）上进行工作时，应将检修设备与运行设备前后以明显的标志隔开。（√）

Je3B3232 交流输电线路串联电容器的目的就是解决负荷端电压过低问题。（√）

Je3B3233 三相异步电动机转向反了，可任意对调两相电源的相序即可改正。（√）

Je3B3234 由于离心泵运行时利用泵壳内产生真空进行吸水，所以其安装高程不受限制。（×）

Je3B3235 对三相交流母线的A相用黄色，B相用绿色，C相用红色标志；对直流母线的正极用蓝色，负极用褐色标志。（×）

Je3B3236 同步发电机的短路特性曲线是一条直线。（√）

Je3B4237 在全波整流电路中，如果有一个二极管开路，电路仍能提供一定的电压。（√）

Je3B4238 若电动机的启动电流降低一半，则启动转矩也降低一半。（×）

Je3B4239 水轮发电机的用水设备只对供水的水量、水压和水质有要求。（×）

Je3B4240 可通过调整进、排水阀的开度调整水轮发电机组空气冷却器的水压。（√）

Je3B4241 开度限制机构的作用是用来限制导叶开度的，并列运行时是用来限制机组出力的。（×）

Je3B4242 当发生单相接地故障时，零序功率的方向可以看做以变压器中性点为电源向短路点扩散。（×）

Je3B5243 为检修人员安全，装设三相短路接地线和三相接地短路线是一回事。（×）

Je3B5244 事故应急处理，可不用操作票，但在操作完成后应做好记录，事故应急处理应保存原始记录。（√）

Je2B1245 当水轮机导水叶在全关位置时，为减少漏水

量，相邻导叶之间的间隙应尽可能小。（√）

Je2B2246 水轮机导叶漏水损失与水头无关。（×）

Je2B2247 水轮机检修中，提高过流部件表面光洁度，可以减少局部损失和表面空蚀程度。（√）

Je2B2248 运行中打开发电机热风口，也可降低定子线圈温度。（√）

Je2B2249 重合闸只能动作一次。（√）

Je2B2250 当储能开关操作压力下降到自动合闸闭锁压力时，断路器的储能系统具有提供一次合、分操作的能力。（√）

Je2B2251 电流互感器的二次侧只允许有一个接地点，对于多组电流互感器相互有联系的二次回路接地点应设在保护屏上。（√）

Je2B3252 水轮机耗水率曲线以耗水最小为原则，来确定开机台数和组合方式。（√）

Je2B3253 经本单位批准允许单独巡视高压设备的人员巡视高压设备时，不得进行其他工作，不得移开或越过遮栏。（√）

Je2B3254 当系统频率降低时，应增加系统中有功出力。（√）

Je2B3255 在操作中，应监护人在前，操作人在后。（×）

Je2B3256 发生水锤时，闸门处的水锤压强幅值变化大持续时间长，所以这里所受的危害最大。（√）

Je2B4257 调速器的步进电机也是一种电液转换器。（√）

Je2B4258 装设接地线必须先接接地端，后接导体端，拆接地线的顺序与此相反。人体不得碰触接地线或接地的导线，以防止感应电触电。（√）

Je2B4259 流过晶闸管的电流小于维持电流时，晶闸管就自行关断。（√）

Je2B4260 电力系统的动态稳定是指电力系统受到干扰后不发生振幅不断增大的振荡而失步。（√）

Je2B4261 电制动时施加在转子上的电流与原励磁电流

方向相同。（√）

Je2B5262　重合闸后加速是当线路发生永久性故障时，启动保护不带时限无选择的动作再次断开断路器。（√）

Je2B5263　切合空载线路不会引起过电压。（×）

Je2B5264　当变压器发生少数绕组匝间短路时，匝间短路电流很大，因而变压器气体保护和纵差保护均会动作跳闸。（×）

Je2B5265　旁路断路器可以代替任一断路器运行。（×）

Je2B5266　水导轴承所受的径向力，主要是导轴瓦间隙调整不均匀引起的。（×）

Je1B1167　电气设备操作后的位置检查应以设备实际位置为准，无法看到实际位置时，可通过设备机械位置指示、电气指示、仪表及各种遥测、遥信信号的变化，且至少应有一个及以上指示已同时发生对应变化，才能确认该设备已操作到位。（×）

Je1B2268　一个全波整流电路中，流过二极管的电流 I_D=5A，则流过负荷的 I_L=5A。（×）

Je1B2269　电力系统发生振荡时，系统三相是对称的；短路时系统可能出现三相不对称。（√）

Je1B2270　水轮机导水叶开度超过额定开度95%以上，会使水轮机效率降低。（√）

Je1B2271　在中性点直接接地的电网中，当过流保护采用三相星形接线方式时，也能保护接地短路。（√）

Je1B2272　水轮发电机组运行中的转子过电压是由于灭磁开关突然断开造成的。（√）

Je1B2273　电气制动力矩在很大范围内是和转速成反比的。（√）

Je1B2274　大电流接地系统中发生接地短路时，在复合序网图中没有出现发电机的零序阻抗，这是由于发电机的零序阻抗很小可以忽略。（×）

Je1B2275　使用中的氧气瓶和乙炔气瓶应垂直放置并固定起来，氧气瓶和乙炔气瓶的距离不得小于 5m，气瓶的放置

地点，不得靠近热源，距明火 10m 以外。（√）

Je1B2276 机组进水口拦污栅潜水作业时，所作业的机组及相邻机组应停机，同时应做好确保潜水工安全的措施。（√）

Je1B3277 当闸门突然关闭时发生水锤波的时间 t 在 $L/c < t \leqslant 2L/c$ 时段内，液体运动特征是增速减压顺行波，它的压强变化是趋于恢复原状。（√）

Je1B3278 变压器感应局部放电测量是一种无损监测，对发现设计、制造或现场安装过程中的绝缘薄弱点局部放电比较有效。全绝缘结构的变压器适用于有效接地系统，分级绝缘结构的变压器适用于中性点绝缘的电力系统。（√）

Je1B3279 在单电源的输电线路上，一般采用重合闸后加速保护动作的三相重合闸。（√）

Je1B4280 220kV 及以上电压等级的电网，线路继电保护一般都采用"近后备保护"原则。（√）

Je1B4281 在密闭自循环式空气冷却系统中，转子风扇是主要压力元件，取消风扇后，机组无法正常工作。（×）

Je1B4282 对无法进行直接验电的设备，可以进行间接验电。（√）

Je1B4283 继电保护整定计算所说的正常运行方式是指：常见的运行方式和被保护设备相邻近的一回线或一个元件检修的正常检修运行方式。（√）

Je1B5284 计算机中一个完整的中断过程通常经历中断请求、中断响应、中断处理、中断返回四步。（√）

Je1B5285 为了机组及公用系统设备的安全，抽水蓄能机组在工况转换前都设有预条件，预条件不满足一般不能进行工况转换。（√）

Je1B5286 在投检定同期和检定无压重合闸的线路中，一侧必须投无压检定方式，另一侧则可以投同期检定和无压检定方式。（×）

Je1B5287 钢芯铝绞线在通过交流电时，由于交流电的集

肤效应，电流实际只从铝线中流过，故其有效截面积只是铝线部分面积。（√）

Jf5B1288 蝴蝶阀的活门在全关时承受全部水压，在全开时，处于水流中心，对水流无阻力。（×）

Jf5B1289 机组各部水压调整正常以后不会发生变化，因此，当上游水位发生变化时无需调整机组各部水压。（×）

Jf5B2290 机组进水口快速闸门允许在动水下关闭。（√）

Jf5B3291 水轮发电机转为调相运行时，将转轮室内水压出去是为了减少水流的阻力。（√）

Jf5B4292 电力系统振荡时，系统中任何一点电流与电压之间的相位角保持基本不变。（×）

Jf5B5293 水轮发电机只有水轮机不在水中运转时，才能将机组作为调相机运行。（×）

Jf4B1294 如果发电机的电压表、电流表、功率表周期性的剧烈摆动，就可以肯定发生了电振荡。（×）

Jf4B2295 少油断路器在无油状态下可以电动分合闸。（×）

Jf4B2296 可逆式抽水蓄能机组在水泵和发电这两个工况下，机组转向不变。（×）

Jf4B3297 自动重合闸有断路器控制开关位置与断路器位置不对应启动方式和保护启动方式两种启动方式。（√）

Jf4B3298 如果变压器重瓦斯保护动作确属误动作，则该保护可以退出运行。（×）

Jf4B4299 高压设备发生接地时，室内不得接近故障点4m以内，室外不得接近故障点8m以内。（√）

Jf4B5300 断路器在分闸过程中，动触头离开静触头后，跳闸辅助触点再断开。（√）

Jf3B3301 水轮发电机的自同期并列对电力系统的事故处理很有好处。（√）

Jf3B3302 变压器着火时，应使用二氧化碳、四氯化碳泡

沫、干粉灭火器来灭火。（√）

Jf3B3303　隔离开关可以用来切合空负荷变压器。（×）

Jf3B4304　抽水蓄能机组在发电工况下运行时，有功是可调的；机组在抽水工况运行时，吸收的有功大小根据当时的水头和频率由调速器自动进行调整。（√）

Je3B5305　双回线中任一回线路停电时，先拉开送端断路器，然后拉开受端断路器。送电时，先合受端断路器，后合送端断路器。（√）

Jf3B5306　在 3/2 断路器接线中，当一串中的中间断路器拒动时，应采取远方跳闸装置，使线路对端断路器跳闸并闭锁其重合闸装置。（√）

Jf2B3307　发现杆上和高处有人触电，应争取时间在杆上或高处进行抢救。（√）

Jf2B3308　电力系统调度管理的任务是领导整个系统的运行和操作。（×）

Jf2B4309　操作票上的操作项目必须填写双重名称，即设备的名称和位置。（×）

Jf2B4310　调速系统中，控制油阀与操作油阀的操作原则是，先开控制油阀，后开操作油阀。（√）

Jf2B4311　在母线倒闸操作中，根据不同类型的母差保护，母联断路器的操作电源可以拉开或不拉开。（√）

Jf2B4312　发电机的自并励励磁系统结构简单，有利于系统短路事故的处理。（×）

Jf2B5313　在水力机械设备和水工建筑物上工作，保证安全的技术措施有停隔离、泄压、通风、加锁、悬挂标示牌和装设遮栏（围栏）。（√）

Jf2B5314　大型水轮发电机初始磁场的建立一般采用发电机的残压来建立。（×）

Jf2B4315　因为自同期对电力系统的事故处理有利，所以在系统事故时大型水轮发电机都采用自同期的并列方式。（×）

Jf1B1316 变压器的温度计指示的是变压器的绕组温度。（×）

Jf1B2317 运行中的三相交流电动机断一相仍能继续运行，只是其未断的两相电流将增加到原来正常值的 1.7 倍左右。（×）

Jf1B2318 水轮机主轴密封的作用是有效地阻止水流从主轴与顶盖之间的间隙上溢，防止水轮机导轴承及顶盖被淹。（√）

Jf1B3319 跨步电压与入地电流强度成正比，与接地体的距离平方成反比。（√）

Jf1B3320 500kV 联络变压器低压侧过流保护退出运行时，低压侧断路器需同时停运。（√）

Jf1B4321 起重机正在吊物时，任何人不准在吊杆和吊物下停留或行走。（√）

Jf1B4322 触电伤员如牙关紧闭，可对鼻子人工呼吸。对鼻子人工呼吸吹气时，要将伤员嘴皮张开，便于通气。（×）

Jf1B4323 继电保护专业的所谓三误是指误碰、误整定、误接线。（√）

Jf1B5324 操作时，如隔离开关没合到位，允许用绝缘杆进行调整，但要加强监护。（√）

Jf1B5325 特殊运行方式是指主干线路，大联络变压器等设备检修及其他对系统稳定运行影响较严重的运行方式。（√）

Jf1B5326 轴承油槽稳压板的作用是：封住润滑油上翘的抛物面，将油流的动压部分地转变为静压，构成油流折向下方流动的一定循环动力。（√）

Jf1B5327 当电力系统发生严重的低频事故时，为迅速使电网恢复正常，低频减负荷装置在达到动作值后，可以不带时限立即动作，快速切除负荷。（×）

4.1.3 简答题

La5C1001 楞次定律的内容是什么？

答：线圈中感应电动势的方向，总是使它所产生的电流形成的磁场阻止原来磁场的变化。

La5C1002 电容器有哪些物理特性？

答：电容器的物理特性有：

（1）能储存电场能量；

（2）两端电压不能突变；

（3）在直流电路中相当于开路，但在交流电路中，则有交变电流通过。

La5C1003 电力生产与电网运行应当遵循什么原则？

答：根据《电力法》规定，电力生产与电网运行应当遵循安全、优质、经济的原则。电网运行应当连续、稳定，保证供电可靠性。

La5C1004 水电站技术供水的水源有哪几种？

答：水电站技术供水的水源有：

（1）上游水库取水作水源；

（2）下游尾水取水作水源；

（3）地下水源及其他方式的取水作水源。

La5C2005 何谓集水井的安全容积、备用容积、有效容积和死容积？

答：集水井内，工作水泵启动水位与停泵水位之间的容积，称为集水井的有效容积。工作泵启动水位与备用泵启动水位之间的集水井容积称为备用容积。报警水位至厂房地面之间的容积称为安全容积。停泵水位至井底之间的容积称为集水井的死容积。

La5C2006　要用一只小量程电压表测量较大的电压该怎么办？

答：由电阻串联知识可知，串联电路有分压作用，所以可以给电压表串联一只适当的电阻即可用来测量较大电压。

La5C2007　什么叫电动势？符号和单位是什么？它的方向如何？

答：电源力将单位正电荷从电源负极移到正极所做的功叫电动势，常用 E 来表示。

单位：伏特（V）。

方向：由低电位指向高电位。

La5C3008　要用一只小量程电流表来测量较大电流应该怎么办？

答：由电阻并联知识可知，并联电阻有分流作用，所以可以与电流表并联一只适当的电阻即可用来测量较大的电流。

La5C5009　二次回路的任务是什么？

答：二次回路的任务是反映一次回路的工作状态，控制一次系统，并在一次系统发生事故时，能使事故部分退出工作。

La5C5010　电力从业人员有哪些义务？

答：根据《安全生产法》规定，电力从业人员有以下义务：

（1）在作业过程中，应当严格遵守本单位的安全生产规章制度和操作规程，服从管理，正确佩戴和使用劳动防护用品。

（2）应当接受安全生产教育和培训，掌握本职工作所需的安全生产知识，提高安全生产技能，增强事故预防和应急处理能力。

（3）发现事故隐患或者其他不安全因素，应当立即向现场安全生产管理人员或者本单位负责人报告。

La4C1011　水轮机进水蝶阀开启或关闭后为什么要投入锁锭？

答：由于蝶阀活门在稍偏离全开位置时有自关闭的水力矩，因此在全开位置必须有可靠的锁锭装置。同时为了防止漏油或液压系统事故以及水的冲力作用而引起误开或误关，一般在全开或全关位置都应投入锁锭装置。

La4C2012　什么叫"运用中的电气设备"？

答：所谓运用中的电气设备，系指全部带有电压、一部分带有电压或一经操作即带有电压的电气设备。

La4C3013　什么是电气设备的主保护和后备保护？

答：主保护就是能够快速而且有选择地切除被保护区域内故障的保护。后备保护就是当某一元件的主保护或断路器拒绝动作时能够以较长的时限切除故障的保护。

La4C3014　如何提高功率因数？

答：首先应合理选择电动机和变压器容量，避免电动机和变压器长期空负荷或轻负荷运行，其次是采用并联补偿装置，提高负荷功率因数。

La4C4015　发电机空负荷特性试验的目的？操作时应注意什么？

答：发电机空负荷特性试验的目的主要是为了录制发电机定子电压与转子电流的关系曲线。操作时应注意：① 机组开机至空转；② 调速器在自动运行；③ 励磁在手动调节位。

La4C4016　当发电机组并网操作时，在组合式同步表投入后，同步表指针 S 顺时针方向旋转时，它表示什么意义？

答：这表示发电机和系统的频率不一样，此时发电机的频率高于系统的频率。

La3C1017　频率下降应采取哪些措施？

答：应采取的主要措施有：

（1）投入旋转备用容量；

（2）迅速启动备用机组；

（3）切除或限制部分负荷。

La3C2018　中性点不接地系统一相金属性接地时，中性点及各相电压将如何变化？

答：（1）中性点不再等于地电位，发生了位移，等于相电压；

（2）故障相对地电压变为零；

（3）未故障相的对地电压上升为线电压数值，较正常运行时升高 $\sqrt{3}$ 倍。

La2C3019　为什么要把非电量转换成电量？

答：因为非电量（如压力、流量、温度、水位、转速等）不易于传送、放大和测量，只有将这些非电量转化成容易传送、放大和测量的电量才便于实施对这些非电量进行监视、控制和测量。

La1C2020　我国智能电网的基本特征是什么？

答：我国智能电网的基本特征是要在技术上实现信息化、自动化和互动化。

Lb5C1021　闸门在水工建筑物中的作用有哪些？

答：闸门的作用是封闭水工建筑物的孔口，并能按需要全部或局部启闭这些孔口，以调节上下游水位与泄放流量，以及放运船只、木排、竹筏、发电、排除沉沙、冰块和其他漂浮物。它的安全和使用，在很大程度保证着水工建筑物的使用效果，是水工建筑物的重要组成部分。

Lb5C1022　什么是蓄电池的浮充电运行方式？

答：浮充电方式是指蓄电池经常与浮充电设备并列运行，浮充电设备除供经常性负荷外，还不断以较小的电流给蓄电池供电，以补充蓄电池的自放电。

Lb5C1023　为什么绝大多数水电站都设有直流供电系统？

答：由于直流蓄电池组提供的电源电压平稳、保护动作可靠，特别是在厂用电消失后，蓄电池组仍能够短时正常供电，所以绝大多数水电站都设有直流供电系统。

Lb5C1024　什么是力的三要素？

答：力的三要素是：力的大小、力的方向和力的作用点。

Lb5C1025　什么是悬浮？悬浮物体有何特点？

答：浸没在液体中的物体，当它受到的浮力等于它的重量时，物体在该液体中的状态称为悬浮。悬浮物体的特点是它所受到的浮力和它的重力相等；悬浮物体可以停留在液体中的任意高度。

Lb5C1026　什么是动力臂？什么是阻力臂？

答：动力作用线到支点之间的距离称为动力臂，阻力的作用线到支点之间的距离称为阻力臂。

Lb5C2027　什么是功？什么是功率？它们的单位是什么？

答：功就是作用在物体上的力和物体在该力作用下所移动

的距离这两者的乘积，它的单位是焦耳（J），也可用牛顿·米
（N·m）；单位时间所做的功，叫做功率，其单位是瓦特（W），
也可用焦耳/秒（J/s）。

Lb5C2028　抽水蓄能电站在电力系统中有什么作用？

答：当电力系统负荷处于低谷时，抽水蓄能机组可作水泵—
电动机组运行，利用系统多余的电能将下水池的水抽送到上水池，
以水的势能形式储存起来，等到系统负荷高涨而出力不够时，此
时电站机组可作为水轮机-发电机运行。通过它对电能的调节作
用，使火电厂、核电厂工作均匀、效率提高、节省燃料消耗，
并改善系统的供电质量，起到了"削峰填谷"的双重作用。

Lb5C2029　什么是水利枢纽？

答：在开发利用水资源时，要使它同时能为国民经济有关
部门服务，就必须采取工程措施，修建不同类型的水工建筑物，
这些水工建筑物有机地布置在一起，控制水流，协调工作，称
为水工建筑物枢纽。专为发电或主要为发电而建造的水工建筑
物枢纽，称为水利枢纽或称水电站水利枢纽。

Lb5C2030　什么是水电站的多年平均年发电量？

答：水电站的多年平均发电量是指在多年运行时间内，平
均每年所生产的发电量。

**Lb5C2031　什么叫汽化和汽化压强？水发生汽化的条件
是什么？**

答：汽化是指液体分子有足够的动能可以从它的自由表面
不断发射出来而成为蒸汽或沸腾的现象。汽化时液体所具有的
向外扩张叫汽化压强，当外界压强大于水的汽化压强时，液体
就不会发生汽化。

Lb5C2032 说明容重和密度的定义，并说明两者之间的关系。

答：单位体积所具有的质量称为密度，用公式表示为 $\rho = m/V$（kg/m^3）；单位体积具有的重量称为容重，用公式表示为 $\gamma = G/V$（N/m^3），容重等于密度和重力加速度的乘积，即 $\gamma = \rho g$。

Lb5C2033 什么叫绝对压强、相对压强和真空值？它们三者间的关系如何？

答：以绝对真空为基准而得到的压强值叫绝对压强，以大气压强为零起点的压强值叫相对压强；在绝对压强小于大气压强情况下其不足大气压强的数值叫真空值，设大气压强为 p_0，则表示它们三者间关系如下：

$$p_{真} = p_0 - p_{绝} = -p_{相}$$

Lb5C2034 试述静水压强的两个特性。

答：静水内部任何一点各方向的压强大小是相等的，它与作用面的方位无关，这是第一特性；静水压强的方向是垂直并指向作用面，这是第二特性。

Lb5C3035 在运行中的高压设备上工作可分为哪几类？

答：在运行中的高压设备上工作可分为全部停电的工作、部分停电的工作、不停电工作三类。

Lb5C3036 试述燃烧的条件。

答：燃烧必须具备以下三个条件：

（1）要有可燃物。凡能与空气中的氧或氧化剂起剧烈反应的物质都属于可燃物，如木材、棉花、汽油、纸等。

（2）要有助燃物。凡能帮助和支持燃烧的物质都称为助燃物，如氧气、氯气等。一般空气中的氧含量为21%。据试验测定，当空气中的含氧量低于14%～18%时，一般的可燃物就不会燃烧。

（3）要有火源。凡能引起可燃物质燃烧的热源都称为火源，如明火、化学能等。

上述三个条件同时满足时，才能燃烧。

Lb5C4037　发电机非同期并列后应如何处理？

答：出现非同期并列事故时，应立即断开发电机断路器并灭磁，关闭水轮机导叶停机。做好检查、维修的安全措施，然后对发电机各部及其同期回路进行一项全面的检查，应特别注意定子绕组有无变形、绑线是否松断、绝缘有无损伤等。查明一切正常后，才可重新开机和并列。

Lb5C4038　电感线圈有何物理特性？

答：电感线圈的物理特性有：

（1）电感线圈能储存磁场能量；

（2）电感线圈中的电流不能突变；

（3）电感线圈在直流电路中相当于短路，但在交流电路中将产生自感电动势阻碍电流的变化。

Lb4C1039　事故处理的主要任务是什么？

答：（1）迅速限制事故扩大，立即解除对人身和设备的危害；

（2）设法保证厂用电源，尽力维护设备继续运行；

（3）尽快恢复重要用户供电；

（4）恢复正常运行方式。

Lb4C1040　在电气设备上工作，保证安全的组织措施有哪些？

答：在电气设备上工作，保证安全的组织措施有：工作票制度，工作许可制度，工作监护制度，工作间断、转移和终结制度。

Lb4C2041　电压互感器二次侧是否装有熔断器,有哪些情况要考虑?

答:(1)二次开口三角形的出线一般不装熔断器,以防接触不良发不出信号,因为平常开口三角形的端头无电压,无法监视熔断器的接触情况,但也有的供零序电压保护用的开口三角形出线是装熔断器的;

(2)中性线上不装熔断器,这是避免熔丝熔断或接触不良,使断线闭锁失灵或使绝缘监视电压失去指示故障的作用;

(3)110kV 及以上的电压互感器二次侧现在一般都用空气小开关而不用熔断器。

Lb4C2042　水轮发电机组在进行试运行之前应具备什么条件?

答:试运行之前应对机组及有关辅助设备进行全面清理、检查,其安装质量应合格。水轮机、发电机、调速系统及其他有关的附属设备系统,必须处于可以随时启动的状态。输水及尾水系统的闸门均应试验合格,处于关闭位置,进人口、闷头等应可靠封堵。

Lb4C2043　变压器最高运行电压是多少?若超压运行有何影响?

答:变压器最高运行电压不得高于该分接头额定电压的10%,且额定容量不变。当电压过高时,变压器铁芯饱和程度增加、负荷电流和损耗增大,导致磁通波形严重突变,电压波形中的高次谐波大大增加,不仅增加线路和用户电机损耗,甚至可能引起系统谐振和绝缘损坏,还干扰通信、保护和自动装置的正常工作。

Lb4C2044　试述电弧熄灭条件?

答:在直流电路中,如果外加电压不足以维持电路中各元件的电阻压降和电弧上的电压时，电弧就熄灭，交流电弧的熄灭，关键在于电流过零后，要加强冷却，使热游离不能维持，防止发生击穿；另一方面要使弧隙绝缘强度的恢复速度始终大于弧隙电压的恢复速度，使其不致发生电击穿。

Lb4C3045 在水力机械设备上工作,保证安全的技术措施有哪些？

答：在水力机械设备上工作，保证安全的技术措施包括：停电；隔离；泄压；通风；加锁、悬挂标示牌和装设遮栏（围栏）。

Lb4C3046 发电机非同步并列对发电机有什么后果？

答：发电机非同步并列合闸瞬间，发电机和所连接的设备将承受 20～30 倍额定电流作用下所产生的电动力和发热量，会造成发电机定子绕组变形、扭弯、绝缘崩裂、绕组接头处熔化等，严重时会使发电机损坏烧毁。

Lb4C5047 变压器事故过负荷运行有何危害？

答：变压器事故过负荷的主要危害是：引起变压器绕组温度和温升超过允许值，使绝缘老化加快，变压器寿命缩短，变压器事故过负荷的时间和数值由制造厂家规定。

Lb3C2048 同步发电机不对称运行时，有什么影响？

答：主要影响是：

（1）对发电机本身而言，其负序电流将引起定子电流某一相可能超过额定值和引起转子的附加发热和机械振动并伴有噪声。

（2）对用户的影响。由于不对称的电压加于负荷时，将影响用电设备的效率，从而影响生产。

Lb3C2049 在电压相同的情况下，如果将一个直流电磁铁接在交流回路上，将会发生什么后果？

答：把直流电磁铁接到交流回路上，因为有电阻和电感的共同作用，即阻抗的作用，将使流过线圈的电流变小，铁芯中磁场变弱，使电磁铁的可动部分不被吸动或不能正常工作。

Lb3C2050　同步发电机突然短路对电机有什么影响？

答：主要影响是：

（1）定子绕组端部将承受很大的冲击电磁力作用。

（2）转轴受到很大的电磁力矩作用。

（3）绕组的发热。

Lb3C4051　设备检修工作结束以前试加工作电压，应满足哪些条件？

答：检修工作结束以前，若需将设备试加工作电压，应满足以下条件：

（1）全体工作人员撤离工作地点；

（2）将该系统的所有工作票收回，拆除临时遮栏、接地线和标示牌，恢复常设遮栏；

（3）应在工作负责人和运行人员进行全面检查无误后，由运行人员进行加压试验。

Lb3C4052　引起发电机振荡的原因有哪些？

答：引起发电机振荡的原因有：

（1）静态稳定破坏；

（2）发电机与系统连接的阻抗突增；

（3）电力系统中有功功率突变，供需严重失去平衡或无功功率严重不足，电压降低。

Lb3C5053　变压器、电动机等许多电气设备运行了一段时间就会发热，发热的原因是什么？

答：（1）由于绕组电阻引起的功率损耗；

（2）由铁芯中涡流引起的功率损耗；

（3）铁磁物质磁滞回路引起的功率损耗。

Lb2C2054　对电力系统继电保护装置的基本要求是什么？

答：电力系统继电保护装置的基本要求是确保继电保护装置动作的快速性、可靠性、选择性和灵敏性。

Lb2C3055　自动励磁装置的作用有哪些？

答：（1）正常情况下维持电力系统基本电压水平；

（2）合理分配发电机间的无功负荷；

（3）提高继电保护装置的灵敏性和电力系统的稳定性。

Lb2C3056　机械制动的优缺点各是什么？

答：优点：运行可靠，使用方便，通用性强，用气压（油压）损耗能源较少，制动中对推力瓦油膜有保护作用。

缺点：制动器的制动板磨损较快，粉尘污染发电机，影响冷却效果，导致定子温升增高，降低绝缘水平，加闸过程中，制动环表面温度急剧升高。因而产生热变形，有的出现分裂现象。

Lb2C3057　紊流的基本特征是什么？动水压强的脉动有什么危害？

答：其特征之一是水质点运动轨迹极为混乱，流层间质点相互混掺；另一特征是过水断面、流速、动水压强等水流运动要素发生脉动现象。动水压强的脉动增加了建筑物的瞬时荷载，可能引起建筑物振动，增大了空蚀的可能性，动水压强的脉动也是水流掺气和挟沙的原因。

Lb2C4058　什么叫盘车？其目的是什么？

答：用人为的方法使机组的转动部分缓慢地转动，称为机组的盘车。盘车的目的是：

（1）检查机组轴线的倾斜和曲折情况，测量，求出摆度值，用于分析和处理；

（2）合理确定导轴承的中心位置；

（3）检查推力瓦的接触情况。

Lb1C2059　何为逆变灭磁？

答：利用三相全控桥的逆变工作状态，控制角由小于 90°的整流运行状态，突然后退到大于 90°的某一适当角度，此时励磁电源改变极性，以反电势形式加于励磁绕组，使转子电流迅速衰减到零的灭磁过程称为逆变灭磁。

Lb1C3060　执行操作票时，如果操作中发生疑问时，如何处理？

答：操作中如果发生疑问时，应进行以下处理：

（1）应立即停止操作，并向值班调度员或值班负责人报告，弄清问题后再进行操作；

（2）不能擅自更改操作票；

（3）不准随意解除闭锁装置。

Lb1C3061　在什么情况下使用母联断路器保护？

答：（1）用母联断路器给检修后的母线充电时；

（2）用母联断路器代替线路断路器工作时；

（3）线路继电器保护检验和更改定值时；

（4）母联断路器必须具备代替线路断路器运行的保护与自动装置。

Lb1C3062　什么是水轮机调速器的无差静特性和有差静特性？

答：所谓无差静特性，是指机组在不同负荷下，经过调节到达新的稳态，机组转速不随负荷的大小而变化，它的曲线是一条平行于横轴的直线。

所谓有差静特性，是指机组在不同负荷下，经过调节到达新的稳态后，机组转速将随负荷增减而变化。当负荷增加，机组转速降低；当负荷减少，机组转速则增高。它的静特性曲线是一条倾斜的直线。

Lb1C4063　机组扩大性大修后，为什么要进行甩负荷试验？

答：甩负荷试验的目的是为了检验调速器的动态特性及机组继电保护、自动装置的灵敏度，检查蜗壳压力上升值与速率上升是否在调节保证计算的允许范围内。

Lb1C5064　电流互感器二次侧为什么不许开路？

答：正常运行时，由于电流互感器二次侧阻抗很小，接近短路状态，而二次侧电动势很小，若二次侧开路，其阻抗变成无限大，二次电流为零，此时一次电流完全变成激磁电流，在二次绕组上产生很高的电动势，其峰值可达几千伏，直接威胁人身和设备安全。

Lc5C1065　试述灭火的基本原理。

答：灭火的基本原理。一切灭火措施，都是为了破坏已经燃烧的某一个或几个必要条件，因而使燃烧停止，具体情况如下：

（1）隔离法：使燃烧物和未燃烧物隔离，从而限制火灾范围。

（2）窒息法：减少燃烧区的氧，隔离新鲜空气进入燃烧区，从而使燃烧熄灭。

（3）冷却法：降低燃烧物的温度于燃点之下，从而停止燃烧。

Lc5C2066　发电机空气冷却器的作用是什么？

答：一般大中型发电机是通过密闭式通风方式来冷却的，

这是利用转子端部装设的风扇或风斗，强迫发电机里的冷空气通过转子绕组，再经过定子中的通风沟，吸收绕组和铁芯等处的热量成为热空气（热风），热空气再通过装设在发电机四周的空气冷却器，把热量传递给冷却水，经冷却后的空气（变为冷风）重新进入发电机，以降低发电机的温度。

Lc5C3067　对于低水头水电站，采用蓄水池供水有什么优点？

答：采用蓄水池供水的系统，是独立于机组自动化之外的控制系统，供水泵的启、停，只受蓄水池水位的控制，而与机组的运行与否无关；尤其在厂用电消失之后，蓄水池储存的水量还能供水给机组，以保证恢复厂用电的时间。

Lc5C4068　在什么情况下，机组的冷却水向需要切换？

答：在冷却水中的含沙量增多，并且由于泥沙在冷却器中的淤积影响到冷却效果时，除了适当提高冷却水压冲洗外，还可以倒换水向从相反的方向冲洗冷却器，以避免冷却器中的管道阻塞而引起事故。

Lc5C5069　为什么水轮发电机组轴油冷却器的冷却水温不能太低？

答：轴油冷却器的进口水温不低于 4℃，这样既保证冷却器黄铜管外不凝结水珠，也避免沿管方向温度变化太大而造成裂缝。

Lc4C1070　隔离开关可以进行哪些操作？

答：隔离开关可进行以下操作：

（1）拉合母线上的电容电流、旁路母线的旁路电流和电容电流不超过 5A 的空负荷线路；

（2）拉合无故障的电压互感器，避雷器；

（3）拉合变压器中性线，若中性线上装有消弧线圈，当系统无故障时才准操作。

Lc4C2071 对厂用电有哪些基本要求？

答：对厂用电的基本要求有：

（1）厂用电工作电源与备用电源应连接在不同的电源上，正常运行时厂用电源不得少于两个；

（2）带厂用电的机组，可适当地将重要辅机安排在有厂用发电机的系统上；

（3）具有备用电源自动投入装置。

Lc4C3072 发电机负荷调节试验要做哪些项目？

答：（1）人工给定值有功调节试验；

（2）全厂 AGC 给定有功调节试验（无 AGC 厂不做）；

（3）无功闭环调节试验。

Lc4C4073 中性点直接接地运行方式有哪些特点？

答：（1）发生单相接地时形成单相对地短路电流，断路器跳闸，中断供电，影响供电可靠性，为弥补上述不足，广泛采用自动重合闸装置；

（2）单相接地时短路电流很大，产生一个很强的磁场，在附近的弱电线路上（如通信线路等）感应一个很大的电势，引起设备损坏；

（3）单相接地故障时，非故障相对地电压不会升高。

Lc4C5074 交直流两用型钳型电流表的工作原理是怎样的？

答：交直流两用型钳型电流表是采用电磁等测量机构原理构成的，卡在铁芯钳口中的被测电流导线相当于电磁系测量机构中的固定线圈，在铁芯中产生磁场，而位于铁芯钳口中间可动铁片在磁场作用下发生偏转，带动指针指示出被测电流的大小。

Lc3C3075 电气设备操作后无法看到实际位置时，如何进行位置确认？

答：电气设备操作后的位置检查应以设备实际位置为准，无法看到实际位置时，可通过设备机械位置指示、电气指示、仪表及各种遥测、遥信信号的变化，且至少应有两个及以上指示已同时发生对应变化，才能确认该设备已操作到位。

Lc3C3076 什么是水轮机运转特性曲线？

答：绘在以水头和输出功率为纵横坐标系统内，表示在某一转轮直径和额定转速下，原型水轮机的性能（如效率、吸出高度、压力脉动、出力限制线等）的一组等值曲线。

Lc2C3077 什么是发电机组的频率特性？

答：当系统频率发生变化时，发电机组的调速系统将自动地改变水轮机的进水量，以增减发电机的出力，这种反映由频率变化而引起发电机出力的变化的关系，称为发电机组的频率特性。

Lc1C4078 什么是电力系统的稳态和暂态？

答：稳态是指电力系统正常的、相对静止的运行状态。暂态是指电力系统从一种运行状态向另一种运行状态过渡的过程。

Jd5C1079 反击式水轮机的尾水闸门有什么作用？

答：尾水闸门的作用是构成水轮机及其过流部件的检修条件。

Jd5C1080 什么是水锤？它对建筑物和设备有什么危害？

答：水锤又叫水击，就是指有压管道中的流速发生急剧变化时，引起压强的剧烈波动，并在整个管长范围内传播的现象，压力突变使管壁发生振动伴有锤击之声，故称为水击或水锤。

由于发生水锤时，压强的升、降有时都超过正常情况的许多倍，能引起管道、水轮机的振动，管道变形，甚至使管道破裂，导致电站的严重设备损坏事故。

Jd5C1081　减小水锤的主要措施有哪些？它们的根据是什么？

答：减小水锤的主要措施及原理有：

（1）尽量减少压力管道的长度；

（2）适当延长阀门（导叶）关闭时间 T；

（3）在管道或水轮机蜗壳上设置放空阀（减压阀）。

Jd5C1082　什么是蓄电池的自放电现象？

答：由于蓄电池电解液中所含金属杂质沉淀在负极板上，以及极板本身活性物质中也含有金属杂质，因此在负极板上形成局部的短路回路，就构成了蓄电池的自放电现象。

Jd5C2083　直流系统两点接地的危害是什么？

答：直流系统发生两点接地后的危害是：

（1）构成两点接地短路，将造成信号装置、继电保护和断路器的误动作或拒动作；

（2）两点接地引起熔断器的熔断，造成直流中断。

Jd5C2084　水轮机进水阀的操作方式有哪些？

答：水轮机进水阀的操作方式有手动、电动、液压操作三种，其中液压操作又分为油压和水压操作两种方式。

Jd5C2085　在电气设备上工作，保证安全的技术措施有哪些？

答：在电气设备上工作，保证安全的技术措施有：停电、验电、接地、悬挂标示牌和装设遮栏（围栏）。

Jd5C2086 简述水电站技术供水的对象及其作用。

答：水电站技术供水的对象主要是水轮发电机组、水冷式变压器、水冷式空气压缩机等。作用是对运行设备进行冷却和润滑，有时作为操作能源。

Jd5C3087 水电站设置排水系统的目的是什么？

答：目的是防止厂房内部积水和潮湿，保证机组过水部分和厂房水下部分检修。

Jd5C4088 电力系统是怎样实现电压调整？

答：电力系统电压调整的方式有：

（1）调整发电机和同步调相机的励磁；

（2）改变变压器的变比；

（3）投切并联电容器和电抗器，利用静止无功补偿器。

Jd5C5089 雷雨、刮风时，对防雷设施应进行哪些项目检查？

答：主要检查项目有：

（1）检查避雷针、避雷器的摆动是否正常；

（2）检查避雷设备放电记录器动作情况是否正常，避雷器表面应无闪络；

（3）防雷设备引线及接地线连接牢固无损伤。

Jd4C1090 机组做甩负荷试验前应做哪些准备工作？试验结束又应注意什么？

答：做机组甩负荷试验前准备工作包括：① 预先模拟过速保护，试验良好后将保护投入。② 调速器派专人监视。③ 充分做好事故预想，在机组过速而保护未动时应采取紧急措施。试验结束后应将机组改停运，由运行和检修人员共同对发电机内部进行仔细检查。

Jd4C2091　什么叫倒闸？什么叫倒闸操作？

答：电气设备分为运行、备用和检修三种状态。将设备由一种状态转变为另一种状态的过程叫倒闸，所进行的操作叫倒闸操作。

Jd4C3092　简述水轮发电机组调速器的基本作用？

答：调速器的基本作用是自动测量发电机出口频率和给定值之间的偏差，据此偏差控制水轮机导水叶开度，改变进入水轮机的流量，维持频率在一定范围内，调速器按其静态转差系数的大小自动分配系统中的负荷。

Jd4C4093　什么叫水轮机能量转换的最优工况？

答：当反击型水轮机在设计工况下运行时，水流不发生撞击，而叶片出口水流的绝对速度方向基本上垂直于圆周速度，即所谓的法向出流。此时，转轮内的水力损失达到最小，水能转换最多，水轮机的总效率达到最高，通常把这种工况成为水轮机能量转换的最优工况。

Jd4C5094　什么是保护接地和保护接零？

答：保护接地就是将电气装置中应该接地的部分，通过接地装置，与大地做良好的连接。保护接零是将用电设备的金属外壳，与发电机或变压器的接地中性线做金属连接，并要求供电线路上装设熔断器或自动开关，在用电设备一相碰壳时，能以最短的时间自动断开电路，以消除触电危险。

Jd3C3095　什么是射流泵？它有何优缺点？

答：射流泵是一种利用液体或气体射流形成的负压抽吸液体，使被抽液体增加能量的机械设备。优点是：无转动部分，结构简单，紧凑，不怕潮湿，工作可靠。缺点是：效率较低，不易维护。

Jd2C1096 什么叫发电机的失磁？引起失磁的原因是什么？

答：发电机失磁是指正常运行的发电机的励磁绕组突然失去全部或部分励磁电流。引起失磁的原因主要是由于励磁回路开路（灭磁开关误动作，励磁调节器装置开关误动）、短路或励磁机励磁电源消失或转子绕组故障等。

Jd1C1097 计算机监控装置送电时，为什么先送开入量电源，再送开出量电源？

答：理由是：

（1）计算机监控装置是由许多自动化元件组成的，一些自动化元件在上电过程中会发生数据跳跃、不稳定及误动等现象，故先送开入量电源，等数据稳定后再送开出量电源，以防误动。

（2）断电操作时，正好相反，也是同样的道理。

（3）停、送电顺序也符合日常操作顺序。

Je5C1098 厂用变压器过流保护为何延时，能否作为速断保护的后备保护？

答：过流保护之所以延时，是因为它主要保护的是变压器低压侧的短路故障，是为了使所配备的保护选择性地切除故障。过流保护能作为速断保护的后备保护。

Je5C1099 什么叫跨步电压？其允许值多少？

答：由于接地短路电流的影响，在附近地面将有不同电位分布，人步入该范围内，两脚跨距之间电位差称为跨步电压，此跨距为 0.8m，正常运行时，不允许超过 40V。

Je5C1100 电压互感器在运行中二次侧为什么不许短路？

答：电压互感器二次侧电压为 100V，且接于仪表和继电器的电压线圈。电压互感器是一电压源，内阻很小，容量也小，一次绕组导线很细，若二次侧短路，则二次侧通过很大电流，不仅影响测量表计及引起保护与自动装置误动，甚至会损坏电压互感器。

Je5C2101　在高压设备上工作，必须遵守哪些规定？

答：必须遵守的规定有：

（1）填用工作票；

（2）至少应有两人在一起工作；

（3）完成保证工作人员安全的组织措施和技术措施。

Je5C2102　填写第一种工作票的工作有哪些？

答：以下工作需填写第一种工作票：

（1）高压设备上工作需全部或部分停电者；

（2）高压室内的二次接线和照明等回路上的工作，需要将高压设备停电或做安全措施者。

Je5C2103　发电厂第一种工作票工作许可人在完成施工现场的安全措施后，还应完成哪些手续，工作班方可开始工作？

答：第一种工作票工作许可人在完成施工现场的安全措施后，还应完成以下手续，工作班方可开始工作：

（1）会同工作负责人到现场再次检查所做的安全措施，对具体的设备指明实际的隔离措施，证明检修设备确无电压。

（2）对工作负责人指明带电设备的位置和工作过程中的注意事项，并和工作负责人在工作票上分别确认、签名。

Je5C2104　操作票所列人员的安全职责如何规定？

答：操作票所列人员的安全职责：

（1）操作指令发布人应对发布命令的正确性、完整性负责；

（2）监护人和操作人应对执行操作指令的正确性负责，监护人负主要责任；

（3）无监护人的操作项目，操作人对操作的正确性负责。

Je5C2105　为什么熔丝在电流超过允许值时会被烧断？

答：由于电流超过允许值时温度升高而将熔丝烧断。

Je5C2106　动火工作票运行许可人有哪些职责？

答：动火工作票运行许可人的职责包括：

（1）工作票所列安全措施是否正确完备，是否符合现场条件；

（2）动火设备与运行设备是否确已隔绝；

（3）向工作负责人现场交代运行所做的安全措施是否完善。

Je5C2107　电气设备的额定值是根据什么规定的？

答：电气设备的额定值是根据使用时的经济性、可靠性以及寿命，特别是保证电气设备的工作温度不超过规定的允许值等情况决定的。

Je5C3108　用绝缘电阻表测量绝缘应注意哪些事项？

答：主要是：

（1）必须将被测设备从各方面断开，验明无电压确无人员工作后方可进行，测试中严禁他人接近设备；

（2）测试后，必须将被试设备对地放电；

（3）在带电设备附近测量，测量人和绝缘电阻表安放位置必须适当，保持安全距离，注意监护，防止人员触电。

Je5C3109　转动机械检修完毕后，应注意哪些事项？

答：应注意的事项有：

（1）工作负责人应清点人员和工具，检查确无人员和工具留在机械内部后，方可关人孔门；

（2）转动机械检修完毕后，转动部分的保护装置应牢固可靠；

（3）转动机械试运行时，除运行人员外，其他人员应先远离，站在转动机械的轴向位置上，以防止转动部分飞出伤人。

Je5C3110　水电厂"两票三制"中的"三制"是什么？

答： 三项制度是运行人员交接班制度、巡回检查制度和设备定期试验和切换制度。

Je5C5111　属于电气安全用具和一般劳动防护用具有哪些？

答：（1）属于电气安全用具的主要有：绝缘手套、绝缘靴（鞋）、绝缘杆、绝缘夹钳、绝缘垫、绝缘绳、验电器、携带型接地线、临时遮栏标志牌、安全照明灯具等。

（2）属于一般劳动防护用具的主要有：安全带、安全帽、人体防护用品、防毒防尘面具、护目眼镜等。

Je4C1112　水轮发电机组的推力轴承温度升高后如何处理？

答： 推力轴承温度确实升高后有下列处理办法：

（1）应避免机组在振动区内长时间运行；

（2）检查推力油槽的油色、油位和油质是否合格；

（3）检查机组冷却水的流量和水压是否符合要求。

若轴承温度还不下降，可降低机组出力，必要时可停机处理。

Je4C1113　机组大修后，接力器充油试验的主要目的是什么？

答： 当调速系统和接力器排油检修时，内部已进入空气，若不设法排除，在开机过程中，由于设备内部空气被压缩和膨胀，会造成调速系统振动，极易损坏油管路和设备。为防止此现象出现，所以每次大修接力器充油后要作一次试验，将导水叶全行程开闭几次，将空气排出。

Je4C2114　什么叫洪峰、洪峰水位、洪峰流量、洪水预报？

答：每次洪水的水位或流量过程线上的最高点称为洪峰，洪水水位过程线上最高点水位称洪峰水位，洪水流量过程线最高点流量称洪峰流量。对本水电站洪水未来的两个最高点和达到时间作先期推测和预报称洪水预报。

Je4C2115　在水力机械设备上操作后，哪些情况应加挂机械锁？

答：下列三种情况应加挂机械锁：

（1）压力管道、蜗壳和尾水管等重要泄压阀；

（2）在一经操作即可送压且危及人身或设备安全的隔离阀（闸）门；

（3）设备检修时，系统中的各来电侧的隔离开关操作手柄和电动操作刀闸机构箱的箱门。

Je4C2116　消弧线圈的作用是什么？

答：因为在中性点非直接接地系统中，每相都存在对地电容，如果该系统发生单相接地时，流过该接地点的电容电流将在故障点处形成周期性和燃烧的电弧对电气设备带来很大危害，因此在该系统内装设了消弧线圈，利用其产生的电感电流抵消电容电流的影响。

Je4C2117　电压互感器或电流互感器遇有哪些情况应立即停电处理？

答：主要的情况有：① 高压熔丝连续熔断；② 互感器过热，流油有焦味；③ 内部有放电声；④ 引线接头断开放电。

Je4C3118 中性点运行方式有哪几种类型？各用在什么场合？

答：中性点运行方式有：中性点直接接地、中性点不接地和中性点经消弧线圈接地三种方式。第一种一般在110kV及以上系统应用；后两种应用于63kV及以下系统；低压用电系统（380/220V）习惯上采用第一种方式以获得三相四线制供电方式。

Je4C3119 何谓"一个操作任务"？

答：一个操作任务系指根据同一操作指令，且为了相同的操作目的而进行的一系列相互关联、并依次进行的操作的全部过程。

Je4C3120 SF$_6$配电装置发生大量泄漏等紧急情况时，如何处理？

答：SF$_6$配电装置发生大量泄漏等紧急情况时，人员应迅速撤出现场，开启所有排风机进行排风。未配戴隔离式防毒面具人员禁止入内。只有经过充分的自然排风或恢复排风后，人员才准进入。发生设备防爆膜破裂时，应停电处理,并用汽油或丙酮擦拭干净。

Je4C3121 在合断路器改变运行方式前，应充分考虑哪些问题？

答：（1）有功、无功负荷的合理分配与平衡，设备是否过载；
（2）有关设备的保护整定及保护连接中是否作相应的变更，中性点和接地补偿的情况；
（3）同期鉴定情况。

Je4C4122 厂用变压器停送电的操作原则是什么？

答：主要操作原则有：
（1）当变压器为单电源时，送电应先合电源侧断路器，后合负荷侧断路器，停电时操作顺序与上述相反。

（2）当变压器高、中、低压侧有电源时，应先合高压侧断路器，后合中压侧断路器，停电则与上述顺序相反。

（3）在中性点接地系统中，中性点应投入后方可对变压器进行送电操作。

Je4C5123　发电机转子一点接地时，为什么通常只要求发信号？

答： 发电机转子回路一点接地是发电机较常见的故障，对发电机运行没有直接危害，因为转子回路与地之间有一定的绝缘电阻，一点接地不能形成故障电流，励磁绕组端电压还是正常的，所以通常只要求在一点接地时发信号。

Je3C2124　什么是电力系统黑启动？

答： 黑启动是指电力系统大面积停电后，在无外界电源支持的情况下，由具备自启动能力的发电机组所提供的恢复系统供电的服务。

Je3C2125　在哪些情况下要做接力器全行程试验？

答： 接力器全行程试验一般在下列情况下进行：

（1）导叶或轮叶接力器在排油检修后。

（2）接力器行程开关、导轮叶位置触点调整后。

（3）调速器解体检修后。

Je3C2126　水轮发电机导轴承的作用是什么？

答： 承受机组转动部分的机械不平衡力和电磁不平衡力，维持机组主轴在轴承间隙范围内稳定运行。

Je3C3127　试述水轮发电机的主要部件及基本参数。

答：（1）主要组成部件有：定子、转子、机架、轴承（推力轴承和导轴承）以及制动系统、冷却系统、励磁系统等；

（2）基本参数有：功率和功率因数、效率、额定转速及飞逸转速、转动惯量。

Je3C3128 发生带负荷拉、合隔离开关时应如何处理？

答：（1）误拉隔离开关时：当动触头刚离静触头时，便产生电弧。此时应立即合上，电弧熄灭，若隔离开关已全部断开，不许将误拉隔离开关合上。

（2）误合隔离开关时：由于误合甚至在合闸时发生电弧，不许将隔离开关再拉开，以免带负荷拉隔离开关而造成三相弧光短路事故。

Je3C3129 发电机典型故障有哪些？

答：发电机转子回路接地；定子回路接地；内部绕组层间、匝间、分支之间绝缘损坏而短路；发电机失去励磁；发电机转子滑环、炭刷发热、冒火花；定转子温度过高。

Je3C4130 试述水轮发电机自同期的操作过程。

答：（1）机组转速升至额定后，合上发电机断路器；

（2）给发电机加励磁电流；

（3）发电机同步后根据要求带负荷。

Je3C4131 电流对人体的伤害电击和电伤是什么？

答：电伤是由于电流的热效应等对人体外部造成的伤害。电击是指触电时，电流通过人体对人体内部器官造成的伤害。

Je3C4132 变压器等值老化原理的内容是什么？

答：等值老化原理就是变压器在部分运行时间内绕组温度低于 95℃ 或欠负荷，则在另一部分时间内可以使绕组温度高于 95℃ 或过负荷，只要使过负荷时间内多损耗的寿命等于变压器在欠负荷时间内所少损耗的寿命，两者相互抵消，就仍然可以保持正常的使用寿命。

Je2C1133 什么叫基本视图？

答：按照国家规定，用正六面体的六个平面作为基本投影面，从零件的前后左右上下六个方向，向六个基本投影面投影得到六个视图，即主视图、后视图、左视图、右视图、俯视图和仰视图，称为基本视图。

Je2C4134 什么叫安全生产"五同时"？

答：安全生产"五同时"就是指计划、布置、检查、总结、考核生产工作的同时，计划、布置、检查、总结、考核安全工作。

Je2C4135 为什么电力系统要规定标准电压等级？

答：从技术和经济的角度考虑，对应一定的输送功率和输送距离有一最合理的线路电压。但是，为保证制造电力设备的系列性，又不能任意确定线路电压，所以电力系统要规定标准电压等级。

Je2C4136 水电站计算机监控系统从控制方式上如何分类？

答：从控制方式上，水电站计算机监控系统分为集中式、分散式、分层分布式和全分布全开放式。

Je2C4137 倒闸操作设备应具有哪些明显的标志？

答：倒闸操作设备应具有命名、编号、分合指示，旋转方向、切换位置的指示及设备相色等明显的标志。

Je2C4138 试述机械传动的几种类型？

答：机械传动包括摩擦轮传动、皮带传动、齿轮传动、蜗轮蜗杆传动、螺杆传动。

Je2C5139　自同期有何优、缺点？

答：自同期的优点是：并列快，不会造成非同期合闸，特别是系统事故时能使发电机迅速并入系统。它的缺点是：冲击电流大，机组振动较大，可能对机组有一定的影响，或造成合闸瞬间系统频率和电压下降。

Je2C5140　什么叫剖视图？剖视图有哪几类？

答：假想一个剖切平面，将某物体从某处剖切开来，移去剖切平面的部分，然后把其余部分向投影面进行投影，所得到的图形叫做剖视图。剖视图分为全剖视、半剖视、局部剖视、阶梯剖视、旋转剖视、斜剖视和复合剖视等几类。

Je1C2141　发电机安装后，对空气间隙值有何要求？

答：当转子位于机组中心线时，检查定子与转子上下端空气间隙，各间隙与平均间隙之差不应超过平均间隙值的±10%。

Je1C2142　有的线路停电时，为什么先断开重合闸？而送电正常后又要再投入？

答：电气重合闸一般按照"不对应"方式来启动，部分类型的重合闸会在断开短路器时误动；如果送电前重合闸还在投入，送电时会造成重合闸误合，送电后有可能重合闸拒动。

Je1C3143　事故停机中导水叶剪断销剪断，为什么制动后不允许撤出制动？

答：导水叶剪断销剪断后导水叶在水力的作用下没有关至0位，还有水流流过转轮，如果钢管有水压，制动解除后，则机组就有转动可能，这样对事故处理不利，不但达不到缩小事故的目的，而且有扩大事故的可能，所以事故停机中导水叶剪断销剪断制动不撤除。

Je1C3144　少油断路器油面降低、SF₆断路器气压降低时如何处理？

答：因为在这两种情况下，断路器的灭弧能力降低乃至丧失，此时不允许该断路器带负荷分闸。为了防止此时保护动作于该断路器跳闸，应请示有关人员后切断开有关保护电源（不能切保护电源的应断开其跳闸回路)，将该开关所带的负荷转移或停电，再断开其上一级供电断路器后再将该断路器分闸，做好措施，联系检修处理。

Je1C4145　何谓"三老四严"的工作作风？

答："三老"指讲老实话、做老实事和当老实人；"四严"指严明的纪律、严细的作风、严肃的态度和严密的组织。

Je1C4146　水轮发电机电气方面的不平衡力主要有哪些？

答：电气方面不平衡力主要有：

（1）不均衡的间隙造成磁拉力不均衡；

（2）发电机转子绕组间短路后，造成不均衡磁拉力增大；

（3）三相负荷不平衡产生负序电流和负序磁场，形成交变应力。

Je1C5147　何谓"四不放过"？

答："四不放过"是指事故原因不清楚不放过，事故责任者和应受教育者没有受到教育不放过，没有采取防范措施不放过和事故责任者没有受到处罚不放过。

Je1C5148　水电站技术供水系统的水温、水压和水质不满足要求时，会有什么后果？

答：（1）水温。用水设备的进水温度以在 4～25℃为宜，进水温度过高会影响发电机的出力,进水温度过低会使冷却器铜管外凝结水珠,以及沿管长方向温度变化太大造成裂缝而损坏。

(2)水压。为保持需要的冷却水量和必要的流速,要求进入冷却器的水有一定的压力。冷却器进水压力上限一般为0.2MPa为宜,进水压力下限取决于冷却器中的阻力损失。

(3)水质。水质不满足要求会使冷却器水管和水轮机轴颈面产生磨损、腐蚀、结垢和堵塞。

Je1C5149　为什么同步发电机励磁回路的灭磁开关不能改成动作迅速的断路器?

答:由于发电机励磁回路存在很大的电感,根据需要灭磁开关突然断开时,大的电感电路突然断路,而直流电流没有过零的时刻,电弧熄灭瞬间会产生过电压。电弧熄灭得越快,电流的变化率就越大,过电压值就越高。如果灭磁开关为动作迅速的断路器,这就有可能在转子上产生很高的电压而造成励磁回路的绝缘被击穿而损坏。因此,同步发电机励磁回路的灭磁开关不能改成动作迅速的断路器。

Jf5C1150　水轮机进水口快速闸门的控制回路有何要求?

答:机组进水口闸门的控制回路须满足下列要求:

(1)闸门的正常提升和关闭,提升时应满足充水开度的要求;

(2)机组事故过速达到落门定值时,应在 2min 内自动紧急关闭闸门;

(3)闸门全开后,若由于某种原因使闸门下滑到一定位置,则应能自动将闸门重新提升到全开位置。

Jf5C1151　滑动轴承有何特点?

答:滑动轴承的特点是:工作平稳、可靠,无噪声,承载力大,润滑良好时摩擦、磨损小,两摩擦表面之间的油膜能吸振，一般转速高，维护困难。

Jf5C2152　产生水头损失的原因及其分类？

答：液体流动过程中由于黏滞性的存在，同时受固体边壁的影响，使水流断面上速度分布不均匀，流层之间产生了内摩擦阻力，内摩擦阻力消耗的一部分机械能而产生能量损失，即水头损失，根据水流边界情况的不同把水头损失分为沿程水头损失和局部损失两大类。

Jf5C3153　管流与明渠流存在什么差别？

答：管流、明渠流主要的区别有：① 明渠水流存在着自由表面，而管流则没有；② 管流的进水断面较规则，而明渠流变化较紊乱，很不规则；③ 明渠边壁的粗糙系数复杂多变，而管流则变化不大。

Jf5C4154　什么叫电枢反应？

答：发电机定子绕组电流（即电枢电流）所产生的旋转磁场，对发电机转子电流产生的主磁场的作用，使发电机气隙中合成磁场发生畸变、削弱或增强，这种影响称电枢反应。

Jf5C5155　倒换机组冷却水向时应注意什么问题？

答：倒换机组冷却水向时，应注意以下问题：

（1）机组冷却水中断导致停机的保护停用（或改投信号）；

（2）降低机组冷却水总水压；

（3）倒换水向时采用"先开后关"的原则，倒换水向的阀门切换完后，应调整水压至正常要求，断水保护投入。

Jf4C1156　水电厂正常倒闸操作应该尽可能避免在哪些情况下进行？

答：运行交接班时；系统高峰负荷时；系统接线极不正常

时；系统或设备发生事故时；大风、暴雪、雷电等恶劣天气时。

Jf4C3157　水电站技术供水的净化有哪两类？试分别简述其所用设备的工作原理。

答：技术供水的净化，一类为清除污物，一类为清除泥沙。清除污物的设备是滤水器。它是通过让水流经过一定孔径的滤网来净化水的。清除泥沙的设备有水力旋流器和沉淀池。水力旋流器让水流进入旋流器内高速旋转，在离心力的作用下，沙颗粒趋向器壁，并旋转向下，达到清除泥沙的目的。沉淀池是一个矩形水池，水由进口缓慢流到出口，流速很小，这样水中的悬浮物和泥沙便沉到池底。

Jf4C4158　油劣化的根本原因是什么？加速油劣化的因素有哪些？

答：油劣化的根本原因是油和空气中的氧起了作用，油被氧化了。加速油劣化的因素有水分、温度、空气、天然光线、电流和其他因素，如金属的氧化作用、检修后清洗不良等。

Jf4C5159　厂用变压器的分接头有何作用？

答：变压器分接头的作用是改变变压器绕组的匝数比（即变比）而达到改变二次侧电压的目的。通过调整厂用变压器的分接头，可保证厂用母线电压质量。

Jf3C5160　轴电流有什么危害？

答：由于电流通过主轴、轴承、机座而接地，从而在轴颈和轴瓦之间产生小电弧的侵蚀作用，破坏油膜使轴承合金逐渐黏吸到轴颈上去，破坏轴瓦的良好工作面，引起轴承的过热，甚至把轴承合金熔化。此外，由于电流的长期电解作用，也会使润滑油变质发黑，降低润滑性能，使轴承温度升高。

Jf3C5161　哪些设备应作机动性检查？

答：自然条件变化（如洪水、台风等）后受影响的设备；新投产和新检修后刚投运的设备；操作后的设备；存在较严重缺陷的设备；事故处理后或受其影响的设备；发生过故障的同类型设备。

Jf3C5162　什么是变压器绝缘老化的"六度法则"？

答：当变压器绕组绝缘温度在 80～130℃ 范围内，温度每升高 6℃，其绝缘老化速度将增加一倍，即温度每升高 6℃，绝缘寿命就降低 1/2，这就是绝缘老化的"六度法则"。

Jf2C3163　水轮发电机飞轮力矩 GD^2 的基本物理意义是什么？

答：它反映了水轮发电机转子刚体的惯性和机组转动部分保持原有运动状态的能力。

Jf2C3164　什么是消防工作中的"预防为主，防消结合"？

答：我国消防工作的方针是："预防为主，防消结合"。"预防为主"就是要把预防火灾的工作放在首要的地位，"防消结合"，就是在积极做好防火工作的同时，在组织上、思想上、物资上做好灭火战新的装备，一旦发生火灾，能迅速、有效地将火灾扑灭。"防"和"消"是相辅相成的两个方面，缺一不可。

Jf2C4165　水轮发电机推力轴承的高压油顶起装置有何作用？

答：当机组启动和停机在低转速期间，使用高压油顶起装置在推力瓦和镜板之间用压力油将镜板稍稍顶起，保持推力轴承处于液体润滑状态，从而可保证在机组启动、停机过程中推力轴承的安全和可靠。在机组的盘车过程中也可使用高压油泵。

Jf2C4166　班前会有哪些具体内容？

答：接班（开工）前，结合当班运行方式和工作任务，作好危险点分析，布置安全措施，交代注意事项。

Jf2C4167　制订电力生产安全事故应急处理预案应遵循什么原则？

答：电力生产安全事故应急处理预案的制订应遵守"统一领导、分工协作、反应及时、措施果断、依靠科学"的原则。

Jf1C2168　什么是电力系统 N–1 原则？

答：N–1 原则是指正常运行方式下的电力系统中任何一元件无故障或因故障断开，电力系统应能保持稳定运行和正常供电，其他元件不会过负荷，电压和频率均在允许的范围内。

Jf1C3169　什么是操作过电压？主要有哪些？

答：操作过电压是指由于电网内断路器操作或故障跳闸引起的过电压，其主要包括：

（1）切除空负荷线路和空负荷线路合闸时引起的过电压；

（2）切除空负荷变压器引起的过电压；

（3）间隙性电弧接地引起的过电压；

（4）解合大环路引起的过电压。

Jf1C4170　我国规定电压监视控制点电压异常和事故的标准是什么？

答：超过电力系统调度规定的电压曲线数值的±5%，且延续时间超过 1h，或超出规定数值的±10%，且延续时间超过 30min，定为电压异常。

超过电力系统调度规定的电压曲线数值的±5%，且延续时间超过 2h，或超出规定数值的±10%，且延续时间超过 1h，定为电压事故。

4.1.4 计算题

La5D1001 绕制一个 1kΩ的电烙铁芯，试求需要截面积 0.02mm^2 的镍铬线多长？（ρ=1.5Ω·mm^2/m）

解：由公式 $R=\rho L/S$ 得

$L=RS/\rho$=0.02×1000/1.5=13.33（m）

答：需 13.33m 长的镍铬线。

La5D1002 有一根长 100m、截面积为 0.1mm^2 的导线，求它的电阻值是多少？（ρ=0.017 5Ω·mm^2/m）

解：$R=\rho L/S$=0.017 5×100/0.1=17.5（Ω）

答：电阻值为 17.5Ω。

La4D1003 一只轮船，船体自重 500t，允许最大载货量为 2000t，问该船的排水量是多少立方米？

解：因为是漂浮，则有

$$F_{浮}=G_\Sigma$$
$$F_{浮}=\rho g V_{排}$$

由 $\rho g V_{排}=G_{船}+G_{货}$，得

$$V_{排}=\frac{G_{船}+G_{货}}{\rho_{水}g}$$

$$=\frac{(500+2000)\times1000\times g}{1\times10^3\times g}=2500（m^3）$$

答：该船的排水量是 2500m^3。

La4D2004 某水轮发电机组，带有功负荷 80MW，无功负荷−60Mvar，问功率因数是多少？

解：

$$S=\sqrt{P^2+Q^2}=\sqrt{80^2+(-60)^2}$$

$$=100 \text{（MVA）}$$

$$\cos\varphi = P/S = 0.8$$

答：功率因数为 0.8。

La4D4005　将下列二进制数化为十进制数：① （1001）=?
② （101 111）=?

解：（1001）$_2$=（9）$_{10}$

（101 111）$_2$=（47）$_{10}$

答：二进制数 1001、101 111 分别为十进制数 9、47。

La4D5006　将下列十进制数化为二进制数：① （18）;
② （256）。

解：（18）$_{10}$=（10 010）$_2$

（256）$_{10}$=（100 000 000）$_2$

答：十进制数 18、256 分别为十进制数 10 010、100 000 000。

La3D3007　如图 D-1（a）所示的电路中，电源内阻 $r=0$，
$R_1=2\Omega$，$R_2=R_3=3\Omega$，$R_4=1\Omega$，$R_5=5\Omega$，$E=2\text{V}$，求支路电流 I_1、
I_2、I_4。

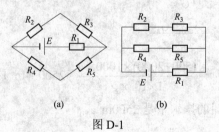

(a)　　　　　　(b)

图 D-1

解：画出支路的等效电路，如图 D-1（b）所示，则

$$R_{23}=R_2+R_3=3+3=6 \text{（}\Omega\text{）}$$

$$R_{45}=R_4+R_5=5+1=6 \text{（}\Omega\text{）}$$

$$R_{2345}=6/2=3 \text{（}\Omega\text{）}$$

$$R_\Sigma = R_1 + R_{2345} + r = 2 + 3 = 5 \ （\Omega）$$

$$I_1 = \frac{E}{R_\Sigma} = \frac{2}{5} = 0.4 \ （A）$$

$$I_2 = I_4 = I_1/2 = 0.2 \ （A）$$

答：$I_1 = 0.4A$，$I_2 = I_4 = 0.2A$。

La3D3008 如图 D-2 所示，$E_c = 20V$，$R_{b1} = 150k\Omega$，$R_{b2} = 47k\Omega$，$R_c = 3.3k\Omega$，$R_L = 3.3k\Omega$，$r_{be} = 1k\Omega$，$\beta = 50$，求输出电阻 r_o、输入电阻 r_i、放大倍数 K。

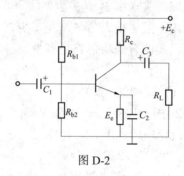

图 D-2

解：如图

$$r_i = R_{b1} \ /\!/ \ R_{b2} \ /\!/ \ r_{be} = 150 \ /\!/ \ 47 \ /\!/ \ 1 \approx 1k\Omega$$

$$r_o = R_c = 3.3k\Omega$$

$$K = -\beta \frac{\dfrac{R_c \times R_L}{R_c + R_L}}{r_{be}} = -50 \times \frac{1.65}{1} = -83$$

答：$r_i = 1k\Omega$，$r_o = 3.3k\Omega$，$K = 83$。

La2D2009 如图 D-3 所示，单相交流发电机的内阻是 $r = 0.1\Omega$，每个输电线的电阻 $r_L = 0.1\Omega$，负荷电阻 $R = 22\Omega$，电路中电流强度是 $I = 10A$。求：

（1）负荷两端电压 U_R 是多少？

（2）发电机电动势 E 是多少？

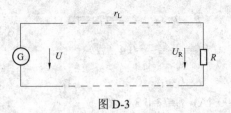

图 D-3

（3）端电压 U 是多少？

（4）整个外电路上消耗的功率 P_o 是多少？

（5）负荷获得的功率 P_R 是多少？

（6）输电线路损失功率 P_L 是多少？

（7）发电机内部发热损失功率 P_i 是多少？

（8）发电机发出的有功功率 P 是多少？

解：

（1）$U_R = IR = 10 \times 22 = 220$（V）

（2）$E = I(R + 2r_L + r) = 10 \times (22 + 0.3) = 223$（V）

（3）$U = E - Ir = 223 - 10 \times 0.1 = 222$（V）

（4）$P_o = IU = 10 \times 222 = 2220$（W）

（5）$P_R = IU_R = 10 \times 220 = 2200$（W）

（6）$P_L = 2I^2 r_L = 2 \times 10^2 \times 0.1 = 20$（W）

（7）$P_i = I^2 r = 10^2 \times 0.1 = 10$（W）

（8）$P = IE = 10 \times 223 = 2230$（W）

答：（略）

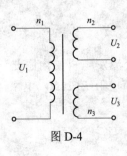

图 D-4

La1D2010 如图 D-4 所示，一台有两个二次绕组的变压器，一次绕组匝数 $n_1 = 1100$，接入电压 $U_1 = 220$V 的电路中：

（1）要求在两组二次绕组上分别得到电压 $U_2 = 6$V，$U_3 = 110$V，它们的匝数 n_2、n_3 分别为多少？

（2）若在两二次绕组上分别接上

"6V，20W"、"110V，60W"的两个用电器，原一次绕组的输入电流为多少？

解：

（1）根据一、二次绕组间电压与匝数的关系，由

$$\frac{U_1}{U_2} = \frac{n_1}{n_2} \text{ 和} \frac{U_1}{U_3} = \frac{n_1}{n_3}$$

得

$$n_2 = \frac{U_2}{U_1} n_1 = \frac{6}{220} \times 1100 = 30 \text{（匝）}$$

$$n_3 = \frac{U_3}{U_1} n_1 = \frac{110}{220} \times 1100 = 550 \text{（匝）}$$

答：它们的匝数 n_2、n_3 分别为 30 匝和 550 匝。

（2）设一次绕组输入电流为 I_1，由 $P_入 = P_出$；

$$I_1 U_1 = I_2 U_2 + I_3 U_3 = P_2 + P_3$$

$$\therefore \quad I_1 = \frac{P_2 + P_3}{U_1} = \frac{20 + 60}{220} = 0.36 \text{（A）}$$

答：一次绕组的输入电流为 0.36A。

Lb5D1011 一个负荷电阻为 2.2Ω，已测出通过它的电流为 100A，则加在负荷两端的电压为多少？

解： $U = IR = 2.2 \times 100 = 220 \text{（V）}$

答：负荷两端电压为 220V。

Lb5D2012 一根粗细均匀的导线，电阻值为 48Ω，计算把它切成等长的几段再把这几段并联起来，其总电阻 R_Σ 是 3Ω。

解：设把原导线 L 切成 n 段后再并联，则

$$L' = L/n$$

$$S' = nS$$

根据 $R = \rho \dfrac{L}{S}$，得

$$\frac{R}{R_\Sigma} = \frac{\rho L/S}{\rho L'/S'} = \frac{LS'}{L'S} = n^2$$

则

$$n^2 = 16$$

所以

$$n = 4$$

答：切成 4 段才符合要求。

Lb5D2013 一标注有 220V、100W 的灯泡，接入 110V 的电路上，此时灯泡消耗的功率为多少？

解：$P_n = U_n^2/R$，故

$$R = U_n^2/P_n = 220^2/100$$

当接入 110V 电路时，则

$$P = \frac{U^2}{R} = \frac{110^2}{220^2/100} = \frac{100 \times 110^2}{220^2} = 25 \ （W）$$

答：此时灯泡的功率为 25W。

Lb5D3014 一台型号为 SCSL-31500/110 的三相变压器，额定容量为 31 500kVA，一次额定电压为 110kV，二次额定电流为 472A，试求一次额定电流和二次额定电压。

解：已知：$S_n = 31\ 500$kVA，$U_{1n} = 110$kV，$I_{2n} = 472$A

求：I_{1n}，U_{2n}

$$I_{1n} = S_n/\sqrt{3}\ U_{1n} = 31\ 500/\sqrt{3} \times 110 = 165.3\ （A）$$

$$U_{2n} = S_n/\sqrt{3}\ I_{2n} = 31\ 500/\sqrt{3} \times 472 = 38.5\ （kV）$$

答：一次额定电流为 165.3A；二次额定电压为 38.5kV。

Lb5D4015 已知某水管半径为 1m，当它通过的流量为 6.18m³/s 时，水流速为多少？

解：$A = \pi r^2 = 3.14\ （m^2）$

$$v=Q/A=6.18/3.14=2 \text{（m/s）}$$

答：水流速为 2m/s。

Lb5D5016　已知某正弦电流 $i_1=15\sqrt{2}\sin\left(314t-\dfrac{\pi}{6}\right)$，

$i_2=20\sqrt{2}\sin\left(314t+\dfrac{\pi}{2}\right)$，试求它们的相位差，并说明哪个超前。

解：$\varphi=\varphi_1-\varphi_2=(314t-\pi/6)-(314t+\pi/2)=-2\pi/3<0$

答：i_2 超前 i_1 $2\pi/3$，相位差 $2\pi/3$。

Lb4D1017　已知某水电站单机压力钢管的半径为 3.5m，当钢管中的水流速度为 6.18m/s 时，求机组的引用流量是多少？

解：

$$A=\pi r^2=3.14\times3.5^2=38.465 \text{（m}^2\text{）}$$
$$Q=Av=237.714 \text{（m}^3\text{/s）}$$

答：机组的引用流量是 237.714m³/s。

Lb4D2018　某水轮发电机的额定转速为 125r/min，当 $f=50$Hz 时，该机磁极对数为多少对？若额定转速为 150r/min，磁极对数又为多少？

解：$p=60\times f/n=60\times50/125=24$（对）

$p=60f/150=20$（对）

答：当 $f=50$Hz 时，该发电机磁极对数为 24 对；当额定转速为 150r/min 时，磁极对数为 20 对。

Lb4D3019　某水轮发电机组单机容量为 15 000kW，机组额定转速为 187.5r/min，机组飞轮力矩 $GD^2=1372$t·m²。请问该机组的惯性时间常数 T_a 为多少秒？

解：已知：$p_r=15\,000$kW，$n_r=187.5$r/min

$$GD^2=1372 \text{t·m}^2$$

由 $T_a=GD^2 n_r^2/(3580 p_r)$ 可知

$T_a=1372\times9.81\times(187.5)^2/(3580\times15\,000)=8.81$（s）

答：该机组惯性时间常数 T_a 为 8.81s。

Lb4D4020 一台两极异步电动机，其额定转速为 2850r/min，求当电源频率为 50Hz 时，额定转差率为多少？

解：已知：$p=1$，$f=50$Hz，$n=2850$r/min

则

$$n_r=\frac{60f}{p}=\frac{60\times50}{1}=3000（\text{r/min}）$$

故

$$s=\frac{n_r-n}{n_r}\times100\%=\frac{3000-2850}{3000}\times100\%=5\%$$

答：额定转差率为 5%。

Lb4D5021 一台 4 对磁极的异步电动机，接在工频电源上，其转差率为 2%，试求异步电动机的转速？

解：同步转速

$$n_r=\frac{60f}{p}=\frac{60\times50}{4}=750（\text{r/min}）$$

转差率

$$s=\frac{n_r-n}{n_r}$$

$$n=-sn_r+n_r=n_r(1-s)=735（\text{r/min}）$$

答：此时异步电动机的转速为 735r/min。

Lb3D2022 一台三相三绕组变压器，容量为 120/120/120MVA，电压 220/110/10kV，接线组别为 YN，yn0，d11，问该变压器高、中、低压侧额定电流为多少？

解：（1）高压侧

$$I_{1n}=\frac{S_{1n}}{\sqrt{3}\times U_{1n}}=\frac{120\,000}{\sqrt{3}\times220}=314.92（A）$$

（2）中压侧

$$I_{2n}=\frac{S_{2n}}{\sqrt{3}\times110}=629.84（A）$$

（3）低压侧

$$I_{3nL}=\frac{S_{3n}}{\sqrt{3}\times10}=\frac{120\,000}{10\sqrt{3}}=6928.20（A）$$

答：高压侧额定电流为 314.92A；中压侧额定电流为 629.84A；低压侧额定电流为 6928.20A。

Lb3D3023　一台两极异步电动机，其额定转速为 2910r/min，试求当电源频率为 50Hz 时的额定转差率为多少？

解：已知：p=1，n=2910r/min，f=50Hz

n_r=60f/p=60×50/1=3000r/min

s=[$(n_r-n)/n_r$]×100%

=[(3000−2910)/3000]×100%=3%

答：当电源频率为 50Hz 时的额定转差率为 3%。

Lb3D3024　一台三角形接法的三相电动机，额定电压为 380V，功率因数 cosφ=0.8，输入功率 P=10kW，求电动机的线电流及相电流。

解：$P=\sqrt{3}\,U_LI_L\cos\varphi$

故

$$I_L=\frac{P}{\sqrt{3}\,U_L\cos\varphi}=\frac{10\,000}{1.73\times380\times0.8}=19.01（A）$$

$$I_P=\frac{I_L}{\sqrt{3}}=10.98（A）$$

答：线电流为 19.01A，相电流为 10.98A。

Lb3D3025 一直流发电机，在某一工作状态下，测量其端电压 U=230V，内阻 r_0=0.2Ω，输出电流 I=5A，求发电机电动势、负荷电阻 R 及输出功率。

解： $U_0=I_{r0}$=5×0.2=1（V）

电动势：$E=U_0+U$=231（V）

负荷电阻：$R=\dfrac{U}{I}$ =46（Ω）

输出功率：$P=UI$=1.15（kW）

答： 发电机电动势为 231V，负载电阻为 46Ω，输出功率为 1.15kW。

Lb3D4026 见图 D-5，已知电流表 PA1 读数 I_1=4A，PA2 读数 I_2=3A。画出相量图，并求 PA 的读数。

解： 相量图如图 D-6 所示。

$$I=\sqrt{I_1^2+I_2^2}=\sqrt{25}=5（A）$$

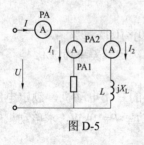
图 D-5

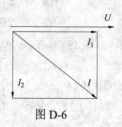
图 D-6

答： PA 的读数为 5A。

Lb3D5027 试求图 D-7 所示电路中的：

（1）通过电池的电流 I；

（2）流过 120Ω电阻的电流 I_1；

（3）流过 45Ω的电阻电流 I_2。

解： 先假设电流正方向，如图 D-7 所示。

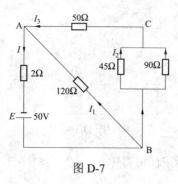

图 D-7

（1）$R_{BC}=\dfrac{45\times90}{45+90}=30$（Ω），简化电路如图 D-8 所示。

$R_{AB}=\dfrac{120\times(50+30)}{120+(50+30)}=48$（Ω），进一步简化电路如图 D-9 所示。

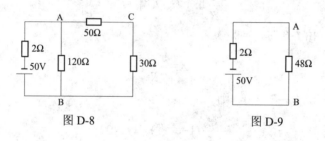

图 D-8   图 D-9

$$I=\dfrac{50}{2+48}=1\text{（A）}$$

（2）$U_{BA}=I\times R_{AB}=48$（V） $I_1=\dfrac{48}{120}=0.4$（A）

（3）$I_3=I-I_1=1-0.4=0.6$（A） $I_2=I_3\times\dfrac{90}{90+45}=0.6\times23=0.4$（A）

答：通过电池的电流是 1A，流过 120Ω 电阻的电流是 0.4A，流过 45Ω 电阻的电流是 0.4A。

Lb2D3028   如图 D-10 所示的电路中，$t=0$ 时开关 QS 闭合，试求电阻 R 上的电压降 U_R 的时间函数，并画出 U_R-t 曲线。

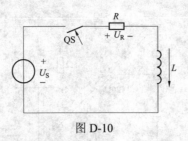

图 D-10

解： 由欧姆定律可得

$$L\frac{di}{dt}+Ri=U_S$$

$$\frac{di}{U_S-Ri}=\frac{dt}{L}$$

两边积分得，式中 K 为任意常数

$$-\frac{1}{R}\ln|U_S-Ri|+K=\frac{t}{L}$$

由 $t=0$ 时，$i=0$ 得

$$K=\frac{\ln U_S}{R}$$

由 $U_S-Ri\geqslant0$，则

$$i=\frac{U_S}{R}(1-e^{-Lt/R})\quad(t\geqslant0)$$

$$U_R=Ri=U_S(1-e^{-Lt/R})$$

答： R 上的电压降的时间函数为 $U_R=Ri=U_S(1-e^{-Lt/R})$，其曲线如图 D-11 所示。

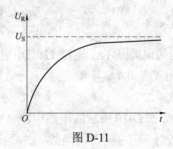

图 D-11

Lb2D3029 如图 D-12 所示的电路中，$T=0$ 时开关 QS 闭合，试求电容 C 上的电压降 U_C 的时间函数，并画出 U_C–t 曲线。

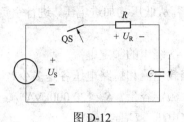

图 D-12

解：由欧姆定律可得

$$Ri + U_C = U_S$$

$$R \times C \frac{\mathrm{d}U_C}{\mathrm{d}t} + U_C = U_S$$

$$\frac{\mathrm{d}U_C}{U_S - U_C} = \frac{\mathrm{d}t}{RC}$$

两边积分得，式中 K 为任意常数

$$-\ln \mid U_S - U_C \mid + K = \frac{t}{RC}$$

由 $t=0$ 时，$U_C = 0$ 得

$$K = \ln U_S$$

由 $U_S - U_C \geqslant 0$，则解为：

$$U_C = U_S(1 - e^{-t/RC}) \quad (t \geqslant 0)$$

答：电容 C 上的电压降的时间函数为 $U_t = U_S(1 - e^{-t/RC})$，其曲线如图 D-13 所示。

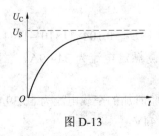

图 D-13

145

Lb2D4030 一台 SFPL-120000/220 变压器接线组别为 Y，d11，额定电压为 220/11kV，空负荷电流 I_0 为 0.8%，阻抗电压为 10.4%，若从低压侧加进电压，进行空负荷和短路试验，试求：

（1）一、二次绕组的额定电流。

（2）所加空载电流和短路电压各是多少？

解：已知：额定容量　S_n=120 000kVA

一次侧额定电压　U_{1n}=220kV

二次侧额定电压　U_{2n}=11kV，则

一次侧额定电流

$$I_{1n}=\frac{S_n}{\sqrt{3}U_{2n}}=\frac{120\,000\times10^3}{\sqrt{3}\times220\times10^3}=314.92（A）$$

二次侧额定电流

$$I_{2n}=\frac{S_n}{\sqrt{3}U_{2n}}=\frac{120\,000\times10^3}{\sqrt{3}\times11\times10^3}=6298.37（A）$$

根据变压器接线组别，则一次绕组的相电流

$$I_{1P}=314.92A$$

二次绕组的相电流

$$I_{2P}=\frac{I_{2n}}{\sqrt{3}}=\frac{6298.4}{\sqrt{3}}=3636.37（A）$$

空负荷试验，一、二次侧均加至额定电压时，二次侧电流为

$$I_0=0.8\%\times I_{2n}=0.008\times6298.4=50.39A$$

短路试验时，一次侧短路，电压为零，电流加至额定值时二次侧电压为

$$U_k=10.4\%\times U_{2n}=0.104\times11\times10^3=1144（V）$$

答：（1）一次侧额定电流为 314.9A，二次侧额定电流为 6298.37A；

（2）空负荷试验时加的空载电流为 50.39A；短路试验时二次侧额定电压为 1144V。

Lb2D4031 在发电机并网时，假设导前时间 T_h 与频差无关，且发电机频率 f_G=50.1Hz，系统频率 f_S=50Hz，要求导前相角 $\delta \leq 20°$，计算导前时间 T_h。

解：

频差周期

$$T_s = \frac{1}{|f_G - f_S|} = \frac{1}{|50.1-50|} = 10 \ (\text{s})$$

导前时间

$$T_h \leq \frac{20}{360} \times 10 = 0.56 \ (\text{s})$$

答：导前时间小于等于 0.56s。

Lb2D4032 某水轮发电机组，水头 h=46.5m，发电机引用流量为 800m³/s，水轮机效率 η_T=94%，发电机效率 η_g=98%。求水轮机的输入功率 P_1，输出功率 P_2，水轮发电机组的输出功率 P_3。

解：已知 h=46.5　Q=800　η_g=98%　η_T=94%

则　P_1=9.81hQ=9.81×46.5×800=364.93（MW）

P_2=P_1×η_T=364.93×0.94=343.03（MW）

P_3=P_2×η_g=343.03×0.98=336.17（MW）

答：水轮机的输入功率为 364.93MW，输出功率为 343.03MW，发电机的输出功率为 336.17MW。

Lb2D5033 应用叠加原理求图 D-14 电路中的 $\dot{U}_C$。其中 $\dot{U}_1$=50$\angle 0°$ V，$\dot{I}_2$=10$\angle 30°$ A，X_L=5Ω，X_C=3Ω。

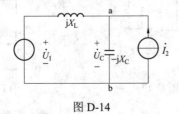

图 D-14

解： 先计算理想电压源单独作用的情况，如图 D-15 所示

$$\dot{U}''_C = \frac{\dot{U}_1}{jX_L - jX_C} \times (-jX_C) = \frac{50}{j5 - j3} \times (-j3) = -75 \quad (V)$$

再计算理想电流源单独作用的情况，如图 D-16 所示

$$\dot{U}'_C = \dot{I}_2 \times \frac{jX_L \times (-jX_C)}{jX_L - jX_C} = 10\angle 30° \times \frac{j5(-j3)}{j5 - j3} = 75\angle -60°$$

$$\dot{U}_C = \dot{U}'_C + \dot{U}''_C = -75 + 75\angle -60° = 75\angle -120° \quad (V)$$

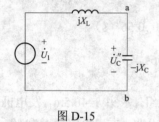

图 D-15

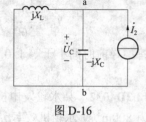

图 D-16

答： $\dot{U}_C = 75\angle -120°$。

Lb1D1034 将下列二制数化为十进制数：

①（1000）；②（101100）；③（1000101）；④（10101010）。

答： ① 8；② 44；③ 69；④ 170。

Lb1D2035 图 D-17、图 D-18 所示电路中，当 A=1，B=1，C=1，D=0 时，求两图中输出 L 的值各为多少？

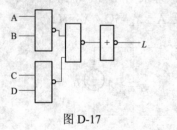

图 D-17

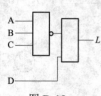

图 D-18

解：

图 D-17 中 $L=\overline{\overline{\overline{AB}\times\overline{CD}}}=0$

图 D-18 中 $L=\overline{ABD}\times C=1\times1=1$

答： 图 D-17 输出为零，图 D-18 输出为 1。

Lb1D3036 试用节点电位法来求解图 D-19 所示电路中的 U_{AB}、I_1、I_2、I_3、I_4 各是多少？（$E_1=E_2=E_3=25V$，$R_1=R_3=1\Omega$，$R_2'=R_2''=R_4=0.5\Omega$）

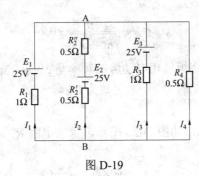

图 D-19

解： 以图中标示的电流方向为正方向，由节点电位法得：

$$U_{AB}\times\left(\frac{1}{R_1}+\frac{1}{R_2'+R_2''}+\frac{1}{R_3}+\frac{1}{R_4}\right)=\frac{E_1}{R_1}+\frac{E_2}{R_2'+R_2''}+\frac{E_3}{R_3}$$

$$=5U_{AB}=75（V）$$

$$U_{AB}=15（V）$$

$$I_1=10A \quad I_2=10A \quad I_3=10A \quad I_4=-30A$$

答： $U_{AB}=15V$，$I_1=10A$，$I_2=10A$，$I_3=10A$，$I_4=-30A$。

Lb1D3037 一台四极，50Hz，1425r/min 的异步电动机，转子电路参数 $R_2=0.02\Omega$，$X_{20}=0.08\Omega$，定、转子每相电动势的变换比为 $E_1/E_{20}=10$，当 $E_1=200V$ 时，求：转子不动时，转子绕组每相电动势的频率和 E_{20}、I_{20}、$\cos\varphi_{20}$。

解： 转子不动时，$s=1$

感应电动势的频率

$$f_2 = sf_1 = 50 \ (\text{Hz})$$

转子感应电势

$$E_{20} = \frac{E_1}{10} = \frac{200}{10} = 20 \ (\text{V})$$

转子电流

$$I_{20} = \frac{E_{20}}{\sqrt{R_2^2 + X_{20}^2}} = \frac{20}{\sqrt{0.02^2 + 0.08^2}} = 242.54 \ (\text{A})$$

转子功率因数

$$\cos\varphi_{20} = \frac{R_2}{\sqrt{R_2^2 + X_2^2}} = 0.24$$

答：转子绕组每相电动势的频率是 50Hz，电动势是 20V，转子电流为 242.54A，功率因数为 0.24。

Lb1D4038 如图 D-20 所示，求总电阻 R_{12}。

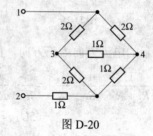

图 D-20

解：把接到节点 1、3、4 上的三角形电路用等效星形电路来代替，得：

$$R_2 = 2\times2/(2+2+1) = 0.8\Omega$$
$$R_3 = 2\times1/(2+2+1) = 0.4\Omega$$
$$R_4 = 2\times1/(2+2+1) = 0.4\Omega$$

然后用电阻的串并联的方法，其等效化简电路如图 D-21 所示。所以

$$R_{12} = 2.684\Omega$$

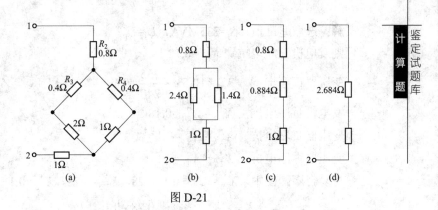

图 D-21

答：总电阻 R_{12} 等于 2.684Ω。

Lb1D4039 某电站设计引水钢管长为 3000m，若水锤压力波的传播速度为 1000m/s，问该电站设计导水叶关闭时间最小为多少时，才不至发生水锤？

解：当 $T_s \leqslant 2L/C$ 时，发生直接水锤。

所以

$$T_s = 2L/C = 2 \times 3000/1000 = 6s$$

答：导叶关闭时间最小为 6s 时发生直接水锤，所以，最小关闭时间应大于 6s。

Lb1D5040 电路图 D-22 中，K 点发生 B、C 两相接地短路，试求流过变压器中性点接地线的次暂态短路电流。（忽略导线阻抗，假设发电机负序电抗等于正序电抗）

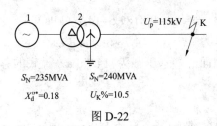

$S_N = 235\text{MVA}$ $S_N = 240\text{MVA}$

$X_d''* = 0.18$ $U_K\% = 10.5$

图 D-22

解：选取基准值 $S_j=235\text{MVA}$，$U_j=U_p$

则发电机正序电抗 $X_{G1}^*=0.18$

变压器正序电抗 $X_{T1}^*=10.5\%\times\dfrac{235}{240}=0.1$

发电机负序电抗 $X_{G2}^*=X_{G1}^*=0.18$

变压器负序电抗 $X_{T2}^*=X_{T1}^*=0.1$

变压器零序电抗 $X_{T0}^*=X_{T1}^*=0.1$

在复合序网图中，$X_{1\Sigma}^*=0.18+0.1=0.28$，$X_{2\Sigma}^*=0.28$，$X_{0\Sigma}^*=0.1$

$$X_\Sigma^*=X_{1\Sigma}^*+\frac{X_{2\Sigma}^*\times X_{0\Sigma}^*}{X_{2\Sigma}^*+X_{0\Sigma}^*}=0.28+\frac{0.28\times0.1}{0.28+0.1}=0.354$$

流过短路点的次暂态正序电流 $I_1''=\dfrac{1}{0.354}\times\dfrac{235}{\sqrt{3}\times115}=$ 3.333（kA）

流过短路点的次暂态零序电流 $I_0''=0.333\times\dfrac{0.28}{0.28+0.1}=$ 2.45（kA）

流过变压器中性点接地线的次暂态短路电流 $I_k''=3I_0''=$ 3×2.45=7.35（A）

答：流过变压器中性点接地线的次暂态短路电流为 7.35A。

Lc5D1041 一盛水木桶底面积 $A=4\text{m}^2$，当桶中水深 $h=1.5\text{m}$ 时，问桶底面的静水压强是多少？桶底所受静水总压力多少？

解：

静水压强 $p=\rho gh=9.81\times1.5=14.7$（kPa）

静水总压力 $P=pA=14.7\times4=58.8$（kN）

答：桶底面的静水压强为 14.7kPa，桶底的总静水压力为 58.8kN。

Lc5D2042 要制一个直径 150mm，高 180mm 的不带盖油

桶，需白铁皮多少平方米？

解：$S=\pi D^2/4+\pi Dh=0.102\ 4$（$m^2$）

答：需白铁皮 $0.102\ 4m^2$。

Lc4D1043 一台三相异步电动机，$f_N=50Hz$，$n_N=960r/min$，求该电动机有几对磁极？

解：根据异步电动机原理必有

$$n_N < n_r$$

即

$$n_N < n_r \text{ 且 } n_N = \frac{60f_N}{p}$$

$$n_N < \frac{60f_N}{p}$$

所以

$$p < \frac{60f_N}{n_N} = 3.125$$

答：取磁极对数为整数，$p=3$。

Lc4D3044 一台 $f=50Hz$ 的三相同步发电机，其转子磁极数 $2p=56$，求其同步转速？若定子槽数 $Z=456$ 槽，则每极每相槽数 q 为多少？

解：同步转速：$n = \dfrac{60f}{P} = \dfrac{3000}{28} = 107$（$r/min$）

每极每相槽数：$q = \dfrac{Z}{2pm} = \dfrac{456}{56 \times 3} = 2\dfrac{5}{7}$（槽）

答：每极每相的槽数为 $2\dfrac{5}{7}$。

Lc4D4045 一台磁极对数 $p=2$，定子槽数 $Z=24$ 的三相双层绕组电机，试求其极距 τ 与槽距角。

解：$\tau = \dfrac{Z}{2p} = \dfrac{24}{4} = 6$（槽）

$$a = \frac{p \times 360°}{24} = \frac{2 \times 360°}{24} = 30°$$

答：极距为 6 槽，槽距角为 30°。

Lc4D5046 一台三相交流电机，定子槽数 $Z=144$，磁极数 $2p=20$，求定子绕组为整数槽绕组还是分数槽绕组？

解：每极每相槽数：$q = \dfrac{Z}{2pm} = \dfrac{144}{20 \times 3} = \dfrac{12}{5}$（槽）

答：定子绕组为分数槽绕组。

Lc3D2047 如图 D-23 所示的电路中，三极管的类型为硅管，在输入 $U_i=0$ 时，三极管处于什么状态，此时 V_{ce} 为多少？

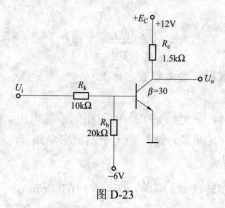

图 D-23

解：当 $U_i=0$ 时，基极电位 V_b 为：

$$V_b = -\frac{R_k}{R_k + R_b} E_b = -\frac{10}{10 + 20} \times 6$$

$$= -2 \text{（V）}$$

此时发射结有 2V 的反向偏压，所以三极管可靠截止，$V_{ce}=E_c=12V$。

答：三极管处于截止状态，此时 $V_{ce}=12V$。

Lc2D3048 一台星形连接的三相电动机的相电压 U_{ph} 为 220V，功率因数 $\cos\varphi$ 为 0.8，输入功率 P 为 3kW，求输入线路上的电流 I 是多少？

解：因为 $P=3U_{ph}I_{ph}\cos\varphi$

所以线路上的电流

$I_L=I_{ph}=P/(3U_{ph}\cos\varphi)=3000/(3\times220\times0.8)=5.68$（A）

答：输入线路上的电流为 5.68A。

Lc1D4049 图 D-24 是一单相断路器在断开接地故障后的电路模型图，试计算加装均压电容前图 D-24 和加装均压电容后图 D-25 断路器的第一个断口 C_1 上所加的电压。（假定其中 $C_1 \approx C_2 \approx C_0$，$C \gg C_1$）

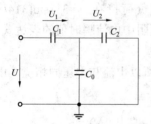 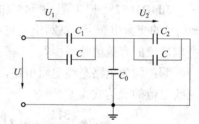

图 D-24　加装均压电容前的　　　图 D-25　加装均压电容后的
　　　　　电路模型　　　　　　　　　　　　电路模型

解答：加装均压电容前

$$U_1=U(C_2+C_0)/(C_1+C_0+C_2)=\frac{2}{3}U$$

加装均压电容后

$$U_1=U[(C+C_2)+C_0]/[2C+C_1+C_2+C_0]\approx U/2$$

Jd5D1050 某厂日发电 800 万 kWh，共耗水 3000 万 m³，问当天发电耗水率多少？

解：$K=Q/P=3.75\text{m}^3/$（kWh）

答：当天发电耗水率为 3.75m³/（kWh）。

Jd5D2051 一台容量为 100kVA 的三相变压器，当变压器满负荷运行时，负荷 cosφ 分别为 1、0.8、0.6、0.4 时，对应变压器输出功率为多少？

解：$P=S\cos\varphi=100\times1=100$（kW）

$P=S\cos\varphi=100\times0.8=80$（kW）

$P=S\cos\varphi=100\times0.6=60$（kW）

$P=S\cos\varphi=100\times0.4=40$（kW）

答：对应变压器的输出功率分别为 100kW、80kW、60kW、40kW。

Jd4D1052 把电阻 $R=44\Omega$ 的负荷接在 $u=311\sin(314t+\pi/6)$V 的交流电源上，试写出通过电阻中电流瞬时值的表达式，并求电流的有效值是多少？

解：因为电路是纯电阻电路，所以电流与电压同相位。电流瞬时值的表达式为

$$i=u/R=\frac{311}{44}\times\sin\left(314t+\frac{\pi}{6}\right)\text{（A）}$$

$$I=\frac{I_m}{\sqrt{2}}=\frac{311}{44\times\sqrt{2}}=5\text{（A）}$$

答：该电路电流的有效值为 5A。

Jd4D3053 一机组磁极对数为 12 对，问频率 50Hz 时该机组转速为多少？

解：$n=60f/p=60\times50/12=250$r/min

答：该机组转速为 250r/min。

Jd4D4054 如图 D-26 所示的运算放大电路，已知：$R=10$kΩ，$R_F=20$kΩ，$U_{i1}=3$V，$U_{i2}=1$V，$U_{i3}=2$V，求输出电压

U_o 为多少？

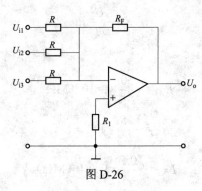

图 D-26

解：

$$U_o = -\frac{R_F}{R} U_{i\Sigma} = -\frac{20}{10}(U_{i1}+U_{i2}+U_{i3})$$
$$= -2 \times 6 = -12 \ (V)$$

答： 输出电压为 12V。

Jd4D5055 如图 D-27 所示的电路中，当输入 U_i 分别为：50V，5V，0.5V 时，要求 $U_o = -5V$，求 R_{x1}，R_{x2}，R_{x3} 的值。

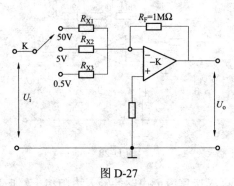

图 D-27

解： 该电路是比例运算放大电路，根据公式

$$U_o = -\frac{R_F}{R} U_i$$

可得

$$R=-\frac{U_i}{U_o}R_F$$

所以

$$R_{X1}=-\frac{50}{-5}\times1=10\text{（M}\Omega\text{）}$$

$$R_{X2}=-\frac{5}{-5}\times1=1\text{（M}\Omega\text{）}$$

$$R_{X3}=-\frac{0.5}{-5}\times1=0.1\text{（M}\Omega\text{）}$$

答：R_{X1}，R_{X2}，R_{X3} 分别为 10MΩ，1MΩ，0.1MΩ。

Jd3D2056 如图 D-28 的电路中，K_0 足够大，$U_o=-5\text{V}$，求当触头 S 依次连接 A、B、C，电流 i 分别为 5mA，0.5mA，50μA 时的电阻 R_{X1}，R_{X2}，R_{X3} 的值。

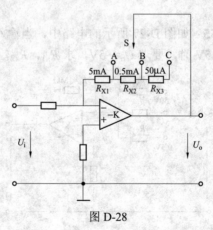

图 D-28

解答：由于运算放大电路的输入电阻很大，所以 i 基本上全部流过 R_X。S 和 A 连接时，$U_A+U_0=0$

$$R_{X1}=\frac{U_A}{i}=\frac{-U_0}{i}=\frac{5}{5}=1\text{（k}\Omega\text{）}$$

同理，S 和 B 连接时，i=0.5mA，$R_{X1}+R_{X2}=\dfrac{5}{0.5}$=10（kΩ）

$$R_{X2}=10-1=9（kΩ）$$

S 和 C 连接时，i=50μA，$R_{X1}+R_{X2}+R_{X3}=\dfrac{5}{50}$=100（kΩ）

$$R_{X3}=100-10=90（kΩ）$$

Jd2D2057　已知一个自激振荡器的电容 C=2200pF，电感 L=0.5mH，求该电路的振荡频率 f_0 和周期 T。

解：

$$f_0=\frac{1}{2\pi\sqrt{LC}}=\frac{1}{2\pi\times\sqrt{0.5\times10^{-3}\times2200\times10^{-12}}}=151\,748（Hz）$$

$$T=\frac{1}{f_0}=6.59\times10^{-6}（s）=6.59（\mu s）$$

答： LC 振荡器的频率 f_0 为 151 748Hz，周期为 6.59μs。

Jd1D3058　如图 D-29 所示，R=100Ω，L=0.5H，C=100μF，U=220V，ω=314rad/s，求电流 I 的大小。

图 D-29

解： 感抗 $X_L=\omega L$=314×0.5=157（Ω）

容抗 $X_C=1/\omega C$=1/(314×100×10^{-6})=31.85（Ω）

阻抗 $Z=\sqrt{R^2+(X_L-X_C)^2}=\sqrt{100^2+(157-31.857)^2}$

$\qquad=160.2（Ω）$

所以

$$I=U/Z=220/160.2=1.37（A）$$

答： 电流为 1.37A。

Je5D1059 如图 D-30 所示,已知 $R_1=10\Omega$, $R_2=4\Omega$, $R_3=6\Omega$, $I_3=0.1A$。求支路电流 I_1、I_2 各为多少?U_{AB} 是多少?

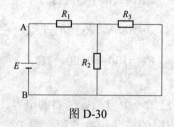

图 D-30

解:由图可知,该电路图是 R_2 和 R_3 并联,再和 R_1 串联,所以:

$$U_{23}=I_3R_3=0.1\times6=0.6（V）$$

$$I_2=\frac{U_2}{R_2}=\frac{U_{23}}{R_2}=\frac{0.6}{4}=0.15（A）$$

$$I_1=I_2+I_3=0.25（A）$$

$$U_1=I_1R_1=0.25\times10=2.5（V）$$

$$U_{AB}=U_1+U_{23}=2.5+0.6=3.1（V）$$

答:I_1 为 0.25A,I_2 为 0.15A,U_{AB} 为 3.1V。

Je5D2060 某水电站一号发电机上一时刻电能表读数为 2130kWh,下一时刻电能表读数为 2145kWh,TA 变比 $K_1=200$,TV 变比 $K_V=100$,求该时段的发电量为多少?

解:$\Delta E=(E_2-E_1)K_1K_V=(2145-2130)\times200\times100=3\times10^5（kWh）$

答:这一时段内的发电量为 3×10^5 kWh。

Je5D2061 某水电站进水口的正常水位是 1675m,厂房下游正常尾水位是 1575m,发电引用流量 $Q=1000m^3/s$,水电站总效率 $\eta=78.5\%$,求这个水电站的出力是多少?

解:已知 $H=1675-1575=100（m）$

$$Q=1000m^3/s \quad \eta=78.5\%$$

则

$P_电=9.81\eta HQ=9.81\times0.785\times100\times1000=770\ 000$（kW）

答：这个水电站的出力是 770 000kW。

Je5D3062 有一链传动装置，小链轮的齿数为 30，大链轮的齿数为 90，当小链轮每分钟旋转 30 圈时，求大链轮的转速。

解：$N_大=N_小\times30/90=30\times30/90=10$（r/min）

答：大链轮的转速为 10r/min。

Je5D4063 某水电厂水轮发电机组转子装配总质量 275t，顶转子最大油压 $90.5kg/cm^2$（$1kg/cm^2=9.8\times10^4Pa$），已知每个风闸活塞直径 220mm，求该机组有几个风闸？

解：$A=\pi d^2/4=380$（cm^2）

风闸个数 $n=T/PA=275\ 000/$（90.5×380）$=7.99\approx8$（个）

答：该机组有 8 个风闸。

Je5D5064 某机组有一高 11m、宽 8m、重量 294kN 的进水闸门，如忽略闸门与门槽的摩擦系数，则需多大提门力？

解：$T=G=294kN$

答：需 294kN 的提门力。

Je4D1065 某机组进水闸门高 11m，宽 8m，重量 2940kN，闸门关闭时其前后压力差为 $3.2mH_2O$，如闸门与门槽的摩擦系数为 0.1，今欲将闸门提起，问提门力应大于多少千牛？

解：闸门承受静水总压力

$P=\rho gh\times A=3.2\times9.8\times11\times8=2759.68$（kN）

启门时的提门力应大于 $2940+2759.68\times0.1=3215.97$（kN）

答：提门力应大于 3215.97kN。

Je4D2066 如某机组带有功负荷80MW,发电机效率0.95,求水轮机主轴输出功率。

解:$N=P/\eta=80/0.95=84.2$(MW)

答:水轮机主轴输出功率为 84.2MW。

Je4D3067 某厂集水井(渗漏)有效容积按一台渗漏泵工作 10min 来设计,假设渗漏泵流量为 140m³/h,厂房内渗漏水 55m³/h,试计算渗漏集水井有效容积?

解:$V=T(Q-q)=(140-55)\times10/60=14.2$(m³)

答:渗漏集水井有效容积为 14.2m³。

Je4D4068 某水电厂检修排水泵选用流量 $Q=900$m³/h 的离心泵三台,已知闸门漏水量为 1620m³/h,蜗壳、尾水管充水体积 4471m³,求当三台泵同时投入、排完蜗壳、尾水管内水所用时间。

解:$T=V/(ZQ-Q_漏)=4471/(3\times900-1620)=4.2$(h)

答:排尾水管内的水所用时间 4.2h。

Je4D5069 甲乙两机并列运行,甲机 $e_{p1}=4\%$,乙机 $e_{p2}=6\%$,当系统负荷变化 50MW 时,问甲乙两机各增带负荷多少兆瓦?

解:已知 $e_{p1}=4\%$ $e_{p2}=6\%$

根据机组按调差率反比例分配负荷的原则有

$$e_{p1}/e_{p2}=\Delta N_{p2}/\Delta N_{p1}=4\%/6\%=2/3$$

所以 $\Delta N_{p1}=(3/2)\Delta N_{p2}$

又有 $\Delta N_{p1}+\Delta N_{p2}=50$

$$(3/2)\Delta N_{p2}+\Delta N_{p2}=50$$

$$\Delta N_{p2}=20\text{(MW)}$$

$$\Delta N_{p1}=1.5\ \Delta N_{p2}=1.5\times20=30\text{(MW)}$$

答:甲乙两机各增带负荷 30MW 和 20MW。

Je3D3070 图 D-31 所示变压器接入无穷大系统，计算 K 点发生三相短路时，各电压等级的短路电流值。

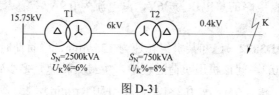

图 D-31

解答：选取基准值 S_j=2500kVA，$U_j=U_p$

$$X_1^* =0.06$$
$$X_2^* =0.08×2500/750=0.27$$
$$X^* = X_1^* + X_2^* =0.06+0.27=0.33$$
$$I_K^* =1/X^* =3$$

15.75kV 段短路电流 $I_{K1}=I_K^* × \dfrac{2500}{\sqrt{3}×15.75} =275$（A）

6kV 段短路电流　I_{K2}=275×15.75/6=721.88（A）

0.4kV 段短路电流　I_{K3}=275×15.75/0.4=10 828.13（A）

Je3D3071 在如图 D-32 所示电路中，已知 30Ω电阻中的电流 I_4=0.2A，试求此电路的总电压 U 及总电流 I。

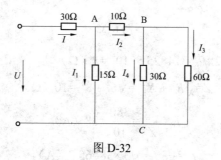

图 D-32

解：U_{BC}=30I_4=6（V），$I_3=U_{BC}$/60=6/60=0.1（A）

$I_2=I_4+I_3$=0.3（A）　U_{AC}=(I_2×10)+U_{BC}=9（V）

$$I_1=U_{AC}/15=0.6（A）\qquad I=I_1+I_2=0.9（A）$$
$$U=I\times30+U_{AC}=36（V）$$

答：电路的总电压为 36V，总电流为 0.9A。

Je3D3072　已知某机组转速为 125r/min，甩负荷时转速上升率为 0.2，问该机甩负荷过程中产生最大转速是多少？

解：$n_{max}=\beta n_0+n_0=0.2\times125+125=150（r/min）$

答：该机甩负荷过程中产生最大转速是 150r/min。

Je3D4073　有一三角形连接的三相对称负荷电路如图 D-33 所示，已知其各相电阻 $R=6\Omega$，电感 $L=25.5mH$，把它接入线电压 $U_L=380V$，$f=50Hz$ 的三相线路中，求相电流、线电流及总平均功率。

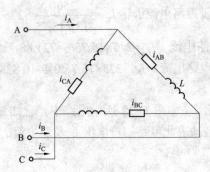

图 D-33

解：$X_L=2\pi fL=314\times25.5\times10^{-3}=8（\Omega）$

$$Z=\sqrt{R^2+X_L^2}=\sqrt{6^2+8^2}=10（\Omega）$$

$$I_P=\frac{U_L}{Z}=\frac{380}{10}=38（A）$$

$$I_L=\sqrt{3}\,I_P=\sqrt{3}\times38=65.8（A）$$

$$\cos\varphi=\frac{R}{Z}=\frac{6}{10}=0.6$$

$$P = \sqrt{3}\, U_L I_L \cos\varphi = \sqrt{3} \times 380 \times 65.8 \times 0.6 = 25.992 \text{（kW）}$$

答：相电流：38A；线电流：65.8A；总平均功率：25.992kW。

Je3D4074 若三相发电机的有功电能表取 A、C 相电流的两相功率表接法，证明总有功功率 $P = U_{AB} i_A + U_{CB} i_C$。

解：$\because$ $P = u_A i_A + u_B i_B + u_C i_C$

对于三相对称电路，$i_A + i_B + i_C = 0$

$\therefore i_B = -(i_A + i_C)$ 代入上式得

$$P = u_A i_A + u_B i_B + u_C i_C = u_A i_A + u_C i_C - u_B(i_A + i_C)$$
$$= (u_A - u_B) i_A + (u_C - u_B) i_C$$
$$= u_{AB} i_A + u_{CB} i_C$$

Je3D4075 某工厂单相供电线路的额定电压 $U = 10$kV，$P = 400$kW，$Q = 260$kvar，功率因数低，现要将功率因数提高到 $\cos\varphi = 0.9$，求所并电容的电容量为多少？（$f = 50$Hz）

解： $C = P(\text{tg}\varphi_1 - \text{tg}\varphi_2)/(\omega U^2)$

而 $\text{tg}\varphi_1 = Q/P = 260/400 = 0.65$

$\varphi = \arccos 0.9 = 25.8°$

$\text{tg}\varphi = \text{tg}\varphi_2 = 0.484$ 代入公式得

$C = 400 \times (0.65 - 0.484)/(2 \times 3.14 \times 50 \times 100 \times 1000) = 2.1\mu\text{F}$

答：并联电容的电容量为 2.1μF。

Je3D4076 某集水井水泵出口压强为 3kg/cm^2（1kg/cm^2 = 9.8×10^4Pa），流量为 850t/h，效率为 72%，求轴功率和有效功率。

解：已知 扬程 $H = \dfrac{p}{\rho g} = \dfrac{3g \times 10\,000}{1000g} = 30$（m）

流量 $Q = 850t/h = 0.236$（m^3/s）

效率 $\eta = 72\%$

水泵有效功率 $P = \rho g Q H = 1000 \times 9.81 \times 0.236 \times 30$
$$= 69\,454 \text{（W）} = 69.454 \text{（kW）}$$

轴功率　　$P/\eta=69.454/0.72=96.464$（kW）

答：轴功率为96.464kW；有效功率为69.454kW。

Je3D5077　有两台4000kVA的变压器并列运行，第一台变压器的短路电压为4%，第二台变压器的短路电压为5%，当总负荷为7000kVA时，若两台变压器并联运行，变压器是否过载？

解：已知$S=7000$kVA，$S_{1N}=S_{2N}=4000$kVA

$$U_{K1}\%=4\%，U_{K2}\%=5\%$$

则第一台变压器所带负荷为

$$S_1 = \frac{S}{\dfrac{S_{1N}}{U_{K1}}+\dfrac{S_{2N}}{U_{K2}}} \times \frac{S_{1N}}{U_{K1}}$$

$$= \frac{7000}{\dfrac{4000}{4}+\dfrac{4000}{5}} \times \frac{4000}{4}$$

$$=3889（kVA）$$

第二台变压器所带负荷为

$$S_2=S-S_1=7000-3889=3111（kVA）$$

答：第一台变压器的负载为3889kVA，第二台变压器的负载为3111kVA。两台变压器都不过负荷。

Je3D5078　电路图D-34中，K点发生三相金属性短路，试求流过短路点的次暂态短路电流。（忽略导线阻抗）

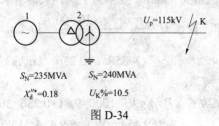

图 D-34

解：选取基准值 $S_j=235\text{MVA}$，$U_j=U_p$

则发电机电抗 $X_G^*=0.18$

变压器电抗 $X_T^*=10.5\%\times\dfrac{235}{240}=0.1$

则短路阻抗 $X_\Sigma^*=X_G^*+X_T^*=0.18+0.1=0.28$

$$I_T''=\frac{1}{X_\Sigma^*}=\frac{1}{0.28}=3.57$$

$$I''=3.57\times\frac{235}{\sqrt{3}\times115}=4.21\ (\text{kA})$$

答：流过短路点的次暂态短路电流为 4.21kA。

Je2D3079 一星形连接的三相异步电动机，在某一负荷下运行时，每相绕组的电阻 $R=4\Omega$，电抗 $X_1=3\Omega$，接到电压为 380V 的交流电源上，试求：

（1）电动机的相电流 I_{ph}。

（2）电动机的功率因数。

（3）电动机消耗的有功功率 P，无功功率 Q。

解答：（1）星形接法电动机的相电流 $I_{ph}=I_{li}$（线电流）

$$U_{ph}=\frac{U_{li}}{\sqrt{3}}$$

设每相绕组阻抗为 Z，则

$$U_{ph}=\frac{U_{li}}{\sqrt{3}}=\frac{380}{\sqrt{3}}=220\ (\text{V}),\quad I_{ph}=\frac{U_{ph}}{\sqrt{R^2+X_1^2}}=\frac{220}{5}=44\ (\text{A})$$

（2）电动机的功率因数

$$\cos\varphi=\frac{R}{Z}=\frac{4}{5}=0.8$$

（3）电动机消耗的有功功率

$$P=\sqrt{3}\,U_{li}I_{li}\cos\varphi$$
$$=\sqrt{3}\times380\times44\times0.8$$
$$=23\ (\text{kW})$$

电动机消耗的无功功率

$$Q=\sqrt{3}\,U_{li}I_{li}\sin\varphi$$
$$=\sqrt{3}\times380\times44\times0.6$$
$$=17.4\,(\text{kvar})$$

Je2D4080 一台三相异步电动机，f_N=50Hz，n_N=1450r/min，求该电动机有几对磁极？

解：根据异步电动机原理必有：$n_N<n_1$
即

$$n_N<n_1 \text{ 且 } n_1=\frac{60f_N}{p}$$

$$n_N<\frac{60f_N}{p}$$

所以

$$p<\frac{60f_N}{n_N}=\frac{3000}{1450}=2.07$$

答：取磁极对数为整数，p=2。

Je2D4081 有两台容量 S=2500kVA，短路电压 U_K=5%，变比为 15.75/6kV 的变压器并列运行，第一台接线组别为 Yy0，第二台接线组别为 Yd11，求变压器二次侧额定电流及环流。

解：变压器的二次额定电流

$$I_{N2}=\frac{2500}{\sqrt{3}\times6}=240.6\,(\text{A})$$

电压差

$$\Delta U_2=2U_{N2}\sin\frac{30°}{2}=0.52\times6=3.12\,(\text{kV})$$

变压器短路阻抗的有名值

$$Z_K=Z_K^*\times\frac{\sqrt{3}\times U_{N2}^2}{S}=\frac{5\times\sqrt{3}\times36}{2500}=0.001\,25\,(\text{k}\Omega)$$

两变压器的二次侧环流

$$I_C=\frac{\Delta U_2}{2Z_K}=\frac{3.12}{2\times 0.001\,25}=1248\ (\text{A})$$

$$\frac{I_C}{I_{N2}}=\frac{1248}{240.6}=5.2$$

答：变压器二次侧额定电流为 240.6A，二次侧环流达 1248A，可见接线组别不相同的变压器绝对不能并列。

Je2D4082　某水电厂 3 月发电量 $W=24\,034.3$ 万 kWh，平均水头 $H=109.42$m，共耗水 $V=9.698$ 亿 m^3。计算：（1）3 月综合效益系数 K；（2）3 月发电每千瓦时耗水率 λ。

解：月平均流量

$$Q=\frac{9.698\times 10^8}{31\times 24\times 3600}=362.08\ (\text{m}^3/\text{s})$$

综合效益系数

$$K=\frac{W}{T\,(\text{月小时数})\times H\times Q}=\frac{24\,034.3\times 10^4}{744\times 109.42\times 362.08}=8.15$$

每千瓦时耗水率

$$\lambda=\frac{V}{W}=\frac{9.698\times 10^8}{24\,034.3\times 10^4}$$
$$=4.035\ (\text{m}^3/\text{kWh})$$

答：（1）综合效益系数为 8.15；（2）耗水率为 4.035m^3/(kWh)。

Je2D4083　甲乙两机并列运行，甲机 $e_{P1}=3\%$，乙机 $e_{P2}=5\%$，当系统负荷变化 50MW 时，问甲乙两机各增加多少兆瓦？

解：已知：　　　$e_{P1}=3\%$，$e_{P2}=5\%$

根据机组按调差率反比例分配负荷的原则有

$$\frac{e_{P1}}{e_{P2}}=\frac{\Delta N_{P2}}{\Delta N_{P1}}=\frac{3\%}{5\%}=\frac{3}{5}$$

$$\Delta N_{P1} = \frac{3}{5} N_{P2} = \frac{5}{3}(50 - \Delta N_{P1})$$

$$\Delta N_{P1} = 31.25 \text{（MW）}$$

$$\Delta N_{P2} = 50 - 31.25 = 18.75 \text{（MW）}$$

答：甲机增加 31.25MW，乙机增加 18.75MW。

Je2D4084 有两台 100kVA 的变压器并列运行，第一台变压器的短路电压为 4%，第二台变压器的短路电压为 5%，当总负荷为 200kVA 时，若两台变压器并联运行，求负荷分配情况。

解：已知：$S = 200\text{kVA}$，$S_{1N} = S_{2N} = 100\text{kVA}$

$$U_{K1}\% = 4\%，U_{K2}\% = 5\%$$

则第一台变压器所带负荷为

$$S_1 = \frac{S}{\dfrac{S_{1N}}{U_{K1}} + \dfrac{S_{2N}}{U_{K2}}} \times \frac{S_{1N}}{U_{K1}}$$

$$= \frac{200}{\dfrac{100}{4} + \dfrac{100}{5}} \times \frac{100}{4}$$

$$= 111.11 \text{（kVA）}$$

第二台变压器所带负荷为

$$S_2 = S - S_1 = 200 - 111.11 = 88.89 \text{（kVA）}$$

答：第一台变压器的负荷为 111.11kVA，已经过负荷，第二台变压器的负荷为 88.89kVA。

Je2D4085 计算图 D-35 中 $\text{d}^{(3)}$ 点三相短路回路总电抗的标幺值，短路电流的有名值。（参数 T_3 同 T_4，1G 同 2G）

解：首先选取基准值，选 $S_j = 100\text{MVA}$，$U_j = U_p$（各段平均电压），计算各个元件的标幺值

$$X_1^* = X_2^* = 0.125 \times 100/15 = 0.83$$

$$X_3^* = X_4^* = 7.5\% \times 100/7.5 = 1$$

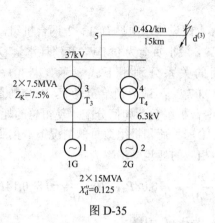

图 D-35

$$X_5^* = 0.4 \times 15 \times 100/37^2 = 0.44$$

其等值电路如图 D-36

$$\Sigma X^* = 0.83/2 + 1/2 + 0.44 = 1.4$$

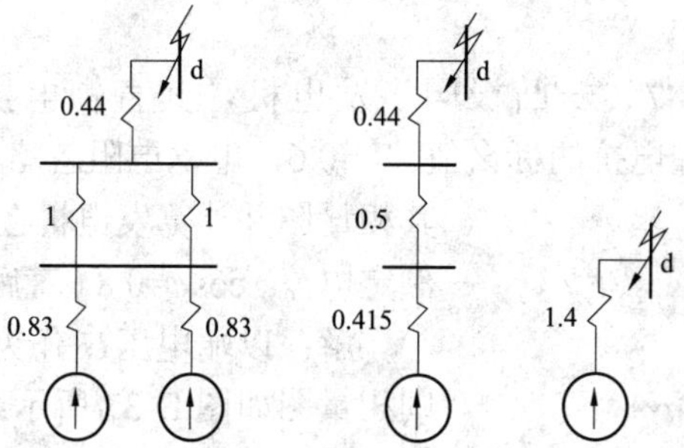

图 D-36

$$I_{K*} = \frac{1}{\Sigma X^*} = \frac{1}{1.4} = 0.71$$

$$I_K = I_{K*} \times I_j = 0.71 \times \frac{100\,000}{\sqrt{3} \times 37} = 1108 \; (A)$$

答：该点三相短路回路总电抗的标幺值是 0.71，短路电流的有名值是 1108A。

Je2D5086 假设一水电厂有 1、2 两台机组，额定有功功率均为 250MW，最小负荷为 0MW，其消耗水量 Q 与发出有功功率 P 之间的关系分别用下式表示 $Q_1=30+P_1+0.04P_1^2$，$Q_2=40+0.8P_2+0.07P_2^2$，试求当给定功率 P 分别是 100MW、400MW 时，两台机组负荷如何分配，使得总的耗水量最小？

解答： 在给定负荷和机组数目的情况下，按照等耗量微增率分配负荷，相应的耗量微增率为

$$\lambda_1=\frac{dQ_1}{dP_1}=1+0.08P_1，\quad \lambda_2=\frac{dQ_2}{dP_2}=0.8+0.14P_2$$

且 $\lambda_1=\lambda_2$ $P=P_1+P_2=100$

联立以上四个方程，可得：$P_1=62.7$（MW）

$$P_2=37.3（MW）$$

同理，当 $P=400MW$，求得 $P_1=253.6MW$，超出额定功率，故取 $P_1=250MW$，$P_2=150MW$。

Je2D5087 一凸极同步发电机，其直轴电抗的标幺值 $X_d^*=1$，交轴电抗的标幺值 $X_q^*=0.6$，电枢电阻忽略不计，画出其相量图并计算发电机在额定电压、额定电流、$\cos\varphi=0.8$（滞后）时的 E_0^*。

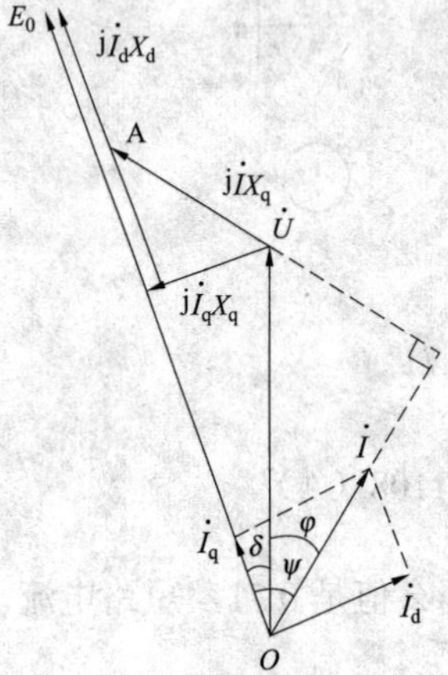

解： 以端电压 $\dot{U}$ 作为参考方向，则相量图如图 D-37 所示：

图 D-37

$$\arccos 0.8=39.6°$$

$$\dot{U}^*=1\angle 0°，\quad \dot{I}^*=1\angle -36.9°$$

电势 $\dot{E}_{0A}^*=\dot{U}^*+j\dot{I}^*X_q$

$$=1+j0.6\angle -36.9°$$

$$=1.44\angle 19.4°$$

即 $\delta=19.4°$，于是 $\Psi=\delta+\varphi=19.4°+39.6°=56.3°$

电枢电流的直轴和交轴分量为

$$I_d^* = I^* \sin \Psi = 0.832$$

$$I_q^* = I^* \cos \Psi = 0.555$$

$$E_0^* = \dot{E}_{0A}^* + I_d^* (X_d^* - X_q^*)$$

$$= 1.44 + 0.832 \times (1 - 0.6) = 1.77$$

即 $E_0^* = 1.77 \angle 19.4°$

答：该条件下 E_0^* 为 $1.77 \angle 19.4°$。

Je1D2088 假设一水电厂有 1、2 两台机组，额定有功功率均为 300MW，最小负荷为 0，其消耗水量 Q 与发出有功功率 P 之间的关系分别用下式表示 $Q_1 = 30 + P_1 + 0.05 P_1^2$，$Q_2 = 40 + 0.8 P_2 + 0.08 P_2^2$，试求当给定功率 P 分别是 200MW、500MW 时，两台机组负荷如何分配，使得总的耗水量最小？

解：在给定负荷和机组数目的情况下，按照等耗量微增率分配负荷，相应的耗量微增率为

$$\lambda_1 = \frac{dQ_1}{dP_1} = 1 + 0.1 P_1, \quad \lambda_2 = \frac{dQ_2}{dP_2} = 0.8 + 0.16 P_2$$

且 $\lambda_1 = \lambda_2$，$P = P_1 + P_2 = 200$

联立以上四个方程，可得

$$P_1 = 122.3 \text{（MW）}$$

$$P_2 = 77.7 \text{（MW）}$$

同理，当 $P = 500MW$，求得 $P_1 = 306.9MW$，超出额定功率，故取 $P_1 = 300MW$，$P_2 = 200MW$。

答：当 $P = 200MW$ 时，应按 $P_1 = 122.3MW$，$P_2 = 77.7MW$ 分配负荷；当 $P = 500MW$ 时，应按 $P_1 = 300MW$，$P_2 = 200MW$ 分配负荷。

Je1D2089 有一微安表，最大量程为 $100\mu A$，内阻 $R_0 = 1k\Omega$，如果改为最大量程 10mA 的表，必须并联一只多大的分流电阻

R_F？

解：根据题意画出电路图 D-38：已知 I=10mA，I_0=100μA，R_0=1kΩ

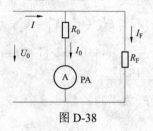

图 D-38

流过 R_F 的电流

$$I_F=I-I_0$$
$$=10-100\times10^{-3}$$
$$=9.9（mA）$$

微安表端电压

$$U_0=I_0R_0=100\times10^{-6}\times10^3$$
$$=0.1（V）$$

R_F 两端电压

$$U_F=U_0$$
$$R_F=U_F/I_F=U_0/I_F$$
$$=0.1/9.9\times10^{-3}=10.1（\Omega）$$

答：必须并联一只 10.1Ω 的分流电阻。

Je1D3090 一台发电机定子额定电流为 3570A，在运行过程中，经测量机端电压为 13.8kV，带有功功率 75MW，无功功率 60Mvar，问发电机定子电流是否超过额定值？

解：

$$S=\sqrt{P^2+Q^2}=\sqrt{75^2+60^2}=96（MVA）$$

$$\cos\varphi=P/S=75/96=0.78$$

又因为：$P=\sqrt{3}\,U_LI_L\cos\varphi$

定子电流

$$I = I_L = \frac{P}{\sqrt{3}U_L \cos\varphi} = \frac{75}{\sqrt{3}\times 13.8 \times 0.78}$$
$$= 4.023 \text{ （kA）}$$

答：已超过额定值。

Je1D3091　一电阻 $R=3\Omega$，与一感抗为 $X_L=4\Omega$ 的电感串联后，接到一交流回路中，若测出电流为 22A，求电源电压是多少伏？无功功率是多少？

解：
$$Z = \sqrt{R^2 + X_L^2} = 5 \text{ （}\Omega\text{）}$$
$$Z = U/I$$
$$U = IZ = 5 \times 22 = 110 \text{ （V）}$$
$$P = I^2 R = 22^2 \times 3 = 1.452 \text{ （kW）}$$
$$X_L/R = Q/P$$
$$Q = PX_L/R = 1.452 \times 4/3 = 1.936 \text{ （kvar）}$$

答：电源电压为 110V；无功功率是 1.936kvar。

Je1D4092　某对称三相正弦交流电路，连接方式为 Yd，如图 D-39，导线阻抗可忽略不计，已知负荷阻抗 $Z=38e^{j30°}\Omega$，$I_{AB}=10A$，试写出各相电流、线电流、电源端相电压的复数表达式。

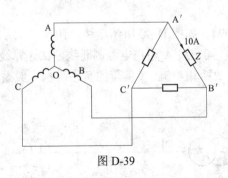

图 D-39

解答：负荷相电流
$$I_{A'B'}=10 \qquad I_{B'C'}=10e^{-j120°}\text{A}$$

$$I_{C'A'}=10e^{j120°}\,A$$

线电流

$$I_A=17.3e^{-j30°}A,\ I_B=17.3e^{-j150°}A$$
$$I_C=17.3e^{j90°}A$$

线电压

$$U_{AB}=I_{A'B'}Z=380e^{j30°}\ （V），\ U_{BC}=380e^{-j90°}\ （V）$$
$$U_{CA}=380e^{j150°}\ （V）$$

电源端相电压

$$U_A=220\ （V），\ U_B=220e^{-j120°}\ （V），\ U_C=220e^{j120°}\ （V）$$

Je1D4093 某变压器采用强迫油循环运行，绕组最热温度 T_1 为 95℃，年平均气温 $T_2=20℃$，绕组平均温度为 90℃，问绕组平均温升极限 T_{max} 为多少？

解： 已知 $T_1=95℃$　$T_2=20℃$

则绕组温差

$$T_3=95-90=5\ （℃）$$
$$T_{max}=T_1-T_2-T_3=95-20-(95-90)$$
$$=95-20-5=70\ （℃）$$

答： 绕组平均温升极限为 70℃。

Je1D5094 如图 D-40 所示电路，10.5kV 母线送出负荷电流为 1.5kA，架空线 A 相在电源侧断线，试计算线路电流的三序分量及非故障相电流。（负荷的负序阻抗一般是正序阻抗的 0.35 倍）

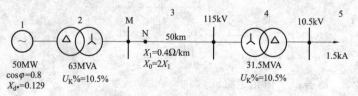

图 D-40

解答： 用标幺值计算，选 S_j=50/0.8MVA，U_j=U_p（各段平均电压）

如图 D-41 所示负载网络中

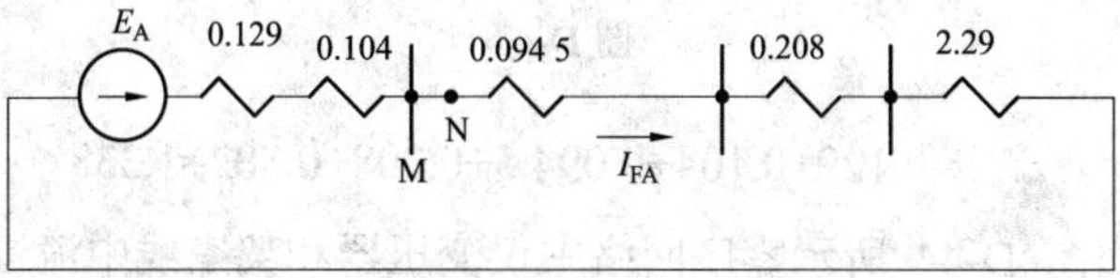

图 D-41

$$X_1^* = 0.129$$

$$X_2^* = 10.5\% \times \frac{50}{63 \times 0.8} = 0.104$$

$$X_3^* = 0.4 \times 50 \times \frac{50}{115 \times 115 \times 0.8} = 0.094\,5$$

$$X_4^* = 10.5\% \times \frac{50}{115 \times 0.8} = 0.208$$

$$Z_5^* = \frac{10.5}{1.5 \times \sqrt{3}} \times \frac{50}{10.5 \times 10.5 \times 0.8} = 2.29 \approx X_5^*$$

$$\Sigma X_1^* = 0.129 + 0.104 + 0.094\,5 + 0.208 + 2.29 = 2.826$$

如图 D-42 所示正序网络中正序网络各元件电抗与负荷网络相同。

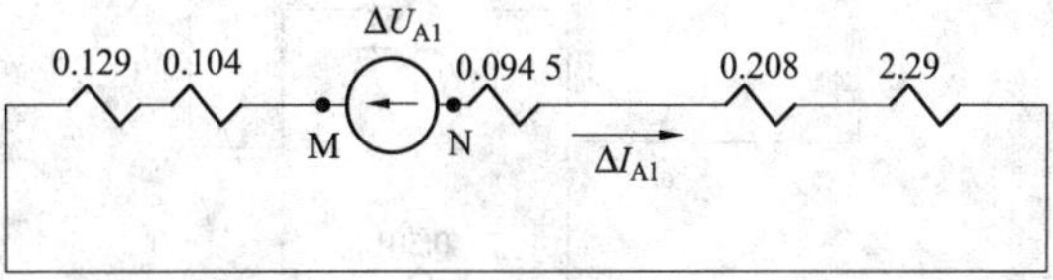

图 D-42

如图 D-43 所示负序网络中负序网络各元件电抗，除负荷外等于正序电抗，负荷的负序阻抗一般是正序阻抗的 0.35 倍，所以负序网络中

$$X_6^* \approx Z_6^* = 0.35 \times 2.29 = 0.802$$

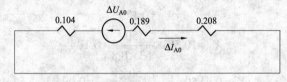

图 D-43

$$\Sigma X_2^* = 0.129 + 0.104 + 0.094\ 5 + 0.208 + 0.802 = 1.338$$

如图 D-44 所示零序网络中仅变压器和架空线中流过零序电流

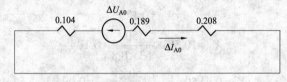

图 D-44

$$X_7^* = 2 \times 0.094\ 5 = 0.189$$

$$\Sigma X_0^* = 0.104 + 0.189 + 0.208 = 0.501$$

如图 D-45 所示复合序网中，求出特殊相三序电流

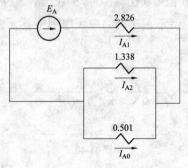

图 D-45

$$I_{A1}^* = \frac{j1}{J\left(2.826 + \dfrac{1.338 \times 0.501}{1.338 + 0.501}\right)} = 0.313$$

$$I_{A2}^{*}=-0.313\times\frac{0.501}{1.338+0.501}=-0.085\ 3$$

$$I_{A0}^{*}=-(0.313-0.085\ 3)=-0.227\ 7$$

则架空线上的三序电流分量为

$$I_{x1}=0.313\times\frac{50}{115\times0.8\times\sqrt{3}}=0.098\ 3（kA）$$

$$I_{x2}=0.085\ 3\times\frac{50}{115\times0.8\times\sqrt{3}}=0.026\ 8（kA）$$

$$I_{x0}=0.227\ 7\times\frac{50}{115\times0.8\times\sqrt{3}}=0.071\ 5（kA）$$

非故障相电流

$$I_{B}=0.098\ 3e^{-j120}-0.026\ 8e^{j120}-0.071\ 5=0.152（kA）$$

$$I_{C}=0.098\ 3e^{j120}-0.026\ 8e^{-j120}-0.071\ 5=0.152（kA）$$

Jf5D1095　有一 1000W 的电炉，在 220V 额定电压下使用，通过它的额定电流是多少？如果平均每天使用 2h，问一个月（30 天）消耗多少电？

解：　$I=\dfrac{P}{U}=\dfrac{1000}{220}\approx4.55（A）$

每月使用时间　$t=30\times2=60（h）$，则

$$W=Pt=1\times60=60（kWh）$$

答：额定电流是 4.55A，一个月消耗 60kWh 的电能。

Jf5D2096　有一三相异步电动机 Y 接线，在额定负荷下运行，等效电阻为 8Ω，等效电抗为 6Ω，试求该电动机电流和功率因数（$U_e=380V$）。

解：每相 $Z=\sqrt{8^2+6^2}=10（\Omega）$

$$I=U/Z=380/(1.732\times10)=22（A）$$

$$\cos\varphi=R/Z=8/10=0.8$$

答：该电机电流为 22A，功率因数为 0.8。

Jf4D2097 一直流发电机有四极，31 槽，每槽中有 12 个导体，转速为 1450r/min，电枢绕组有 2 条支路并联，当电枢绕组的感应电势为 115V 时，每极磁通应为多少？各导体中感应电势的频率为多少？

解：已知：极数 $2p=4$，并联支路数：$2a=2$

导体数：$N=31×12=372$

$$E_a = \frac{p}{a} N \frac{n}{60} \Phi = \frac{2}{1} × 372 × \frac{1450}{60} \Phi = 115$$

故

$$\Phi = \frac{60×115}{2×372×1450} = 0.006\ 4\ （Wb）$$

$$f = \frac{pn}{60} = \frac{2×1450}{60} = 48.3\ （Hz）$$

答：每极磁通为 0.006 4Wb，导体中感应电势的频率为 48.3Hz。

Jf4D3098 一直流发电机的额定容量为 10kW，$U_N=230V$，$n_N=1000r/min$，$\eta_N=80\%$，求额定输入功率及额定电流。

解：额定输入功率：$P_1 = \frac{P_N}{\eta_N} = \frac{10}{0.8} = 12.5\ （kW）$

额定电流：$I_N = \frac{P_N}{U_N} = 43.5\ （A）$

答：额定输入功率为 12.5kW，额定电流为 43.5A。

Jf3D2099 一台 JU₂-72-2 型三相异步电动机，铭牌数据：$P_N=30kW$，$U_N=380V$，$I_N=56A$，$\cos\varphi=0.9$，求在额定工况运行时，电动机本身消耗的功率及效率。

解：设输入功率为 P_1，则

$$P_1 = 3\sqrt{3}U_N I_N \cos\varphi = \sqrt{3} × 380 × 56 × 0.9 = 33.2\ （kW）$$

$$\Sigma P = P_1 - P_N = 33.2 - 30 = 3.2\ （kW）$$

$$\eta_N = \frac{P_N}{P_1} \times 100\% = \frac{30}{33.2} \times 100\% = 90\%$$

答：电动机本身消耗的功率 ΣP 为 3.2kW，电动机的效率为 90%。

Jf3D3100 有一组测量值为：9，6，8，5，8，6，请计算算术平均 $\overline{X}$，中位数 M，极差 R，样本方差 S。

解：
$$\overline{X} = \frac{9+6+8+5+8+6}{6} = 7$$

$$M = \frac{8+6}{2} = \frac{14}{2} = 7$$

$$R = 9 - 5 = 4$$

$$S^2 = \frac{\sum(X-\overline{X})^2}{n-1}$$

$$= \frac{(9-7)^2 + (6-7)^2 + (8-7)^2 + (5-7)^2 + (8-7)^2 + (6-7)^2}{6-1}$$

$$= \frac{4+1+1+4+1+1}{5} = 2.4$$

答：$\overline{X}$，M，R，S 分别为 7，7，4，1.55。

Jf3D3101 沿一波阻抗 $Z=450\Omega$ 的架空线路，有一过电压波 500kV 运动，求电流波的幅值。

解答：$I = \dfrac{U}{Z} = \dfrac{500}{450} = 1.11$（kA）

Jf2D3102 一台凸极同步发电机，$U_N=400$V，Y 接法，每相电势 $E_0=370$V，$x_d=3.5\Omega$，$x_q=2.4\Omega$，该机与电网并联运行，若已知功角 $\theta_N=24°$，不计电枢电阻，试求：（1）发电机输出有功功率；（2）功率极限值；（3）过负荷能力。

解答：（1）输出有功功率

$$P_{de} = m\frac{E_0 U_相}{x_d}\sin\theta + \frac{mU_相^2}{2}\left(\frac{1}{x_q} - \frac{1}{x_d}\right)\sin 2\theta$$

$$= \frac{3\times 370\times 230}{3.5}\times\sin 24° + \frac{3\times 230^2}{2}\times\frac{3.5-2.4}{3.5\times 2.4}\times\sin 48°$$

$$= 37.4 \text{ (kV)}$$

（2）功率极限值

$$\frac{dP_{dc}}{d\theta} = m\frac{E_0 U}{x_d}\cos\theta + mU^2\left(\frac{1}{x_q} - \frac{1}{x_d}\right)\cos 2\theta$$

$$= \frac{3\times 370\times 230}{3.5}\times\cos\theta + \frac{3\times 230^2\times(3.5-2.4)}{3.5\times 2.4}\times(2\cos^2\theta - 1)$$

令：$\dfrac{dP_{dc}}{d\theta}=0$，则：$\cos\theta=0.25$

$$\theta=75°30'$$

$$P_{max} = \frac{E_0 U}{x_d}\sin 75°30' + \frac{mU^2}{2}\left(\frac{1}{x_q} - \frac{1}{x_d}\right)\sin 2\theta = 80.7 \text{ (kW)}$$

（3）过负荷能力

$$K_m = \frac{P_{max}}{P_{dcN}} = \frac{80.7}{37.4} = 2.16$$

Jf2D5103 一台三相变压器，额定容量是 300kVA 电压是 10/0.4kV，接线组别是 Yyn0，问相电流是多少？若改为 Dd12 接线，问相电流又是多少？

解：当接线为 Y，yn12 时，

$I_L=I_{ph}=S/\sqrt{3}\,U_L=300\times 10^3/(\sqrt{3}\times 10\times 10^3)=17.32$（A）

当接线为 D，d12 时，

$$I_L=S/(\sqrt{3}\,U_L)$$

$I_{ph}=I_L/\sqrt{3}=S/3U_L=300\times 10^3/(3\times 10\times 10^3)=10$（A）

答：当为 Yyn0 接线时，相电流为 17.32A；当为 Dd12 接线时，为 10A。

Jf1D3104 某水轮发电机，三相，极数 $2p=48$，定子槽数 $Z=360$，试求极距 τ，槽距角 a 和每极每相槽数 q。

解答：$\tau = \dfrac{Z}{2p} = \dfrac{360}{48} = \dfrac{15}{2}$（槽）

$$a = \frac{p \times 360°}{Z} = \frac{24 \times 360°}{360} = 24°$$

$$q = \frac{Z}{2pm} = \frac{360}{2 \times 24 \times 3} = \frac{5}{2} \text{（槽）}$$

Jf1D3105 某励磁装置采用三个 TA 测量三相全控桥整流柜阳极电流的方式，间接测量励磁直流电流，已知 TA 变比 K 为 2000/5，请问额定励磁电流为 1650A 时，TA 二次侧的电流 I_2 是多少？

解：三相全控桥接发电机转子负荷，则阳极交流电流 I_y 和励磁电流 I_d 的关系为

$$I_y = 0.817I_d = 0.817 \times 1650 = 1348 \text{（A）}$$

又知 TA 变比为 2000/5，则 TA 二次侧的电流为

$$I_2 = I_y/K = (1348 \times 5)/2000 = 3.37 \text{（A）}$$

答：TA 二次侧的电流为 3.37A。

Jf1D4106 双回路线路送电时，以下列电路图 D-46 为模型，分别计算由发电厂 A 端和变电所 B 端向线路充电时，线路 K 点三相短路时的母线 A 残压。并说明双回路线路送电时，由

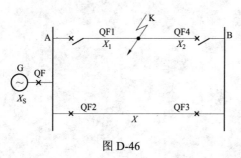

图 D-46

哪一侧充电为好？（其中发电机次暂态电抗为 X_S，线路电抗为 X，另一回由故障点 K 分为 X_1 和 X_2，且 $X_1+X_2=8$）

解： 先画出两种情况的等值阻抗如图 D-47。

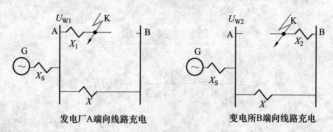

发电厂A端向线路充电　　　　　变电所B端向线路充电

图 D-47

$$U_{W1}=U\frac{X_1}{X_1+X_S}$$

$$U_{W2}=U\frac{X_2+X}{X_2+X+X_S}$$

显然，$U_{W1}<U_{W2}$，从变电所向线路充电时，系统阻抗大，短路电流小，母线残压高，对非故障相影响小，当保护拒动时，停电范围小，所以双回路线路送电时，一般由变电所向线路充电。

4.1.5 绘图题

La5E1001 画出悬浮在水中物体的受力图。

答：答案示于图 E-1。

La5E2002 画出漂浮在水面上物体的受力图。

答：答案示于图 E-2。

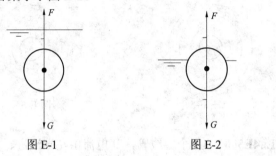

图 E-1   图 E-2

La5E2003 画出一个带正电的小球体周围电力线的分布情况。

答：答案示于图 E-3。

La5E3004 画出一个带负电的小球体周围电力线的分布情况。

答：答案示于图 E-4。

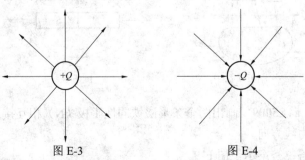

图 E-3   图 E-4

La4E1005 一个载流直导体,当电流为垂直纸面向里的方向时,试画出其周围磁力线的方向。

答:答案示于图 E-5。

La4E2006 一个载流直导体,当电流为垂直纸面向外的方向时,试画出其周围磁力线的方向。

答:答案示于图 E-6。

图 E-5　　　　　　　　　　图 E-6

La4E3007 一个螺线管,其电流由左端流进、右端流出,按照如图所示的导线绕向,画出其磁力线的方向。

答:答案示于图 E-7。

La4E4008 画出一个条形磁铁的磁力线的方向。

答:答案示于图 E-8。

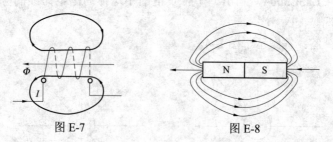

图 E-7　　　　　　　　　　图 E-8

La4E5009 画出两个条形磁铁同性磁极(N)相互接近时的磁力线方向。

答:答案示于图 E-9。

Lb5E1010 画出由两个电阻构成的简单串联电路图。

答：答案如图 E-10 所示。

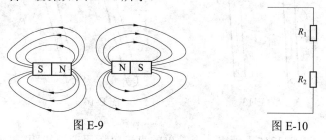

图 E-9

图 E-10

Lb5E2011 画出由两个电阻构成的简单并联电路图。

答：答案如图 E-11 所示。

Lb5E2012 画出两个带正电的小球体相互靠近时，它们周围电力线的分布情况。

答：答案示于图 E-12。

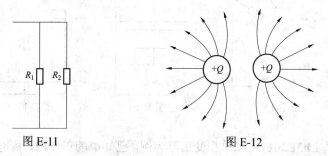

图 E-11

图 E-12

Lb4E1013 画出两根平行直导线，当同一方向流过电流时，导线受力的方向。

答：答案示于图 E-13。

Lb4E2014 画出两根平行直导线，当相反方向流过电流时，导线受力的方向。

答：答案示于图 E-14。

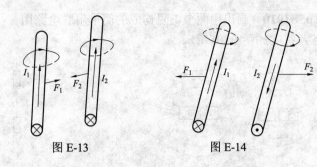

图 E-13　　　　　　　图 E-14

Lb4E3015　画出一个简单的直流电桥原理接线图。

答：答案如图 E-15 所示。

Lb4E4016　根据图 E-16，画出左视图。

答：根据主俯视图，答案如图 E-17。

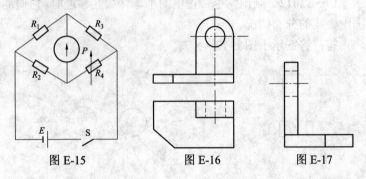

图 E-15　　　　　　图 E-16　　　　　　图 E-17

Lb3E2017　以单相变压器为例，已知 **Φ** 的正方向，按电动机学习惯标出图 E-18 中 u_1，i_1，e_1，u_2，i_2，e_2 的正方向。

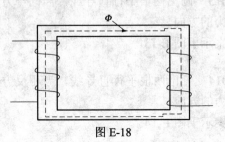

图 E-18

答：答案示于图 E-19。

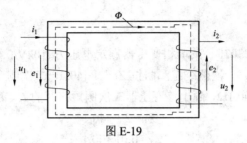

图 E-19

Lb3E2018 画出电阻、电容（C）串联后再与电感（L）并联的交流电路及相量图（$L=C$）。

答：答案示于图 E-20。

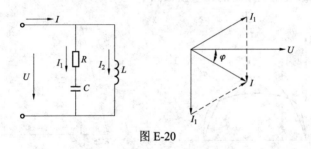

图 E-20

Lb3E3019 空负荷变压器中，忽略铁损，如图 E-21，已知 $\Phi-i$ 曲线和 $i-\omega t$ 曲线，求 $\Phi-\omega t$ 草图。草图画在 $i-\omega t$ 曲线中。

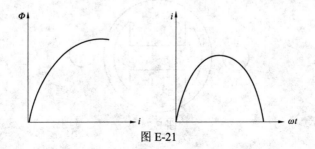

图 E-21

答：答案示于图 E-22。由于铁芯饱和，$\Phi - \omega t$ 曲线呈平顶形。

Lb3E3020 某单相变压器额定电压为 10kV/0.4kV，忽略励磁电流，一次侧绕组漏阻抗 $Z_1 = 2 + j40\Omega$，二次侧绕组漏阻抗 $Z_2 = 0.01 + j0.1\Omega$，画出该变压器二次侧短路时的 I_K、U_K 相量图。

解：
$$Z_1 = 2 + j40$$
$$Z_2 = 0.01 + j0.1$$

将 Z_2 折算到一次侧 $\quad Z_2' = (10/0.4)^2 \times (0.01 + j0.1)$
$$= 6.25 + j62.5$$
$$Z_K = Z_1 + Z_2' = 8.25 + j102.5$$

画出二次侧短路时的相量图如图 E-23 所示。

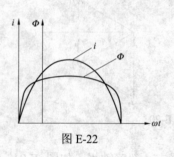

图 E-22

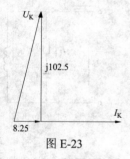

图 E-23

Lb3E4021 如图 E-24 所示，磁铁顺时针方向转动，标出导体中电动势的方向。

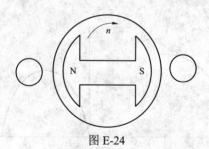

图 E-24

答：答案示于图 E-25。

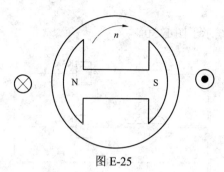

图 E-25

Lb2E2022 中性点不接地系统，画出当 A 相接地时的电压相量图。

答：正常运行时的相量图如图 E-26 所示。

当 A 相单相接地后，其电压相量图如图 E-27 虚线所示。

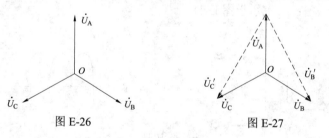

图 E-26   图 E-27

Lb2E3023 画出下面电路图 E-28 的电流相量图。

答：答案图示于图 E-29。

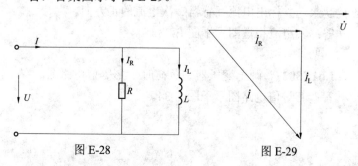

图 E-28   图 E-29

Lb2E4024 画出两相式（A 相、C 相）过流保护交流回路展开图。

答：答案示于图 E-30。

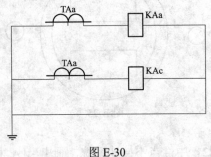

图 E-30

Lb2E4025 请画出单相桥整流电路线路图及带电阻负荷的输出电压波形图。

答：答案示于图 E-31。

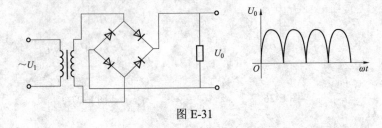

图 E-31

Lb1E3026 图 E-32 是零序电流滤过器，请和电流互感器连接起来，并标出电流互感器二次电流的正方向。

答：其电流相量图示于图 E-33。

Lb1E3027 画出变压器空负荷时 T 形等值电路图。

答：其等值电路图示于图 E-34。

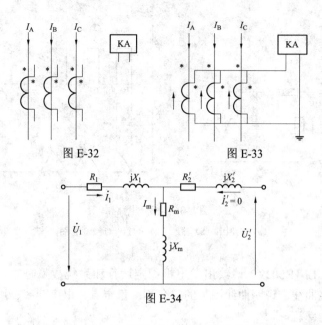

图 E-32　　　　　　　　　　　　　图 E-33

图 E-34

Lb1E4028　用一个电阻和一个电容分别组成一个微分电路、一个积分电路。分别绘出电路图和输入（方波）、输出波形图。

答：答案示于图 E-35 和图 E-36。

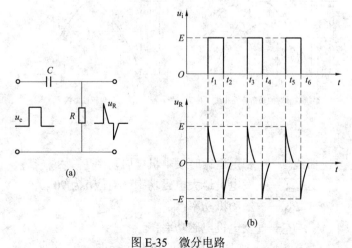

图 E-35　微分电路

（a）电路图；（b）输入（u_i）和输出（u_R）波形图

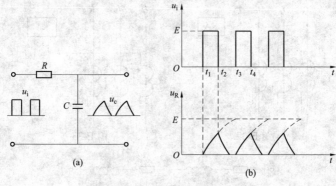

图 E-36　积分电路

（a）电路图；（b）输入（u_i）和输出（u_C）波形图

Lb1E5029　请绘出发电机稳定运行和系统故障时的功角特性曲线。说明曲线图上的各名称：稳定点、电磁功率、原动机功率。

答：答案示于图 E-37。

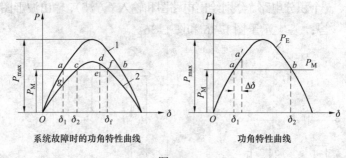

系统故障时的功角特性曲线　　　　功角特性曲线

图 E-37

说明：

曲线 1——稳定运行时发电机电磁功率 P_E；

P_{max}——发电机最大电磁功率（对应 δ 为 $90°$）；

P_M——原动机功率；

P_E——发电机电磁功率；

a 点——P_M 与 P_E 相交的稳定运行点；

b 点——P_M 与 P_E 相交的不稳定运行点；

δ_1——a 点对应的稳定运行功角；

δ_2——b 点对应的不稳定运行功角。

曲线 2——系统故障时发电机电磁功率 P_E；

g 点——故障瞬间 δ_1 角对应的电磁功率 P_E 交点；

因 $P_M > P_E$，发电机开始加速，$\delta \uparrow$；

c 点——P_M 开始小于 P_E 发电机开始减速点；

f 点——因减速面积少于加速面积，发电机不能回到

c 点，δ 继续增大，发电机失步。

Lc5E2030 画出平板电容器储存有电量时，平板中间的电力线分布图。

答：答案示于图 E-38。

Lc4E1031 画出三相交流电动机连接成三角形接线时出线盒的端子接线图。

答：答案示于图 E-39。

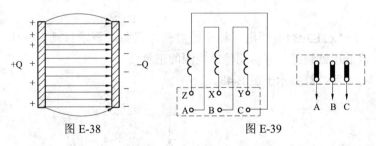

图 E-38　　　　　　　　　　　　图 E-39

Lc4E1032 画出三相交流电动机连接成星形接线时出线盒的端子接线图。

答：答案示于图 E-40。

Lc3E3033 一个硅二极管电路如图 E-41 所示，要接成单相桥式整流电路，并标明输入端、输出端和输出的正负极。

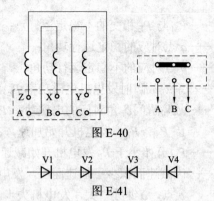

图 E-40

图 E-41

答：答案示于 E-42。

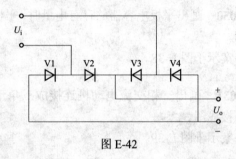

图 E-42

Lc2E3034　画出三相全波整流电路图（要求只画出变压器低压侧绕组，并标明输出电源的正负极）。

答：答案示于图 E-43。

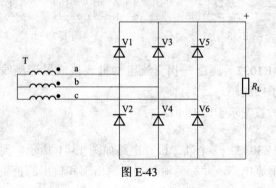

图 E-43

Jd5E1035 画出半波整流电路图，并标明输出电源的正、负极。

答：答案示于图 E-44。

Jd5E2036 补全图 E-45 的三视图。

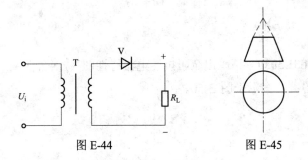

图 E-44 图 E-45

答：答案示于图 E-46。

Jd4E3037 画出直流系统平衡桥式绝缘监察装置原理图。

答：答案示于图 E-47。

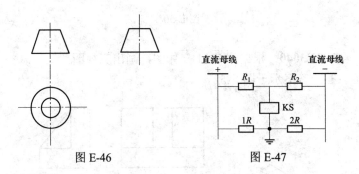

图 E-46 图 E-47

Jd3E2038 由图 E-48 的水轮机转轮叶片画出无撞击进口和法向出口的速度三角形（v_1 为进口的绝对速度）。

答：答案草图示于图 E-49。

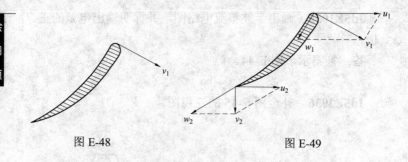

图 E-48   图 E-49

Jd3E3039 请画出全阻抗继电器特性图（Z′=Z″）。

答：答案示于图 E-50。

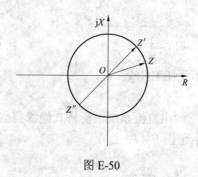

图 E-50

Jd2E3040 根据图 E-51 立体图，画出三视图。

答：答案示于图 E-52。

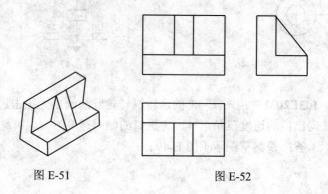

图 E-51   图 E-52

Jd1E4041 由图 E-53 立体图画出组合体的三视图。

答：答案示于图 E-54。

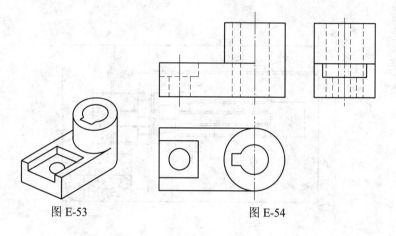

图 E-53   图 E-54

Jd1E5042 将图 E-55（a）的主视图改画成半剖视图。

答：答案示于图 E-55（b）。

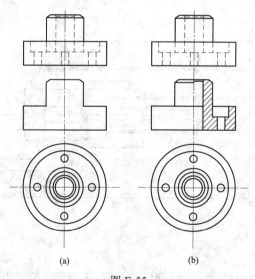

(a)   (b)

图 E-55

（a）原题；（b）答案

Je4E3043 图 E-56 是水轮发电机封闭式无风扇双路径向通风系统图。请在图中画出风向。

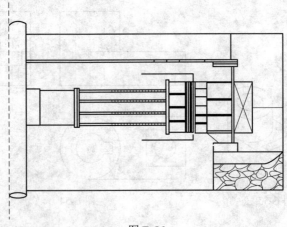

图 E-56

答: 答案示于图 E-57。

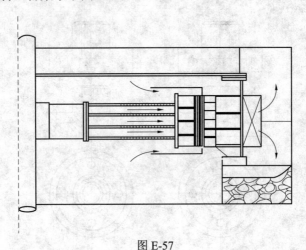

图 E-57

Je3E1044 某水电厂装设两段厂用母线，编写为"Ⅰ段厂用母线"和"Ⅱ段厂用母线"，两段母线分别用电缆供 1F 机旁盘和 2F 机旁盘，每一机旁盘有两路负荷。厂用母线间设厂联断路器。1F 和 2F 机旁盘母线用电缆连成互为备用接线。请画出厂用母线和机旁盘接线图（电缆和负荷保护可用熔断器或空气开关等）。

答： 其相量草图示于图 E-58。

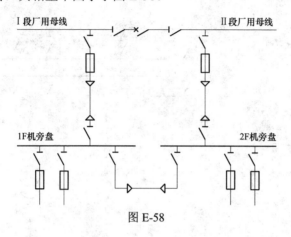

图 E-58

Je3E2045 空负荷变压器的电动势平衡方程式如下，画出其相量草图。

$$\dot{U}_1 = -\dot{E}_1 + j\dot{I}_0 r_1 + j\dot{I}_0 x_1$$

$\dot{I}_0$ 与 $\dot{\Phi}_m$ 夹角为 α。

答： 其相量草图示于图 E-59。

Je3E2046 画出双母线带旁路接线图。要求：进线（主变压器）一回和出线（送电线路）一回都带旁路。

答： 其草图示于图 E-60。

Je3E3047 某水电厂 110kV 系统采用单母带旁路接线方式，请画出主接线图，并在图上标明 110kV 母线和 110kV 旁路母线。设 110kV 系统有两台升压变压器，四回出线（升压变压器不设旁路闸刀）。

答：其草图示于图 E-61。

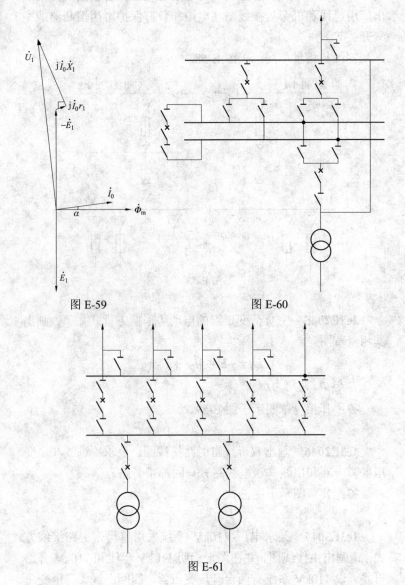

图 E-59   图 E-60

图 E-61

Je3E3048 画出 3/2 断路器的接线图。

答：其草图示于图 E-62。

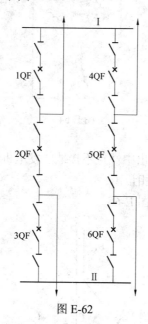

图 E-62

Je3E4049 画出使用三个电流互感器的几种接线。

答：答案示于图 E-63。

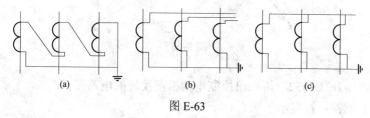

图 E-63

（a）三角形接线；（b）星形接线；（c）零序接线

Je3E4050 试将定子绕组为星形接线的三相异步电动机用于单相电源，如何接线。

答：答案示于图 E-64。

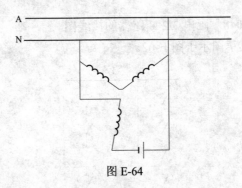

图 E-64

Je3E4051 画出中性点不接地的发电机定子（A 相）发生一点接地时的电压相量图。

答：答案示于图 E-65。

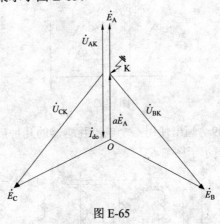

图 E-65

Je2E2052 请画出控制电动机正反转的电路图。

答：答案示于图 E-66。

Je2E2053 某水电厂分别用一台三圈升压自耦变压器和一台普通三圈升压变压器两种方式，向 110kV 和 35kV 两个电压等级地区负荷送电，请画出两种方式的主接线图。

答：答案示于图 E-67。

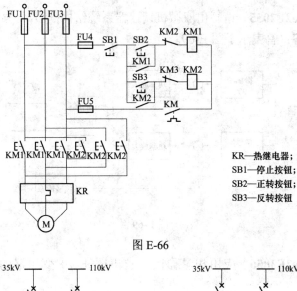

图 E-66

KR—热继电器；
SB1—停止按钮；
SB2—正转按钮；
SB3—反转按钮

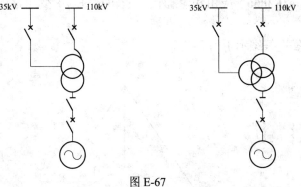

图 E-67

Je2E2054 请画出 PID 调节器控制系统框图。

答：答案示于图 E-68。

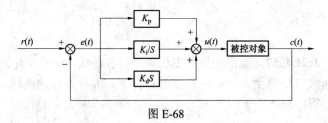

图 E-68

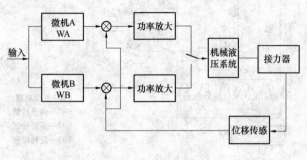

Je2E2055 请画出双微机调速器系统结构框图。

答：答案示于图 E-69。

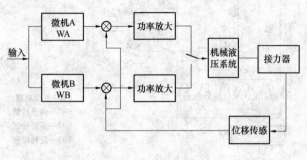

图 E-69

Je2E3056 应用相量作图，求出图 E-70 变压器的接线组别。

答：答案示于图 E-71。

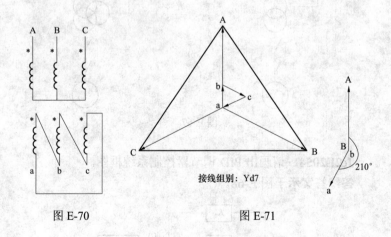

接线组别：Yd7

图 E-70　　　　　　　　图 E-71

Je2E4057 画出同步发电机调节特性曲线，$n=n_1$（n_1 额定转速），U =常数，$\cos\varphi$ =常数的条件下，$I_f = f(I)$ 的曲线。

答：答案示于图 E-72。

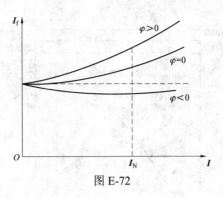

图 E-72

Je2E4058 画出同步发电机外特性曲线，$n = n_1$（n_1 额定转速），I_f = 常数，$\cos\varphi$ = 常数的条件下，$U = f(I)$ 的曲线。

答：答案示于图 E-73。

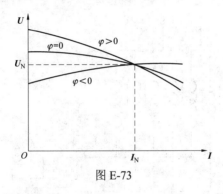

图 E-73

Je2E4059 画出水轮机效率与出力的关系及各项损失。

答：答案示于图 E-74。

Je1E3060 画出横差保护原理图。

答：答案示于图 E-75。

Je1E4061 画出三相变压器 Yy0 纵差保护原理图，并标出正常运行时的 TA 电流方向。

答：答案示于图 E-76。

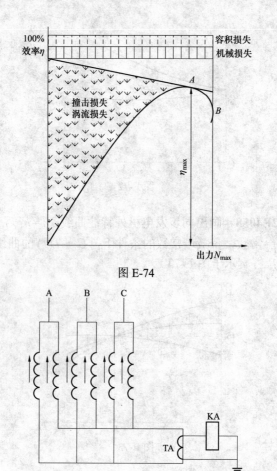

图 E-74

图 E-75

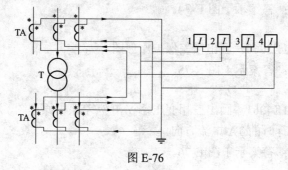

图 E-76

Je1E5062 根据下列变压器过电流保护原理图 E-77，画出直流展开图，并标注说明。

答：答案示于图 E-78（TA 可以画在任意一侧）。

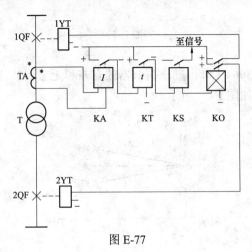

图 E-77

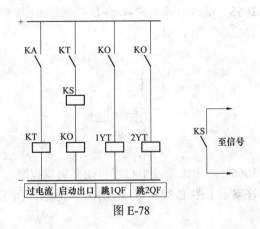

图 E-78

Jf5E2063 已知不在同一直线上的两个向量 $\vec{A}$ 和 $\vec{B}$，始端放在一起，用平行四边形法则画出向量相减 $\vec{A} - \vec{B}$ 。

答：答案示于图 E-79。

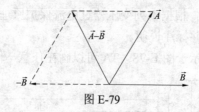

图 E-79

Jf5E3064 画出励磁调节器的有差和无差调节特性曲线。

答：如图 E-80 所示。

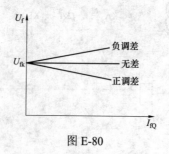

图 E-80

Jf4E2065 试画出满足 $F=(A+B)C$ 的逻辑图。

答：答案示于图 E-81。

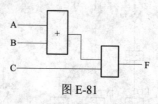

图 E-81

Jf3E3066 画出水轮发电机组自动开机流程图。

答：答案示于图 E-82（可按照本厂实际画，图 E-82 仅供参考）。

Jf3E3067 画出水轮发电机组技术供水图。

答：答案示于图 E-83（可按照本厂实际画，图 E-83 仅供参考）。

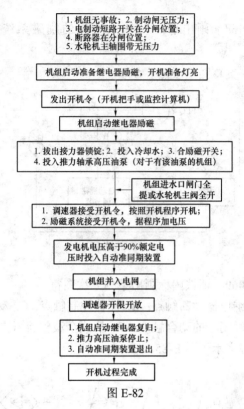

图 E-82

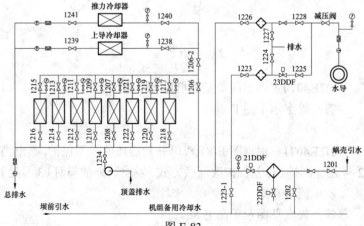

图 E-83

Jf3E4068 画出静止自并励方式的励磁系统主接线原理图。

答： 答案草图示于图 E-84。

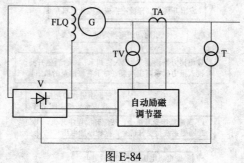

图 E-84

Jf2E3069 请按国标画出下列二次图符：

A. 热继电器动断触点；B. 流体控制触点；C. 动合按钮开关；D. 延时闭合的动合触点；E. 桥式全波整流器方框符号。

答： 答案示于图 E-85。

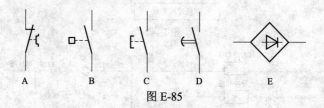

图 E-85

Jf2E4070 画出同步发电机原理示意图。

答： 答案示于图 E-86。

Jf2E4071 根据图 E-87 双母并列连接的母差保护，画出当 2 号元件倒排（母差保护改互联方式）发生区外故障时（3 号处）的二次电流分布图。

答： 答案草图示于图 E-88。

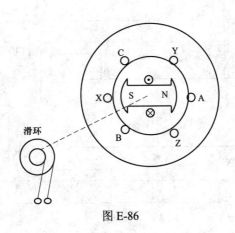

图 E-86

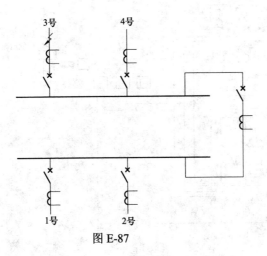

图 E-87

Jf2E4072 已知双绕组升压变压器为 Dyn11 接线，请画出三相差动原理接线图，标出电流互感器极性。

答：答案示于图 E-89。

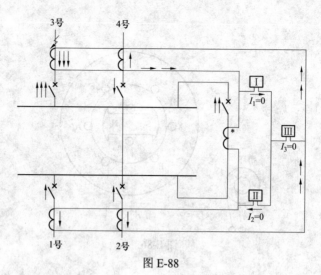

图 E-88

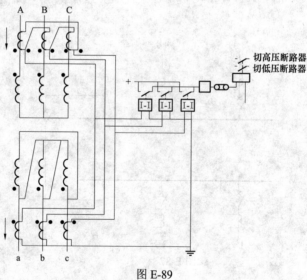

图 E-89

Jf1E3073 请画出一般晶体三极管输出特性曲线，并注明三个工作区域。

答：答案示于图 E-90。

Jf1E4074　请画出可逆式水轮机流量的全特征曲线（单位流量 Q_{11} 与单位转速 n_{11} 的关系）。

答：答案草图示于图 E-91。

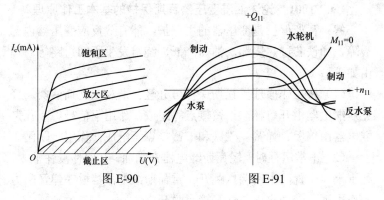

图 E-90　　　　　　　　　图 E-91

Jf1E5075　画出三相全控桥+A 相快熔熔断后的输出波形。

答：答案示于图 E-92。

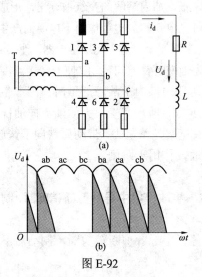

图 E-92

4.1.6　论述题

La5F1001　论述油浸变压器瓦斯保护的基本工作原理？

答：瓦斯保护是变压器的主保护，能有效反应变压器内部故障，如铁芯过热烧坏，油面降低，绕组发生匝间短路等。理由如下：

（1）按工作原理，瓦斯保护可分轻瓦斯和重瓦斯两类。轻瓦斯继电器由开口杯，干簧接点等组成，作用于信号。重瓦斯继电器由挡板、弹簧、磁铁和干簧接点等组成，作用于跳闸。

（2）正常运行时，轻瓦斯继电器充满油，开口杯浸在油内，处于上浮位置，干簧接点跳开。重瓦斯继电器挡板在弹簧阻力的作用下，带动磁铁与干簧接点脱开。

（3）当变压器内部轻微故障时，故障点因局部发热，引起附近的变压器油膨胀，油内溶解的空气被逐出，形成气泡上升，同时油和其他材料在电弧和放电等作用下电离而产生瓦斯。如故障轻微，排出的瓦斯缓慢上升进入瓦斯继电器，使其油面下降，开口杯产生的支点为轴逆时针方向转动，使干簧接点接通，发出信号。

（4）当变压器内部内部故障严重时，因产生强烈的瓦斯，使变压器内部压力突增，产生很大的油流向油枕方向冲击，并冲击挡板，挡板克服弹簧阻力，带动磁铁向干簧触点方向移动，使干簧接点接通，作用于跳闸。

La5F2002　事故停机中导叶剪断销剪断，制动后是否允许立即撤出制动，为什么？

答：事故停机中导叶剪断销剪断，制动后不允许立即撤出制动。理由如下：

（1）剪断销作为导叶传动机构安全装置，它的强度比导叶传动机构其他零件的强度要小，当导叶间有杂物卡住，接力器工作压力会增大很多，因此在接力器操作力矩的作用下使剪断销剪断而使被卡住的导叶脱离整个传动系统，使其余导叶仍能继续关闭，同时也保证了其余传动机构零件不致损坏。

（2）剪断销剪断后，对应的导叶失控，在水力的作用下可能没有关至 0 位，还有水流流过转轮，如果钢管有水压，唯有依靠制动保持机组停止，制动解除后，则机组就有转动可能。

（3）事故停机后的机组是不允许立即启动的，否则就有可能扩大事故。所以事故停机中导叶剪断销剪断后，应该检查制动正常投入，在未做好其他安全措施之前禁止立即撤出制动。

La5F3003　电力系统装设继电保护装置的意义？

答：电力生产与电网运行应当遵循安全、优质、经济的原则。电网运行应当连续、稳定，保证供电可靠性。继电保护装置是电力系统实现上述要求的物质基础。理由如下：

（1）继电保护装置就是能反映电力系统中各电气设备发生故障或不正常工作状态，并作用于断路器跳闸或发出信号的一种自动装置。

（2）继电保护装置能自动地、迅速地、有选择地借助断路器将故障设备从系统中切除，保证无故障设备迅速恢复正常运行，并使故障设备免于继续遭受破坏。

（3）继电保护装置能反应电气设备的不正常工作状态，并根据运行维护的条件发信号或切除故障，提醒运行人员将事故消灭在萌芽状态。

La4F1004　论述电力系统采用自动重合闸的意义？

答：采用自动重合闸能大大提高电力系统供电的可靠性和稳定性。理由如下：

由于输电线路的故障大多是瞬间性的，因此，在故障线路被断开以后，故障自行消失，采用自动重合闸装置将线路自动、迅速地重新合闸，就能够恢复正常供电。

La4F2005 从有利于维护的角度出发论述推广使用阀控式密封铅酸蓄电池的意义？

答： 阀控式密封铅酸蓄电池又叫免维护蓄电池，它可以大大减少维护量，降低维护成本。理由如下：

（1）阀控式密封铅酸蓄电池将蓄电池的极板和电解液密封起来，以防止液体的挥发；

（2）阀控式密封铅酸蓄电池采用智能型充电装置，根据蓄电池的端电压选择合理的充电状态，以减少蓄电池过充电和欠充电的机会；

（3）阀控式密封铅酸蓄电池采用智能型巡回监测装置，发现故障及时报警。

La3F3006 论述水轮发电机组抗空蚀的重要性？

答： 空蚀现象会对水轮发电机组安全经济运行造成严重危害，已经成为水轮发电机组设计和运行中必须考虑的重要因素。理由如下：

（1）空蚀主要是由于水轮机内部水流空化现象造成的，在汽泡的不断产生和凝结的过程中，水流紊乱，压力波动，高速度的水流质点，像锐利的刀尖一样，周期性地猛烈打击着叶片表面，并发生噪声与啸叫，轻度空蚀使水轮机过流部件浸蚀成麻点、粗糙不平，严重的浸蚀则使水轮机过流部件呈海绵状，甚至使转轮叶片穿孔、掉块。

（2）空蚀会造成水轮机过流部件遭到浸蚀破坏，恶化能量参数，特别当空蚀发展到破坏正常水流流动的程度时，使能量损失急剧增加，效率和出力大幅度跌降。

（3）水轮机在空蚀状态运行，特别是混流式水轮机，其过流部件会发生低频率大幅度的压力脉动，导致整个机组和水电站厂房危险的振动和烦恼的噪声。

（4）近代水轮机的发展趋势是不断提高转速以减小它的尺寸和成本，同时进一步提高单机容量，这些倾向都将增加空蚀的严重性，因此空蚀问题已经成为水轮发电机组发展的一个障碍。

La2F2007　论述发电机定子电压高于或低于额定值对发电机安全运行的影响？

答：发电机定子电压允许在额定值的±5%范围内长期运行，如超过这个范围，就会对发电机安全运行有不良影响。理由如下：

电压高于额定值时对发电机的影响有：

（1）在发电机容量不变时，如提高发电机电压，势必要增加励磁，使转子绕组和转子表面的温度升高。

（2）定子铁芯温度升高。

（3）定子的结构部件可能出现局部高温。

（4）对定子绕组绝缘产生威胁。

电压低于额定值时对发电机的影响有：

（1）降低运行的稳定性，即并列运行的稳定性和发电机电压调节的稳定性会降低。

（2）定子绕组温度可能升高。

La1F4008　可逆式水轮机与常规水轮机在水力性能上主要有哪些区别？

答：（1）可逆式转轮要能适应两个方向水流的要求，由于水泵工况的水流条件较难满足，故可逆转轮一般都做成和离心泵一样的形状，而与常规水轮机转轮的形状相差较多。

（2）由于水泵水轮机双向运行的特性，水泵工况和水轮机工况的最高效率区并不重合，在选择水泵水轮机的工作点时，一般先照顾水泵工况，因而水轮机工况就不能在最高效率点或其附近运行，在水力设计上，这种情况称为效率不匹配。

（3）由于可逆式转轮的特有形状，在高水头运行时很容易产生叶片脱流而引起压力脉动。水泵工况时水流出口对导叶及固定桨叶的撞击也会形成很大的压力脉动，在转轮和导叶之间的压力脉动要比常规水轮机高。总的看来，可逆式水泵水轮机的水力振动特性要略差于常规水轮机。

Lb5F1009 某厂水轮机转轮叶片裂纹，经处理消除后，尚须一段时间保温。该厂采用导线在叶片上绕成线圈，并通入交流电方法保温。请用涡流原理加以说明。

答： 涡流是电磁感应的一种特殊形式。该厂上述对水轮机叶片保温的方法正是利用了涡流原理。理由如下：

转轮叶片是由整块铁磁性材料制成的，可看成是由许多细丝组合而成的众多闭合回路。绕在叶片上的导线可看成一个线圈，叶片就是线圈中的铁芯。当线圈通入交流电，即产生随电流作周期变化的磁通，垂直穿过组成叶片的各个闭合回路，并在闭合回路中产生感应电势，在感应电势作用下，各个闭合回路形成了旋涡形电流，即涡电流，简称涡流。涡流在铁磁性叶片中流动，使叶片发热，形成一定温度，起到了保温作用。

Lb5F2010 论述水轮发电机出口短路对发电机的危害？

答： 水轮发电机出口短路的短路电流，可能达到额定电流的 10 多倍，对发电机安全稳定运行造成严重危害，理由如下：

（1）定子绕组端部受到很大的电动力，它包括定子绕组端部相互间的作用力、定子绕组端部与铁芯之间的作用力、定子绕组端部与转子绕组相互的作用力。这些相互作用力的合力使得定子绕组端部向外弯曲、变形、绑线绷断，受力最严重的地方是线棒的直线部分和渐开线部分的交界处。电动力的大小与电流的平方成正比。

（2）转子轴受到很大的电磁力矩的作用。这个电磁力矩有两种，一种是短路电流中使定子、转子绕组产生电阻损耗的有功分量所产生的阻力矩，它与转子转向相反，其性质与正常时送有功的力矩相同；另一种是突然短路过渡过程中出现的冲击交变力矩，它的大小和符号都随时间迅速变化。这两种力矩作用在电动机的转轴、机座及地脚螺栓上。

（3）定子绕组和转子绕组瞬间过热，导致定子绕组或转子绕组绝缘损坏，甚至烧毁。

Lb5F3011　论述发电机失磁对电力系统和发电机本身有的影响？

答： 发电机失磁对电力系统和发电机本身安全稳定运行都有严重危害，必须尽力避免这种情况的发生。理由如下：

对系统的主要影响有：

（1）发电机失磁后，不但不能向系统送出无功功率，而且还要从系统中吸取无功功率，造成系统电压下降。

（2）为了供给失磁发电机无功功率，可能造成系统中其他发电机过流。

对发电机本身影响有：

（1）失磁后，转子和定子磁场间出现了速度差，会在转子回路中感应出转差频率的电流，引起转子局部过热。

（2）发电机受交变的异步力矩的冲击而发生振动，转差率越大，振动就越厉害。

Lb4F1012　论述频率降低对发电机运行的影响？

答： 频率降低对发电机安全经济运行会带来不利影响，而且频率越低，影响越厉害。理由如下：

（1）引起发电机转速下降，使由转子旋转鼓进定子和转子的风量减少，其后果是使发电机冷却条件变坏，各部分温度升高。

（2）因发电机端电压与频率及磁通大小成正比关系，频率降低，必然要增大磁通才能保持端电压不变，这就要增加励磁电流，从而使转子线圈温度升高。否则，只有降低发电机出力。

（3）为保持端电压不变，增加磁通结果，会使定子铁芯饱和，磁通逸出，使机座的某些构件产生局部高温，有的部位有可能冒火星。

Lb4F2013 论述直流系统绝缘监察的必要性？

答：为了确保直流系统稳定运行，必须在直流系统中安装绝缘监察装置。理由如下：

（1）直流系统中发生一点接地并不会引起严重的后果，但不允许在一点接地的情况下长期运行，这是由于此时若发生另一点接地，可能造成信号装置、继电保护、控制电路的误动作或拒动作，并且可能造成直流系统短路，使直流负荷熔断器熔断，造成直流失电。

（2）必须装设直流系统的绝缘监察装置目的是为了及时发现直流系统的一点接地故障，提醒运行人员尽早处理，消除安全隐患。

Lb4F3014 为什么同步发电机的三相绕组，一般都接成Y而不接成△？

答：因为发电机每相产生的电动势并非是标准的正弦波，除了基波外还有许多高次谐波，其中较强的是三次谐波。在三相基波电动势相位差为 120° 时，三次谐波电动势恰好差 360°。在三相绕组中的三次谐波电动势是同相位，如果三相绕组接成Y，则线电压中没有三次谐波电压。若绕组接成△，因三次谐波是同相位的，将在△闭合回路里相加，引起三次谐波电流，增加损耗和发热。所以一般不接成△。采用Y接线不但可以避免三次谐波环流，而且可以获得比△接线高 $\sqrt{3}$ 倍的输出电压。

Lb4F3015 发电机负序电流产生的主要原因是什么？有哪些危害？

答：发电机负序电流产生的主要原因是：

（1）输配电及供电系统电网结构不合理；或有大量的单相

负载，使系统三相负载不平衡，造成发电机不对称运行。

（2）系统故障情况下发生非全相运行，如带单相重合闸的输电线路，或发电机并（解）列时，出口断路器发生非全相合（断）。

危害：（1）可能使发电机转子表面局部过热发生转子烧毁事故。

（2）使发电机产生振动。

Lb4F4016　论述两台变压器并列运行的条件？

答：两台变压器并列运行应该同时满足以下条件：电压比相同，允许相差±0.5%；百分阻抗相等，允许相差±10%；接线组别相同。理由如下：

如果电压比不同，两台变压器并列运行将产生环流，影响变压器出力。百分阻抗不同，则变压器所带的负荷不能按变压器容量成比例地分配，阻抗小的变压器带的负荷大，也将影响变压器的出力。接线组别不相同，会使变压器短路。

Lb4F5017　消弧线圈的作用是什么？有几种补偿方式？哪种方式好？为什么？

答：在变压器的中性点通过消弧线圈接地的系统中，当线路的一相发生接地故障时，由通过消弧线圈的电感电流，抵消由线路对地电容产生的电容电流，从而减小或消除因电容电流而引起电弧，避免故障扩大，提高电力系统供电的可靠性。大容量发电机定子绕组对地电容很大，也经常在中性点接消弧线圈。

消弧线圈有三种补偿方式，既全补偿、过补偿、欠补偿。其中，过补偿方式最好。理由如下：因为当 $I_L > I_{DC}$，其中 I_L 为消弧线圈中产生的电感电流，I_{DC} 为单相接地时的电容电流，这意味着接地处具有多余的感性电流，可避免欠补偿、全补偿出现的串联谐振过电压，因此得到广泛采用。

Lb3F2018　论述电源系统准同期并列的条件？

答：准同期并列必须同时满足三个条件：① 电压相等；② 电压相位一致；③ 频率相等。理由如下：

（1）电压不等的情况下，并列后，发电机绕组内出现较大冲击电流。

（2）电压相位不一致，其后果是可能产生很大的冲击电流而使发电机烧毁或使发电机大轴扭曲。相位不一致比电压不一致的情况更为严重。

（3）频率不等，将使发电机产生机械振动。

Lb3F3019　线路的停、送电，其操作顺序有哪些规定？为什么？

答：停电时按照最先拉开线路断路器，然后拉开线路侧隔离开关，最后拉开母线侧隔离开关顺序操作。送电时按照最先合母线侧隔离开关，然后合线路侧隔离开关，最后合上线路断路器顺序操作。理由如下：

（1）停电时最先拉开线路断路器是考虑断路器有灭弧功能，可以带负荷拉开；送电时最后合上线路断路器，也是考虑到断路器有灭弧功能，可以带负荷合闸。

（2）停电时先拉开线路侧隔离开关，最后拉开母线侧隔离开关，是为了考虑万一断路器未断开，拉开隔离开关时必然发生带负荷拉闸刀事故。先拉开线路侧隔离开关，则线路保护动作，母差保护不会动作，如果带负荷拉母线侧隔离开关，则就成了母线事故，母差保护动作。显然前者缩小了停电范围。

（3）送电时先合上母线侧隔离开关，然后合上线路侧隔离开关，是为了考虑万一断路器未断开，如果先合上线路隔离开关，那么在合上母线侧隔离开关时就会出现带负荷拉开闸刀事故，导致母差保护动作，反之先合上母线侧隔离开关，那么在合上线路隔离开关时才会出现带负荷拉开闸刀事故，导致线路保护动作，避免了母线保护动作。显然后者缩小了停电范围。

Lb3F3020　论述继电保护装置对自动重合闸连续重合次数的要求？

答：继电保护装置通常要求自动重合闸只重合一次。理由如下：

对于输电线路的永久性故障，在故障线路被断开后，故障点绝缘强度不能恢复，即故障不能自行消失，为了防止把断路器多次重合到永久故障上去，增加设备的损坏程度，故要求自动重合闸装置只重合一次。

Lb3F3021　论述电流互感器二次侧为什么不许开路？

答：电流互感器二次侧不许开路。理由如下：

电流互感器一次电流的大小与二次负荷电流大小无关。在正常工作时，由于二次负荷阻抗很小，接近短路状态，一次电流所产生的磁化力大部分被二次电流所补偿，总磁通密度不大，所以二次线圈电势很小。当二次绕组开路时，二次侧阻抗增至无穷大，二次电流为零，总磁化力等于原绕组磁化力，即一次电流完全变成激磁电流，使二次绕组产生很高电势，峰值可达几千伏，严重威胁人身安全，或造成仪表保护装置等绝缘损坏。

Lb3F3022　论述电压互感器在运行中二次侧为什么不许短路？

答：电压互感器在运行中二次侧不许短路。理由如下：

电压互感器二次侧电压为 100V，且接于仪表和继电器的电压线圈。电压互感器是一电压源，内阻很小，容量亦小，一次线圈导线很细，若二次侧短路，则二次侧通过很大电流，不仅影响测量表计及引起保护与自动装置误动，甚至会损坏电压互感器。

Lb3F3023　什么是水轮发电机组的自调节作用？它的存在有何好处？

答：由于水轮机动力矩与发电机阻力矩的方向相反，其中任意一力矩发生变化时，机组能够从一个转速过渡到另一个稳定转速下运行，这就是水轮发电机组的自调节。

自调节的存在是水轮发电机组能够实行稳定运行的根本原因，它也为实现水轮机精确调节提供了可靠性，但单纯依靠自调节作用，机组转速变化太大，满足不了电力用户对频率的要求。

Lb3F4024　电力系统振荡时，对继电保护装置有哪些影响？

答：电力系统振荡时，某些继电保护装置可能误动。理由如下：

（1）电力系统振荡对电流继电器有影响。当振荡电流达到继电器动作电流值时，电流继电器动作；当振荡电流降低到继电器的返回电流值时，电流继电器返回。所以电流速断保护肯定会误动作。

（2）电力系统振荡对阻抗继电器有影响。周期性振荡时，电网中任一点的电压和流经线路的电流，将随两侧电源电势间相位角的变化而变化。振荡电流增大，电压下降，阻抗继电器可能动作；振荡电流减小，电压升高，阻抗继电器返回。如果阻抗继电器闭合持续时间长，阻抗继电器保护将误动作。

Lb2F2025　水轮机的损失有哪些？分别简述之。

答：水轮机的损失有容积损失、水力损失和机械损失。容积损失是在反击型水轮机中，进入转轮的流量，其中有一小部分漏水量未被有效利用而损失掉了，这部分损失称为容积损失。水力损失是在水轮机工作时，水流要流经引水部件、导水部件、转轮和尾水管等过流部件，水流便产生摩擦、撞击、旋涡和脱流等损失。这些情况所引起的损失，称为水力损失。机械损失是由于水力传递给转轮的有效功率，并不能全部传送给发电机，其中又有一小部分消耗在轴和轴承间，转轮上冠上表面或引水管路钢板上表面与水流之间的摩擦上。这些转动部件与固定部件或水流之间引起的摩擦损失,称为机械摩擦损失或机械损失。

Lb2F2026　水电站压油槽中透平油和压缩空气的比例为多少?为什么?

答:压油槽中有 30%～40%是透平油,60%～70%是压缩空气。理由如下:

用空气和油共同造成压力,是维持调速系统所需要的工作能力的保证。当压缩空气比例太大时,透平油比例减小,这样便不能保证调速系统的用油量,造成调速系统进气。当压缩空气比例太小时,则会造成压油槽压力下降太快,压油泵频繁启动。

Lb2F3027　论述水轮机调速器参数中,e_p与b_p的区别?

答:水轮机调速器中,e_p与b_p是有区别的。具体理由如下:

(1)e_p表示机组出力由零增加到额定值时其转速变化的相对值,又称之为机组调差率。它是机组静特性曲线的斜率。b_p表示接力器移动全行程,转速变化的相对值,它又称为永态转差系数,表示调速器静特性曲线斜率。

(2)机组出力为零时,接力器行程并不相应为零。机组出力达额定值时,接力器行程也不定相应为最大,故e_p不一定等于b_p。

(3)b_p值取决于调差机构的整定,而e_p值取决于调差机构(硬反馈)的整定,又取决于机组运行水头。

Lb2F4028　论述水轮机调速器是如何设置缓冲参数的?

答:水轮机调速器一般都要设置空负荷和负荷两种缓冲参数。理由如下:

(1)机组都存在空负荷和并网两种不同运行工况,两种工况对调速器的要求不一样。机组空负荷运行,不存在调整负荷问题，故空负荷运行的稳定性要求较高；而机组并网运行时，带上负荷，因自调节能力增强，稳定性的问题不那么突出，所以负荷调整的速动性显得较为重要。

（2）通常情况下，T_d、b_t 整定越大，则稳定性越好，而速动性越差。所以稳定性和速动性对 T_d、b_t 的要求是矛盾的，所以机组空负荷和并网两种工况对 T_d、b_t 的要求也不一样，所以缓冲参数分两种，根据需要自动或手动投入。

Lb2F4029　论述大容量水轮发电机为什么可以取消转子风扇？

答：大容量水轮发电机取消转子风扇是可以的。理由如下：

大容量水轮发电机由于转速低，所以直径大、铁芯短，转子转动时，利用转子支臂的扇风作用，所鼓动的气流已足够使定子绕组端部得到充分冷却，故转子上下两端可不加风扇。这对防止风扇断裂、损坏定子绝缘事故非常有利。但必须合理选择支臂上、下挡风板尺寸，使支臂的进、出风口有合适的间隙，以形成两端进风的无风扇径向通风系统。

Lb2F5030　论述微机调速器的结构和硬件组成与模拟式电气调节器相比的主要优点是什么？

答：微机调速器是以单板工控机为主、辅以相应的接口硬件，并通过控制软件来实现需要的调节规律，并与适当的电液随动系统相配合，即组成了一台微机调速器。与模拟式电气调节器相比，它实现了柔性控制，适应性更强。理由如下：

用微机取代模拟式电气调节器，不仅能实现 PID（比例、积分、微分）调节，而且不需要变更硬件电路，只需通过改变程序就能实现复杂的控制，如前馈控制、串级控制，以及变参数适应控制等，使机组在不同工况区运行都能获得最优的动态品质。

Lb2F5031　试分析发电机功率因数的高低对机组有何影响？

答：发电机正常应在额定功率因素下运行，最有利于安全经济运行。理由如下：

（1）功率因数 $\cos\varphi$，也叫力率，是有功功率与视在功率的比值，即：$\cos\varphi = \dfrac{P}{S}$。在一定额定电压和额定电流下，功率因数越高，有功功率所占的比重越大，反之越低。

（2）随着功率因数的增大，发电机无功功率减少，特别是当 $\cos\varphi=1$ 时，无功功率为零。因此转子的励磁电流减少，发电机定子与转子磁极间的吸力减少，降低了发电机的静态稳定性。

（3）当功率因数低于额定值时，一方面发电机的有功功率降低，其容量得不到充分的利用。另一方面无功增加，由于感性无功起去磁作用，为了维护定子电压不变增加转子电流，这会引起转子绕组温度升高与过热。

（4）功率因数低，在输电线路上引起较大的电压降和功率损耗。故当输电线路输出功率 P 一定时，线路中电流与功率因数成反比，即

$$I = \frac{P}{U\cos\varphi}$$

当 $\cos\varphi$ 降低时，电流 I 增大，在输电线路阻抗上压降增大，使负载端电压过低。严重时，影响设备正常运行，用户无法用电。此外，阻抗上消耗的功率与电流平方成正比，电流增大要引起线损增大。

Lb1F2032　论述励磁变压器中性点为什么不能接地？

答：励磁变压器中性点不能接地。理由如下：

励磁变压器低压侧与转子回路的交流侧电源—可控硅整流回路相连接，而转子回路的交流侧电源接地，势必要使转子

绕组回路也受接地影响，这是不允许的，若转子再有一点接地，发电机轻则不能稳定运行、发生振荡，重则失磁、甚至影响发电机寿命和供电可靠性，所以励磁变压器中性点不能接地。

Lb1F3033　论述水轮发电机组调相运行中给气压水的作用过程。

答：水电站机组调相运行的给气压水过程中，是给气量和水流携气量不断作用的过程。常从尾水管遗失大量空气。理由如下：

（1）当转轮在水中旋转时，一方面搅动水流使其旋转，另一方面在尾水管中引起竖向回流和尾水管垂直部分与水平部分的横向回流。这些回流导致空气从尾水管遗失。空气进入转轮室后，被水流冲裂成气泡由竖向回流将其带至尾水管底部，一部分气泡随着中心的水流回升上去，另一部分气泡被横向水流带至下游。

（2）竖向回流携带空气的能力是有限的。如果刚开始给气量超过携气量的极限值，给入的空气则不会被冲散遗失，转轮室内便会形成空气室。由于转轮脱水快，压力过程中逸气少，压缩空气利用率高。

（3）如果刚开始给气量小于携气量的极限值，给入的空气则会被冲散带走，但由于水流掺气，其携气能力下降，当携气量的极限值下降到给气量以下时也会出现气水分界面而将水面压下。根据气水分界面出现的早晚，将有不同程度的空气遗失。

Lb1F3034　试从安全角度分析油断路器油位不正常有何危害？

答：油断路器油位不能过高，也不能过低，否则不利于油断路器运行安全。理由如下：

（1）油断路器油位过低，会使跳合闸时断弧时间加长或难以灭弧，其结果会引起触头和灭弧室遭到损坏。电弧不易熄灭，甚至会冲出油面，进入箱体的缓冲空间，这个空间的气体与被电弧高温分解出来的氢、氧、甲烷、乙炔等游离气体混合后，再与电弧相遇即可引起燃烧爆炸。此外，油量不足也使绝缘暴露于空气中，容易受潮，降低灭弧性能。

（2）油断路器油位过高，会因缓冲空间减少。当断路器在跳闸时，产生电弧（温度高达 4000～8000℃）在使周围绝缘油被迅速分解气化，同时产生强大的压力，促使油面上升。如果油位过高，因缓冲空间减少，室内调节压力余地减少，箱体承受压力过大，就会发生喷油，使灭弧室（或断路器油箱）变形，不仅不能灭弧，甚至引起爆炸。

Lb1F5035　论述调速器系统的动态试验的意义？

答：调速器完成整机装配、试动调整和整机静态特性试验后，就可以将其与被控制机组连接起来，构成闭环的调节系统，并在机组投入试运行以前，对此闭环系统进行一系列的试验。调速器系统的动态试验是在蜗壳充水后的首次试验，有重要意义。理由如下：

（1）检查调速器、调节系统在启动、空载、并网、带负荷、甩负荷、停机等各种闭环工况下的性能和技术指标是否符合设计要求。重点是进行机组启动的调试与观测，比如手动开机与检查机组运行情况、空载动平衡调整与稳定性观测。

（2）反复进行参数组合选择和整定试验，以求取最佳参数。重点是进行空载扰动试验，求得最佳动态品质指标。

Lb1F5036　简述备用电源自动投入装置的基本方式并说明备用电源自动投入装置一般应满足哪些要求？

答：基本方式：

（1）明备用：正常时一路电源运行，另一路电源备用；有故障时工作电源被切除，备用电源投入运行；

（2）暗备用，即互为备用。正常时两路电源均运行，分段开关断开，故障时一路电源退出运行，分段开关合闸，由另一路电源带全部负荷。

要求：① 工作母线电压消失时应动作；② 备用电源应在工作电源确已断开后才投入；③ 备用电源只能自投一次；④ 备用电源确有电压时才自投；⑤ 备用电源投入的时间应尽可能短；⑥ 电压互感器二次断线时，备用电源自投装置不应误动。

Lb1F5037　为什么发电机假同期试验不能代替核相？

答： 假同期试验时，发电机的母线隔离开关不合，但其辅助触点人为接通。其目的用以检验自动准同期装置的各种特性。试验本身发现不了发电机一、二次系统电压相序、相位的连接错误。若不经核相，在存在上述错误的情况下，同期装置照样可以发出并列合闸命令，到真并列时将会发生非同期合闸。因此，假同期试验不能代替发电机核相。

当有新机组投运或一次大修后一般按照：发电机定相；检查电压互感器及同期回路接线；进行假同期试验，这样三个步骤进行试验检查，如一切正常，同期装置反映的相角差和待并断路器两侧电源的实际相角差才会一致，并列时方可确保在同期点合闸。

Lc5F2038　计算机监控系统为什么需要网络和网络协议？

答： 计算机监控系统需要网络和网络协议，才能正常运行。理由如下：

（1）计算机监控系统不管采用何种结构，都需要配置一定数量的计算机。随着微机保护、微机励磁调节器和微机电调等迅速推广应用，计算机监控系统又需要面对这些同属于计算机的被控对象。所以在系统的最高级与下级单元控制级之间，单元控制级与被控对象（辅助驱动检测级）之间等，都需要实现数据传输通信和资源共享，所以需要有一个计算机网络，通过网络把地理上分散的计算机构成系统。

（2）在计算机网络中，为使各计算机之间或计算机与终端之间能正确地传送信息，必须在有关信息的传输顺序、信息格式和信息内容上等方面建立一个全面一致、共同遵守的约定或规则，这组约定或规则即网络协议（通信协议）。它含有三个要素：语义、语法和规则。语义规定了通信双方彼此间准备"讲什么"，即协议元素的类型；语法规定通信双方"如何讲"，即协议元素的格式，规则规定通信双方"应答关系"，即确定通信过程的状态变化。

Lc4F2039　胸外按压正确操作要点是什么？

答：（1）确定正确的按压位置：

1）右手的食指和中指沿触电伤员的右侧肋弓下缘向上，找到肋骨和胸骨接合处的中点；

2）用手指并齐，中指放在切迹中点（剑突底部），食指平放在胸骨下部；

3）另一只手的掌根紧挨食指上缘，置于胸骨上。

（2）正确的按压姿势：

1）使触电伤员仰面躺在平硬的地方，救护人员立或跪在伤员一侧身旁，救护人员的两肩位于伤员胸骨正上方，两臂伸直，肘关节固定不屈，两手掌根相叠，手指翘起，不接触伤员胸壁；

2）以髋关节为支点，利用上身的重力，垂直将正常成人胸骨压陷 3～5cm（儿童和瘦弱者酌减）；

3）压至要求程度后，立即全部放松，但放松时救护人员的掌根不得离开胸壁。

（3）操作步骤：

1）胸外按压要以均匀速度进行，每分钟 80 次左右，每次按压和放松的时间相等；

2）胸外按压与口对口（鼻）人工呼吸同时进行，其节奏为单人抢救时，每按压 15 次后吹气 2 次（15:2），反复进行；双人抢救时，每按压 5 次后由另一人吹气 1 次（5:1）反复进行。

Lc3F3040　安全生产的三要素是什么？它们之间的关系是什么？

答：完好的设备，正确无误的操作，有章可循的管理制度，称为电力安全生产的"三要素"。理由如下：

（1）完好的设备是电力安全生产的物质基础，为了提高设备健康水平，就要对设备定期检修（或根据设备的状态进行检修），进行各种试验，及时发现和消除设备缺陷。

（2）在生产过程中，为保证电能的质量，进行设备检修，就要经常改变电网运行方式，进行各种操作，若操作时发生错误，将会引起设备损坏，系统分割或瓦解，造成大面积停电，危及人身安全。因此正确操作是电网安全和人身安全的重要保证。

（3）电力生产有完整的规章制度，这些以安全工作规程为主的各项规章制度，是电力生产的科学总结，是从血的代价中换来的，是电力安全生产的管理基础。

Lc2F2041　论述电力安全生产违章的分类？

答：违章是指在电力生产活动过程中，违反国家和行业安全生产法律法规、规程标准，违反国家电网公司安全生产规章制度、反事故措施、安全管理要求等，可能对人身、电网和设备构成危害并诱发事故的人的不安全行为、物的不安全状态和环境的不安全因素。违章分为行为违章、装置违章和管理违章三类。理由如下：

（1）行为违章是指现场作业人员在电力建设、运行、检修等生产活动过程中，违反保证安全的规程、规定、制度、反事故措施等的不安全行为。

（2）装置违章是指生产设备、设施、环境和作业使用的工器具及安全防护用品不满足规程、规定、标准、反事故措施等的要求，不能可靠保证人身、电网和设备安全的不安全状态。

（3）管理违章是指各级领导、管理人员不履行岗位安全职责，不落实安全管理要求，不执行安全规章制度等的各种不安全作为。

Lc1F3042　什么情况下会闭锁线路断路器重合闸信号？

答：出现下列情况之一，会闭锁线路断路器重合闸信号：

（1）断路器 SF_6 气室压力低；

（2）断路器操动机构储能不足或油压（气压）低；

（3）母线保护动作；

（4）断路器失灵保护动作；

（5）线路距离 II 段或 III 段动作；

（6）断路器短线保护动作；

（7）有远方跳闸信号；

（8）断路器手动分闸。

Jd5F2043　论述异步电动机的启动方式选择？

答：异步电动机包括鼠笼式异步电动机和绕线式电动机，这两种异步电动机根据各自的结构选择适合的启动方式，才能体现安全、经济和高效，理由如下：

（1）对于鼠笼式异步电动机，其启动方法有：

1）直接启动。这种启动方式是：在启动时，电动机的定子三相绕组通过断路器等设备接到三相电源上，一合断路器就加上全电压使电动机转动。直接启动具有接线简单，启动操作方便、启动方式可靠以及便于自启动等优点。

2）降压启动。由于直接启动时，电动机的启动电流大，因此采用降压启动方式来减少启动电流。例如用 Y，d（星形，三角形）转换来启动，定子绕组为 d 形接线的鼠笼电动机，当电动机启动时，先将定子接成 Y 形接线，在电动机达到稳定转速时，再改接成 d 形。因为采用 Y 接线时，每相定子绕组的电压只有 d 形接线的 $1/\sqrt{3}$，因而 Y 接线启动时，线路电流仅为 d 形接线的 1/3，这样，就达到了降压启动的目的。

3）软启动。其原理是改变可控硅的导通角，来限制异步电动机的启动电流，当异步电动机达到稳定转速后，再改变可控硅的导通角使可控硅处于全导通状态，完成电动机的启动过程。

（2）绕线式电动机的启动：

在电压不变的前提下，在一定范围内电动机的启动力矩与转子电阻成反比关系，而绕线式电动机正是利用增加转子回路中的电阻来降低启动电流、增大启动力矩的。它的启动设备常用的是启动变阻器或频敏变阻器。在绕线式电动机启动时，将启动变阻器或频敏变阻器接入转子电路，获得较大的启动力矩，在启动过程快要完成时再逐段切除启动电阻，以满足对电动机启动的要求。

Jd4F1044　论述微机型直流绝缘监察装置有何优点？

答：与传统的直流绝缘监察装置比，微机型直流绝缘监察装置能够自动实现故障诊断，方便运行人员快速找到故障点。理由如下：

微机型直流绝缘监察装置的优点是可以准确地判断出存在接地的支路，不用按传统的方法选切直流负荷。微机型直流绝缘监察装置采用差流原理，即装置用支路绝缘传感器穿套在各支路的正、负极出线上。支路绝缘水平正常时，穿过传感器的直流分量大小相等方向相反，即 $I_+ + I_- = 0$，由此产生的磁场之和也为 0。当绝缘水平下降到一定范围接近故障时，此时 $I_+ + I_- \neq 0$，此时支路出现一差流，对应传感器有一差流信号输出，经微机运算处理后，显示出故障支路。

Jd4F2045　论述高频保护中采用远方启动发信的意义？

答：高频保护中采用远方启动发信对于提高保护的可靠性

和选择性来说是非常必要的，理由如下：

（1）利用远方启动发信可保证两侧起动发信与比相回路的配合。

（2）利用远方启动发信可以进一步防止保护装置在区外故障时的误动作。

（3）便于通道检查。因高频保护发信机使用电子元件多，装置较复杂，任何一侧故障均有可能影响保护的正确动作。为了保证保护装置动作可靠，每日人为启动发信机进行高频通道信号检查，利用远方启动发信以检查收发信机及通道是否正常。发现缺陷及时处理，保证保护的可靠性，发生本线路故障能正确动作。

Jd4F3046　论述水轮发电机的冷却方式？

答：水轮发电机的冷却方式可分为外冷式、内冷式、蒸发冷却三种，由于所采用的冷却介质不同，在冷却原理、具体结构上和冷却效果方面是有区别的。理由如下：

（1）外冷式：

外冷式又分为开敞式和密闭式。

开敞式即直接从机房或者以专用风管从机房外以冷空气进行发电机冷却，经过发电机加热后的热空气，排至机房或室外。缺点是易将尘埃带入发电机内部，影响散热及通风，使得发电机绝缘变坏。密闭式是用同一空气在空气冷却器内和发电机通风沟内进行循环冷却。

（2）内冷式：

将经过水质处理的冷却水，直接通入转子励磁绕组或定子绕组线圈的空心导线内部，带走由损耗所产生的热量的方式，称为"内冷式"。对于定、转子绕组都直接通水冷却的方式，称为"双水内冷"。

（3）密闭蒸发自循环冷却：

简称蒸发冷却。为了克服水内冷诸如氧化物堵塞、水泄漏引发故障以及水处理净化设备复杂的缺点，近来发展起来的蒸发冷却方式也应用到发电机上。这种内冷发电机定子线棒由空心导线与实心导线搭配再外包绝缘构成，空心导线两端由拼头套焊接形成冷却介质的导流通道。密闭蒸发自循环内冷系统就是由这些液流支路互相并联的线棒、下液管、下汇流管、下绝缘引管、上绝缘管、上汇流管、出气管、冷凝器等部件组成一个全密闭系统，在冷却系统内充入一定量的绝缘性能、防火灭弧性能好的液态新氟碳化合物。发电机运行时，绕组发热使空心导线内的液体升温，达到饱和温度后即沸腾，吸收汽化潜热使绕组得到冷却。冷却液汽化后，在空心导线内形成蒸汽与液体相混合的两相混合流体，其密度低于下液管中的液体密度，由于密度不同造成压力差，推动冷却系统中的介质自循环。蒸汽上升进入冷凝器，与冷却水发生热交换使它冷凝恢复成液体，进入下液管，如此自循环使发电机绕组得到冷却。

Jd4F4047　分析电力系统产生电压偏移的原因，电压偏移过大危害及调压措施有哪些？

答： 产生电压偏移的原因：线路或变压器环节的电压损失为电力系统正常运行时，负荷多为感性，无功功率 $Q>0$，而且输电线路的感抗 X_L 一般大于电阻 R（10kV 及以下电压等级配电线路往往 $R>X_L$），因此高压输电线路由于传输无功功率 Q 产生的电压损失较大，这也是造成电压偏低的主要原因。

另外，对高压空负荷线路充电时，或正处在空负荷运行的高压线路，由于线路分布电容的影响，使 Q 为容性小于零，会出现线路末端电压高于首端电压的现象。

电压偏移过大的危害：

（1）烧坏电动机。

（2）电灯发暗或烧坏。

（3）增大线损。

（4）送变电设备能力降低。

（5）发电机有功出力降低。

（6）造成大面积停电事故。

可见，电网电压偏移过大时对安全生产和可靠经济供电均有危害。线路传输的有功功率和无功功率对电压质量均有影响，并且有功功率是必须通过线路送给负荷的。因此，电力网主要通过控制无功的平衡来保证电压的质量。同时，在调节有功功率时，对节点电压也有一定的影响。

电力系统的调压措施有：

（1）改变同步发电机励磁调压。

（2）改变变压器分接头调压。

（3）串联电容补偿调压。

（4）并联电容和调相机补偿调压。

（5）静止无功补偿装置。

（6）并联电抗器。

（7）综合调压，提高电压质量。

Jd3F4048　论述水电站计算机监控系统应具备的功能？

答：水电站计算机监控系统的基本功能是监视和控制水电站水工设备、水轮发电机组和输变电设备的安全经济运行，因此在开发这些功能时必须兼顾全面和具体的原则。理由如下：

（1）水库的经济运行：可以进行水库水情预报，给出机组的负荷运行建议。

（2）最优发电控制：根据电力系统对水电站有功功率的需要，调整机组出力，达到机组最优配合和负荷的最优分配，保证水电站的电压质量和无功功率的合理分配。

（3）安全监视：包括大坝安全监测、水库防洪监测和运行设备的监视等。

（4）自动控制：包括机组开停、发电、调相状态的转换，发电机的并列运行，机组有功功率和无功功率的调节，进水闸门的开闭，倒闸操作，辅助设备的切换等。

（5）自动处理事故，事故追忆和记录。

Jd2F4049　试阐述预防发电机负序电流的措施有哪些？

答：预防发电机产生负序电流的措施有：

（1）发电机出现不对称运行时，运行人员应迅速查明原因。果断正确地进行处理。总的原则是根据负序电流产生的原因，采取相应的措施，尽量降低发电机的不对称度，来保持发电机电流、电压的三相平衡，或及时将发电机与系统解列。如果发电机在并解列时出现非全相运行，应控制发电机有功功率为最小，调整励磁电流，使定子三相电流不对称值降至最低，再断开出口断路器，在正常运行中出现不对称运行时，应严格按现场规程规定及时进行调整。

（2）根据发电机承受负序电流的能力，装设负序电流保护或报警装置。

（3）装设发电机出口断路器失灵保护，确保出现非全相运行时，能将发电机及时与系统隔离。

（4）提高发电机的安装、检修、制造工艺，进而提高发电机承受负序电流的能力。如在转子上安装阻尼绕组，来抵消负序旋转磁场的作用，槽楔和护环采用非磁性低电阻率材料，减少涡流损耗，在检修中及时发现转子部件的隐患，并及时消除，防止扩大。

（5）提高发电机出口断路器的安装、检修、制造质量，并采用断路器三相联动机构确保断路器三相同时可靠动作，防止发生非全相情况。

Jd1F3050　试分析水轮发电机组转速和出力周期性摆动的原因。

答：水轮发电机组转速和出力周期性摆动的原因很多，理由如下：

（1）电网频率波动引起机组转速、出力和接力器摆动。其判别方法，最好是用示波器录制导叶接力器位移和电网频率波动的波形，比较两者波动的频率，如果一致，则为电网频率波动所引起，此时，应从整个电网考虑来分析解决频率波动问题，其中调频机组的水轮机调速器性能及其参数整定，是重点分析的原因之一。

（2）转子电磁振荡与调速器共振。其判别方法，也是用示波器录制发电机转子电流、电压、调速器自振荡频率和接力器行程摆动的波形，将之进行比较即可判定是否为共振。这种故障，可用改变缓冲时间常数 T_d 以改变调速器自振频率的办法来解决。

（3）机组引水管道水压波动与调速器发生共振。有时，虽然引水管道水压波动的幅值不大，但当其波动频率与调速器自振频率相等或很接近时，就会发生共振，引起调节系统不稳定。其处理方法也是通过改变缓冲时间常数来消除共振。

（4）缓冲时间常数 T_d 和暂态转差系数 b_t 太大。当调速器运行时间较长之后，有些参数可能发生变化，从而引起调节系统不稳定。

Je5F2051　什么是水轮发电机的进相运行？进相运行应考虑哪些问题？

答：减少发电机励磁电流 i_F，使发电机电动势 $\dot{E}_q$ 减小，功率因数角 φ 就变为超前的，发电机负荷电流 $\dot{I}$ 产生助磁电枢反应，发电机向系统输送有功功率，但吸收无功功率，这种运行状态称为进相运行。

同步发电机进相运行中要考虑的问题之一是解决系统稳定性降低；其二是解决发电机端部漏磁引起的定子发热；其三是解决发电机端电压的下降。理由如下：

（1）系统稳定性的降低：

已知发电机单机对无限大容量的功率为

$$P = \frac{E_q u}{x_d} \sin \delta$$

因而进相运行时，在输出功率 P 恒定的前提下，随着励磁电流 i_F 的减小，发电机电势 E_q 随之减小，功率角 δ 就会增大，从而使静态稳定性降低。

上式是相应于发电机直接接在无限大容量母线上的情况，实际上，发电机总是要经变压器、输电线才接上系统的。所以需要计及这些元件的电抗（统称为系统电抗），此时系统的静态稳定性还要进一步降低。

（2）发电机端部漏磁引起的定子发热：

在相同的视在功率和端部冷却条件下，发电机由迟相向进相转移时，端部漏磁磁密值相应增高，引起定子端部构件的严重发热，致使发电机出力要相应降低。发电机端部漏磁是定子绕组端部漏磁和转子绕组端部漏磁共同组成的，它的大小与发电机的结构、材料、定子电流大小、功率因数等有关。发电机的上述合成漏磁总是尽可能地通过磁阻最小的路径形成闭路的。因此，由磁性材料制成的定子端部铁芯、压圈以及转子护环等部件便通过较大的漏磁。漏磁在空间与转子同速旋转，对定子则有相对运动，故在定子端部铁芯齿部、压圈等部件中感应的涡流磁滞损耗较大。

（3）发电机端电压下降：

厂用电通常引自发电机出口或发电机电压母线。进相运行时，随着发电机励磁电流的降低，发电机无功功率的倒流，发电机出口处的厂用电电压也要降低。正常运行时，进相运行的水轮发电机端电压还不致降低到额定电压的 95%。但在厂用电支路发生短时故障后恢复供电时，某些大容量厂用电动机，自启动会发生困难。

Je5F3052 为什么两台并列运行分级绝缘的变压器在大接地系统中，零序电流电压保护要先跳中性点不接地变压器，

后跳中性点接地变压器？

答：发电厂或变电所有两台以上变压器并列运行时，通常只有部分变压器中性点接地运行，以保持一定数量的接地点，而另一部分变压器中性点不接地运行，当母线或线路上发生接地故障时，若故障元件的保护拒绝动作，则中性点接地变压器的零序电流保护动作将该变压器切除；于是局部系统可能变成中性点不接地系统，并带有接地故障点运行，这将出现变压器中性点相位升高到相电压，会使分级绝缘的变压器的绝缘遭到破坏。因此，主变压器接地保护在动作时先跳不接地变压器，然后再跳接地变压器。

Je5F4053　论述机组运行中水车自动回路电源消失后果？

答：机组运行中，水车自动回路电源消失，不利于机组安全运行，严重时造成事故或扩大事故。万一水车自动回路电源消失，运行人员必须根据具体情况，加强现场检查，做好事故预想，并应尽快恢复电源。一旦保护启动不能正常执行，应手动帮助停机或加上风闸，确保机组安全运行。理由如下：

（1）水车自动回路电源一般包括机组 LCU 开出继电器工作电源和各直流电磁阀的操作电源。

（2）机组 LCU 开出继电器工作电源一旦消失，机组所有保护动作后均无法开出，等于机组无保护运行。

（3）机组紧急电磁阀、过速限制器电磁阀的水车直流电源失去，机组所有保护虽经 LCU 开出继电器开出，但是无法实行紧急关闭导叶，机组除了二级过速可以启动事故油泵停机以外，其他保护均不能实现事故停机，会扩大事故。

（4）机组制动加闸电磁阀电源消失，则停机过程中不会自动加闸，有可能导致机组长时间低转速运行造成烧瓦。

（5）主变压器事故启动机组事故停机情况下，遇水车自动回路电源消失，机组导叶无法及时关闭，容易引起机组过速。

Je5F5054　发电机主变压器新投运或大修后投运前为什么要做冲击试验？

答：发电机主变压器新投运或大修后投运前要做冲击试验，理由如下：

（1）拉开空载变压器时有可能产生操作过电压，在电力系统中性点不接地或经消弧线圈接地时，过电压幅值可达 4～4.5 倍相电压；在中性点直接接地时，可达 3 倍相电压，为了检查变压器绝缘强度能否承受全电压或操作过电压的冲击，需做冲击试验。

（2）带电投入空载变压器时，会出现励磁涌流，其值可达 6～8 倍额定电流。励磁涌流开始衰减较快，一般经 0.5～1.5s 后即减到 0.25～0.5 倍额定电流值，但完全衰减时间较长，大容量的变压器可达几十秒，由于励磁涌流产生很大的电动力，为了考核变压器的机械强度，同时考核励磁涌流衰减初期能否造成继电保护误动，需做冲击试验。

Je4F1055　论述同步发电机为何要冷却？

答：为了确保同步发电机安全经济运行，同步发电机必须安装冷却装置进行冷却。理由如下：

同步发电机在运行时，定转子绕组和定子铁芯由于有铜损、铁损而发热，要保证发电机的安全运行，发电机内各部分的温升不得超过允许值，这样就需要冷却，将损耗产生的热量及时带走。

Je4F2056　论述为什么要升高电压进行远距离输电？

答：升高电压进行远距离输电可以提高输送功率，降低线路中的功率损耗并改善电压质量。理由如下：

远距离传输的电能一般是三相正弦交流电，输送的功率可用 $P = \sqrt{3}\,UI$ 计算。从公式可看出，如果输送的功率不变，电压愈高，则电流愈小，这样就可以选用截面较小的导线，节省有色金属。在输送功率的过程中，电流通过导线会产生一定的功率损耗和电压降，如果电流减小，功率损耗和电压降会随着电流的减小而降低。所以，提高输送电压后，选择适当的导线，不仅可以提高输送功率，而且可以降低线路中的功率损耗并改善电压质量。

但是，随着电压升高，绝缘费用增加，所以电压不能无限升高。

Je4F3057　论述为什么现代中大型电机交流绕组一般都采用双层绕组？

答：现代中大型电机交流绕组一般都采用双层绕组，是因为双层绕组有很多优点。理由如下：双层绕组每一个槽中有两个绕组边，因而整个绕组的绕组数正好等于槽数，由于双层绕组一个绕组的一个边在某槽的上层，另一个绕组边在另一个线圈的下层。根据电磁性能的要求，选择最有利的短节距，这就是双层绕组的最大优点。且双层绕组能节省部分用铜量并能得到较多的并联支路，故经济。

Je4F4058　论述水轮机顶盖上为什么要装真空破坏阀？

答：水轮机顶盖上安装真空破坏阀，是水轮发电机组安全运行的需要。理由如下：

机组在运行中如停机，尤其是遇到紧急停机情况时，导叶紧急关闭，破坏了水流连贯性，这样在水轮机转轮室及尾水管内会产生严重的真空，此真空随着导叶紧急关闭后转轮室的水流流向下游而不断增大，如果此时得不到及时补偿，就会引起反水锤，此力作用于转轮叶片下部，严重时会引起机组停机过程中的抬车，为了防止这种现象，故在水轮机顶盖处安装真空破坏阀，用以减小紧急停机过程中的真空。

Je4F4059 发电机的定子铁芯为什么不用整块硅钢做成，而要用硅钢片叠装而成？

答：发电机的定子铁芯用硅钢片叠装而成，能减少发热。理由如下：

（1）铁磁材料在交变磁场作用下要感应涡流，产生涡流损失和磁滞损耗，使铁芯发热。

（2）定子铁芯不用整块铁来做，而要用硅钢片叠装，就是增加涡流阻抗，以减少发电机工作时的涡流损失发热量。

Je3F2060 论述电网电能损耗中的理论线损的组成和特点。

答：电网电能损耗中的理论线损包括可变损耗和固定损耗。可变损耗大小随着负荷的变动而变化；固定损耗与通过元件的负荷功率的电流无关。理由如下：

（1）可变损耗。它包括各级电压的架空输、配电线路和电缆导线的铜损，变压器铜损，调相机、调压器、电抗器、阻波器和消弧线圈等设备的铜损，其大小随着负荷的变动而变化，它与通过电力网各元件中的负荷功率或电流的二次方成正比。

（2）固定损耗。它包括输、配电线路和电缆导线的铁损，变压器铜损，调相机、调压器、电抗器、阻波器和消弧线圈等设备的铁损，绝缘介质损耗，绝缘子漏电损耗，电流、电压互感器的铁损，还有用户电能表电压绕组及其他附件的损耗。它与通过元件的负荷功率的电流无关，而与电力网元件上所加的电压有关。

Je3F2061 为什么有些低压线路中用了自动空气开关后，还要串联交流接触器？

答：有些低压线路中用了自动空气开关后，还要串联交流接触器，根本原因是自动空气开关与串联交流接触器在性能上存在互补之处。理由如下：

自动空气开关有过负荷、短路和失压保护功能，但在结构上它着重提高了灭弧性能，不适宜于频繁操作。而交流接触器没有过负荷、短路的保护功能，只适用于频繁操作。因此，有些需要在正常工作电流下进行频繁操作的场所，常采用自动空气开关串联交流接触器，由接触器频繁接通和断开电路，又能由自动空气开关承担过负荷、短路和失压保护。

Je3F4062　发电机大轴接地电刷是不是可有可无，为什么？

答：发电机大轴接地电刷可有可无的说法不对，发电机大轴接地电刷是必须要有的，理由如下：

（1）不论是立式还是卧式水轮发电机，其主轴不可避免地处在不对称的磁场中旋转。这种不对称磁场通常是由于定子铁芯合缝，定子硅钢片接缝，定子和转子空气间隙不均匀，轴心与磁场中心不一致，以及励磁绕组间短路等各种因素所造成。当主轴旋转时，总是被这种不对称磁场中的交变磁通所交链，从而在主轴中产生感应电势，为了人身和设备安全，保护推力和导轴承润滑油免遭电离，需要消除大轴对地的静电及感应电压，这是发电机大轴接地电刷的功能之一。

（2）发电机大轴接地电刷构成转子接地保护装置的信号检测回路的一部分。

（3）发电机大轴接地电刷构成转子线圈正、负极对地电压测量回路的一部分。

Je3F4063　如图 F-1 所示，说明厂用 6kV 中性点不接地系统中绝缘监视装置的原理及接地后的处理。

答：中性点非直接接地或不接地系统中，当任一点发生接地故障时都会出现零序电压。利用零序电压的存

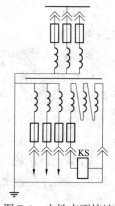

图 F-1　中性点不接地系统绝缘监察装置

在，可以实现无选择性的绝缘监视装置，该装置仅发出告警信号。绝缘监视装置一般都是在电源母线上装有一套三相五柱式电压互感器，其二次侧有两个绕组，其中一个绕组接成星形，各相对地之间分别接入一个电压表（或一个电压表加一个三相切换开关），以监视母线的电压，另一个绕组接成开口三角形，并在开口处接一个过电压继电器，用来反应接地故障时的零序电压。

正常运行时，厂用电系统三相电压对称，所以三个电压表的读数相等，过电压继电器不会动作，当厂用电系统母线上任一处发生金属性接地故障时，接地相电压为零，而非接地相的对地电压升高 3 倍；同时系统中出现零序电压，过电压继电器动作，发出接地信号。接地信号指示一般均采用黄灯和白灯指示，提示值班人员接地故障的性质。黄灯亮表示接地故障为瞬时性故障，而黄灯、白灯均亮，则说明接地故障为永久性故障，警告值班人员在检查时必须配戴绝缘工具，防止触电。值班人员根据信号和电压表指示，可以判明厂用电系统哪一相发生了接地故障，但不知道哪条线路或元件发生了接地故障，这就必须用依次断开线路或元件来查找。

Je3F4064　论述桥式整流电路为什么能将交流电变换为直流电。

答：桥式整流电路能将交流电变换为直流电。理由如下：

桥式整流电路如图 F-2 所示，变压器将输入电压 U_i 降压后送到桥式整流电路，当 a 端为正，b 端为负时，二极管 V_2、V_3 导通，V_1、V_4 截止，电流从 a 经 V_2、R_L、V_3 回到 b 端，在电压的负半周时，b 端为正，a 端为负，二极管 V_1、V_4 导通，V_2、V_3 截止，电流从 b 端流过 V_4、R_L、V_1 流回 a 端，重复以上过程，流过负载 R_L 上的电流方向不变，这样就得到了脉动直流电。

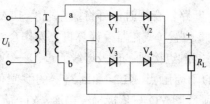

图 F-2　桥式整流电路

Je3F5065　如图 **F-3** 所示，说明厂用高压断路器的操作过程，要求说明合闸、分闸和"防跳"过程（图 F-3 中：YO 是断路器的合闸线圈，YR 是断路器的分闸线圈，KL 是断路器的防跳跃闭锁继电器，KOFS 是跳闸位置继电器，KOS 是合闸位置继电器，KMP 是保护跳闸触点，SA 是断路器的分、合闸操作把手，QFO 是断路器的动合辅助触点，QFOF 是断路器的动断辅助触点）。

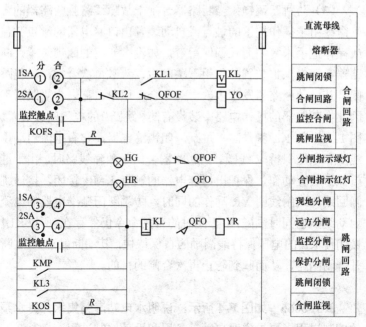

图 F-3　厂用高压断路器的典型控制回路图

答：（1）断路器合闸时，可将操作把手 1SA（2SA）顺时针拧到"合闸"位置（或在监控计算机上操作合闸键），这时操作把手的①—②触点接通，正极母线通过①—②触点、防跳跃闭锁继电器的动断触点 KL2 和断路器的跳闸位置辅助触点 QFOF，把合闸线圈 YO 与负极母线接通，YO 励磁将断路器合闸，此时断路器的跳闸位置辅助触点 QFOF 断开，将合闸回路断开，断路器合闸后，松开操作把手，操作把手自动复归到原位，断路器的合闸辅助触点 QFO 接闭，使合闸位置继电器 KOS 经过电阻 R 与跳闸回路接通，KOS 的常动合触点闭合，可向远方发断路器合闸的信号；这时由于电路中有电阻 R，所以通过跳闸线圈 YR 的电流非常小，它不足以使跳闸线圈励磁动作。

（2）断路器分闸时，手动操作断路器的操作把手 SA 到"分闸"位置，使断路器的分闸线圈 YR 励磁，将断路器分闸。

（3）防跳跃闭锁：当断路器合闸于故障线路且断路器的合闸命令由于操作把手的触点或自动装置出口继电器的触点黏住或操作把手未复归而长期保留着，如没有专门的闭锁装置，断路器在继电保护装置的作用下跳闸后，势必再次合闸，又复跳闸，从而使断路器发生多次"跳—合"现象，称之为"跳跃"。因此在断路器的操作电路中装设有防"跳跃"的电气闭锁装置。图 F-3 中的 KL 就是防"跳跃"闭锁继电器，它有电流启动 I 线圈和电压保持 V 线圈。当断路器合闸于故障线路时，由于继电保护装置动作，保护出口继电器的触点 KMP 接闭，接通跳闸回路，跳闸线圈 YR 动作的同时，防跳跃闭锁继电器的电流启动线圈也同时励磁，由于此时的合闸命令仍然存在，所以 KL1 接闭使 KL 的电压保持线圈励磁自保持住，其动断触点 KL2 断开合闸回路，从而起到防止再次合闸的目的。

Je3F5066　如图 **F-4** 所示，说明水电站渗漏集水井排水泵的控制过程（要求说明自动、备用和手动控制过程）。

答：排水泵正常时一台放"自动"，另一台放"备用"，如

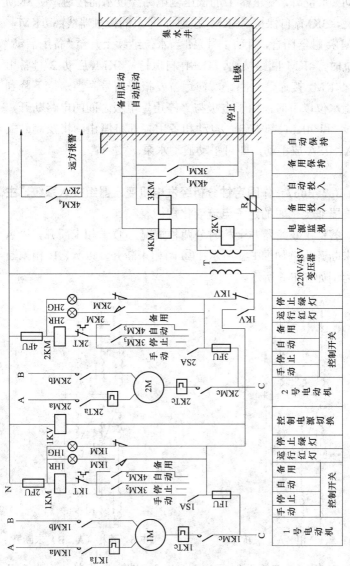

图 F－4　集水井排水泵自动控制回路图

1SA 放"自动"，2SA 放"备用"，当集水井水位上升到"自动启动"水位时，变压器 T 的低压侧电路经过水而接通，使 3KM 励磁，$3KM_1$ 自保持，$3KM_2$ 接通 1 号泵的接触器线圈 1KM，1KM 接触器闭合，启动 1 号泵；当水位继续上升至"备用启动"水位时，4KM 回路接通，$4KM_1$ 自保持，$4KM_3$ 启动 2 号备用泵，$4KM_4$ 接通信号回路，向远方发报警信号；当水位下降到停止水位以下时，由于电极与"停止"电极之间的电路断开，3KM 和 4KM 都失磁，自动和备用泵都将停止。将控制开关 1SA、2SA 放手动，即可手动启动水泵。

Je2F3067 作图定性分析经发电机变压器组接入系统，主断路器非全相时的定子电流变化规律。

答：主断路器非全相时分两种情况：① 一相未断开，以 A 相未断开为例如图 F-5 所示；② 两相未断开，以 A、B 相未断开为例如图 F-6 所示。

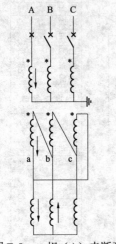 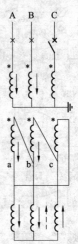

图 F-5　一相（A）未断开　　　图 F-6　两相（A、B）未断开

A 相一相未断开时，$I_a = I_b$，$I_c = 0$，即主断路器一相未断开时，发电机两相有电流，且大小相等，另外一相电流为零。

A、B 两相未断开时，I_b 较大，I_a、I_c 较小，且可能 $I_a=I_c$，也可能 $I_a \neq I_c$。即主断路器两相未断开时，发电机三相都有电流，且一相较大，另外两相较小。

Je2F3068　电网电能损耗中的理论线损由哪几部分组成？

答：（1）可变损耗。其大小随着负荷的变动而变化，它与通过电力网各元件中的负荷功率或电流的二次方成正比。包括各级电压的架空输、配电线路和电缆导线的铜损，变压器铜损、调相机、调压器、电抗器、阻波器和消弧线圈等设备的铜损。

（2）固定损耗。它与通过元件的负荷功率的电流无关，而与电力网元件上所加的电压有关，它包括输、配电线路和电缆导线的铁损，变压器铜损，调相机、调压器、电抗器、阻波器和消弧线圈等设备的铁损，绝缘介质损耗，绝缘子漏电损耗，电流、电压互感器的铁损，还有用户电能表电压绕组及其他附件的损耗。

Je2F4069　论述工控机运行中可不可以直接停电？为什么？应如何避免？

答：工控机运行中不可以直接停电。因为工控机的内存储器分两种，一种是只读存储器 ROM，另一种是读写存储器 RAM。ROM 的特点是信息的非易失性，即电源掉电后再上电时存储信息不会改变。RAM 的特点是易失性，即关掉电源就失去全部内容。由于工控机在运行中部分应用程序放在 RAM 中，故突然停电，这部分程序就会丢失。故工控机运行中不允许停电，避免工控机运行中掉电的基本方法有三种：

（1）硬件措施：装设掉电保护电路。用电池组作为这些存储器的后备电源，一旦系统掉电时，掉电保护电路会自动地把系统供电切换到电池组供电。

（2）软件措施：装设信息保护。工控机系统在检测到系统掉电时，立即把运行状态存入带有电池保护的存储器，并以软硬配合对存储器进行封锁，禁止对存储器的任何操作，以防存储器的内容被破坏。一旦检测到电源恢复正常后，就可恢复到故障发生前的状态。

（3）操作措施：工控机停电前，先将工控机退出运行，改为热备用。即将运行中存于 RAM 中的信息送到 ROM 中存放后，再停电。

Je2F5070   论述怎样防止逆变颠覆。

答： 所谓逆变颠覆就是逆变失败，是指三相整流桥在逆变过程中，因换流不成功而造成单相连续导通，使整流桥出现逆变→整流→逆变→整流的反复工作状态。逆变颠覆不利于整流桥安全运行，可以根据出现逆变颠覆的主要原因采取措施防止。理由如下：

出现逆变颠覆的主要原因有以下三种：

（1）脉冲丢失；

（2）控制脉冲角度过大，即逆变控制角不合适；

（3）整流元件故障，不能正常导通或截止。

在上述三种原因中，逆变控制角可以在设计过程中予以避免，只要充分考虑到晶闸管换弧的角度并留有一定的裕量即可。

脉冲丢失是逆变失败最多的原因。在脉冲丢失的可能原因中，又因脉冲质量太差为最多，其次是脉冲功率偏小。当脉冲丢失以后，晶闸管元件因为不能被触发而无法换流，造成逆变颠覆。

整流元件故障是造成逆变颠覆的又一个原因。整流元件存在故障时，在整流状态时反映为整流电压变低，调节系统可以通过减小控制角来增加输出。但在逆变状态下却不能通过改变控制角来满足工况的要求。故障元件在逆变状态下无法进行换流，造成逆变颠覆。此外，整流桥其他元件故障也会造成与整流元件故障一样的故障现象，使逆变失败或颠覆。

Je2F5071　从能量利用与结构角度说明冲击式水轮机与反击式水轮机的区别。

答：冲击式水轮机是利用水流的动能工作的，反击式水轮机是利用水流的动能与压能工作的。由于能量利用形式的不同，带来其机构的不同。冲击式水轮机具有喷嘴，有压水流通过喷嘴后变成动能（高速射流），冲动转轮做功。由于利用动能做功，其转轮叶片多呈斗叶状。转轮是部分进水，水流在大气压状态下通过水轮机。反击式水轮机充分利用水流的压能与动能，由蜗壳、导水机构、转轮与尾水管而形成封闭的流道，转轮全周进水，水流是有压的。转轮叶片的断面呈空气动力翼型形状。

Je1F3072　为什么反击式水轮机不宜在低水头和低出力下运行？

答：反击式水轮机在低于设计最小水头下运行时，可能产生以下危害：

（1）由于较大的偏离设计工况，因而在转轮叶片入口处产生撞击损失以及在出口处水流的剧烈的旋转，不仅大大降低了水轮机的效率，而且会增加水轮机的振动和摆度，使空蚀情况恶化，水轮机运行工况偏离设计工况，这种不良现象就越严重。

（2）由于水头低，水轮机的出力达不到额定出力，同时，在输出同一出力时，水轮机的引用流量要大大增加。

（3）水头低就意味着水位过低，有可能出现使有压水流变为无压水流，容易造成水流带气，甚至形成气团，使过水压力系统不能稳定运行，特别是甩负荷的过渡过程中，容易造成引水建筑物和整个水电站发生振动。

（4）可能卷起水库底部的淤积泥沙，增加引水系统和水轮机的泥沙磨损。

Je1F3073 为什么升压变压器高压侧额定电压要高出电网额定电压，而降压变压器高压侧额定电压却等于电网额定电压？

答：电力网运行时存在电压损失，因而线路上每点电压是不同的，一般电源首端电压较高、线路末端电压较低、为了标准化，通常把首端电压与末端电压的算术平均值作为电力网的额定电压。日前一般要求线路首端电压高出电力网额定电压5%，末端电压比电力网额定电压低 5%，以便使用设备的工作电压偏移不会超过允许范围，为此升压变压器高压侧额定电压比电力网额定电压高 10%，因为带满负荷时，变压器高压绕组本身损失约 5%，这样减去变压器本身压降，实际上线路首端电压就比电力网额定电压高 5%，符合要求。

至于降压变压器，有的接于线路首端，有的接于线路中间，有的接在线路末端，因此，降压变压器高压侧额定电压只好用线路首末端电压的平均值，即等于电网额定电压。为了使降压变压器额定电压与线路所在点的电压相近，变压器高压侧可采用调节分接头解决。

Je1F4074 变压器停送电操作时，其中性点为什么一定要接地？

答：这主要为了防止过电压损坏被投退变压器而采取的一种措施。对于一侧有电源的受电变压器，当其断路器非全相断、合时，若其中性点不接地有以下危害：

（1）变压器电源侧中性点对地电压最大可达相电压，这可能损坏变压器的绝缘；

（2）变压器的高、低绕组之间有电容，这种电容会造成高压对低压的"传递过电压"；

（3）当变压器高、低绕组之间有电容的耦合，低压侧可能会出现谐振过电压，损坏绝缘。

对于低压侧有电源的送电变压器：

（1）由于低压侧有电源，在并入系统前，变压器高压侧发生单相接地，如此时变压器中性点不接地，其中性点对地电压将为相电压，这可能损坏变压器的绝缘；

（2）非全相并入系统时，当出现一相与系统相联，由于发电机和系统的频率不同，变压器的中性点又未接地，则变压器中性点对地电压最大可达两倍相电压，未合相电压最高可达2.73倍相电压，这将损坏绝缘。

Je1F4075　阐述断路器失灵保护及其动作原理和动作过程。

答：断路器失灵保护是指：当故障线路的继电保护发出跳闸脉冲后，断路器拒绝动作，能够以较短时间切除所有来电侧其他断路器，以使故障可靠隔离的一种近后备保护。

（1）断路器失灵保护由线路、母线、主变压器等保护启动。

（2）失灵保护有两个功能：瞬时重跳和延时三跳。失灵保护启动后，瞬时动作接点，向本断路器拒动相两组跳闸线圈再发一次单跳或三跳脉冲，经延时向有关断路器发三跳脉冲，发远方跳闸信号。

（3）失灵保护反应故障时断路器主触头黏住，机构失灵，跳闸线圈开路等原因拒动以及死区故障。

（4）失灵保护启动条件是：保护动作不返回，故障电流依然存在。

（5）失灵保护闭锁重合闸。

（6）失灵保护跳闸时间为 0.2～0.3s。

（7）失灵保护跳相关断路器：启动母差出口（边断路器）；启动主变压器保护出口跳两（三）侧；启动远方跳闸跳对侧（线路断路器）。

Je1F4076　变压器中性点运行方式改变时，对保护有何要求？为什么在装有接地开关的同时安装放电间隙？

答：变压器中性点运行方式改变时，反映主变压器中性点零序过流和中性点过电压的保护应当作相应改变：

（1）主变压器中性点接地开关合上后，应将主变压器零序过流保护投入，间隙过电压保护退出。

（2）主变压器中性点接地开关断开前，应先将间隙过电压保护投入，然后再断开主变压器中性点接地开关，退出主变压器零序过流保护。

主变压器采用分级绝缘，中性点附近绝缘比较薄弱，所以运行中必须防止中性点过电压。如果主变压器中性点接地开关合上运行，则强制性使中性点电位为 0，不会出现过电压。但由于运行方式及保护装置的要求，有时需要主变压器中性点不接地运行，所以通常在主变压器中性点装有避雷器及与之并联的过电压放电保护间隙。避雷器对偶然出现的过电压，能起到很好的降低电压作用，但当频繁出现过电压时，避雷器如果频繁动作，有可能使避雷器爆炸；当频繁出现高电压时，放电间隙击穿放电，然后又恢复，不会损坏，因此，必须安装放电间隙。

Je1F5077　电压互感器二次回路中熔断器的配置原则是什么？

答：（1）在电压互感器二次回路的出口，应装设总熔断器或自动开关用以切除二次回路的短路故障。自动调节励磁装置及强行励磁用的电压互感器的二次侧不得装设熔断器，因为熔断器熔断会使它们拒动或误动。

（2）若电压互感器二次回路发生故障，由于延迟切断二次回路故障时间可能使保护装置和自动装置发生误动作或拒动，因此应装设监视电压回路完好的装置。此时宜采用自动开关作为短路保护，并利用其辅助触点发出信号。

（3）在正常运行时，电压互感器二次开口三角辅助绕组两端无电压，不能监视熔断器是否断开；且熔丝熔断时，若系统发生接地，保护会拒绝动作，因此开口三角绕组出口不应装设熔断器。

（4）接至仪表及变送器的电压互感器二次电压分支回路应装设熔断器。

（5）电压互感器中性点引出线上，一般不装设熔断器或自动开关。采用 B 相接地时，其熔断器或自动开关应装设在电压互感器 B 相的二次绕组引出端与接地点之间。

Jf5F3078　填写工作票有哪些具体要求？

答：填写工作票的规定有：

（1）用钢笔或圆珠笔填写一式两份；

（2）经工作票签发人审核后，由工作许可人办理许可手续；

（3）工作票不准任意涂改；

（4）工作票主要内容记入操作记录簿中；

（5）全部工作结束，退出现场，在工作票上签字，注销；

（6）工作票保存一年。

Jf4F3079　事故处理时对运行值班员有哪些要求？

答：事故处理发生后，运行值班员应：

（1）所有运行值班人员都必须坚守岗位。

（2）当交接班时发生事故，而交接班手续尚未完成，应停止交接班，由交班值处理事故，接班值协助处理。

（3）当值值长是处理事故的指挥人，凡是与处理事故无关人员，严禁进入现场。

（4）处理事故时，重要操作（现场规程有明确规定的除外）必须有值班调度员的命令方可执行。

（5）为了迅速处理事故，防止事故扩大，下列情况无须等待调度命令，事故单位可自行处理，但事后应尽快报告值班调度员：①将直接对人员生命有威胁的设备停电；②将已损坏的设备隔离；③运行中的设备有受损伤的威胁时，根据现场事故处理规程加以隔离；④ 当母线无压时，将连接在该母线上的断路器拉开。

Jf3F3080　水电厂处理生产事故的一般原则是什么？

答： 发生生产事故后，运行人员应尽快做出准确判断，如故障设备、故障原因、故障范围、处理方案等，尽快隔离故障源，尽量缩小事故的影响范围。

（1）尽快限制事故的发展，消除事故的根源并解除对人身和设备的威胁。

（2）尽可能保证正常设备的运行，保证对用户的正常供电。必要时设法在未直接受到损害的机组上增加负荷。

（3）尽快对已停电的用户恢复送电。

（4）应设法调整系统运行方式，使其恢复正常。

Jf2F4081　发电机纵差与变压器纵差保护有哪些区别？

答： 发电机纵差保护范围仅包含定子绕组电路，满足正常运行和外部故障时的电路电流相量和为零，而变压器纵差保护范围包含诸绕组的电路并受它们的磁路影响，正常运行和空载合闸时不满足其相量和为零原理；变压器纵差保护比发电机纵差保护增加了空负荷合闸时防励磁涌流下误动的部分。变压器某侧绕组匝间短路时，该绕组的匝间短路部分可视为出现了一个新的短路绕组，故变压器纵差保护可以动作。而发电机定子绕组匝间短路时，机端和中性点侧电流完全相等，所以发电机纵差保护不反映其匝间短路。

Jf1F4082　从微机调速器方面分析导叶接力器呈现跳跃式运动或抖动现象的原因及处理。

答：（1）调速器外部干扰引起：检查并妥善处理 PLC 微机调速器的机柜和微机调节器壳体的接地；外部直流继电器或电磁铁线圈加装反向并接（续流）二极管；接点两端并接阻容吸

收器件。

（2）机组频率信号源干扰：机组频率信号（残压信号或齿盘信号）均应采用各白的带屏蔽的双纹线接至 PLC 微机调速器，屏蔽层应可靠地在一点接地。频率信导线不要与强动力电源线或脉冲信号线平行、靠近布置。

（3）接线松动、接触不良：检查 PLC 调速器接线端子、电流转换器等电/机转换装置、导叶接力器变送器、机组功率变送器、水头变送器及调速器内部接线的连接情况，并加以相应的处理。

（4）导叶接力器反应时间常数 T_y 值偏小：减小电液（机械）随动系统的放大系数，从而使接力器反应时间常数 T_y 取较大数值。

4.2 技能操作试题

4.2.1 单项操作

行业：电力工程　　　工种：水轮发电机组值班员　　　等级：初

编　号	C05A001	行为领域	e	鉴定范围	3
考核时限	15min	题　型	A	题　分	10
试题正文	1号离心式水泵恢复运行				
需要说明的问题和要求	1. 操作人员独立完成 2. 注意安全，不准触摸设备				
工具、材料、设备现场	现场实际设备				

	序号	项　目　名　称
评 分 标 准	1	检查1号离心泵工作票已全部收回，安全措施已全部撤销
	2	检查1号离心泵电动机及水泵具备送电条件
	3	打开1号离心泵出口阀
	4	打开1号离心泵充水阀
	5	检查1号离心泵动力电源开关在分位
	6	1号离心泵动力电源开关推（或摇）至试验位置
	7	1号离心泵动力电源开关二次插头插入
	8	1号离心泵动力电源开关推至工作位置
	9	合上1号离心泵动力电源开关
	10	投入1号离心泵操作电源熔断器FU（或合上1号离心泵操作电源开关）
	11	将1号离心泵切换开关放"手动"位置
	12	检查1号离心泵启动运转抽水正常
	13	将1号离心泵切换开关放"自动"位置
	14	检查上述操作无误后汇报
	质量要求	1. 严格执行运行规程 2. 不准漏项和顺序颠倒
	得分或扣分	1. 安全措施、工作票不检查，扣4分 2. 每操作完一项要检查是否良好，未检查者，扣2分 3. 操作结束后未及时汇报，扣2分 4. 关键项目漏项或顺序颠倒，本题不得分。经提示能继续操作扣5分

编　　号	C05A002	行为领域	e	鉴定范围	3
考核时限	15min	题　　型	A	题　　分	10
试题正文	1号离心式水泵停电检修做安全措施				
需要说明的问题和要求	1. 操作人员独立完成 2. 注意安全，不准触摸设备				
工具、材料、设备现场	现场实际设备				

	序号	项　目　名　称
评 分 标 准	1	1号离心泵切换开关放"切除"
	2	检查1号离心泵停止运转
	3	取下1号离心泵操作电源熔断器FU（或拉开1号离心泵操作电源开关）
	4	拉开1号离心泵动力电源开关
	5	1号离心泵动力电源开关拉（或摇）至试验位置
	6	检查1号离心泵动力电源开关二次插头拔出
	7	拉出1号离心泵动力电源开关抽屉
	8	关闭1号离心泵出口阀
	9	关闭1号离心泵充水阀
	10	有关安全措施处挂警告牌
	质量要求	1. 严格执行运行规程 2. 不准漏项和顺序颠倒
	得分或扣分	1. 每操作完一项要检查是否良好，未检查者，扣2分 2. 操作结束后未及时汇报，扣2分 3. 漏项或顺序颠倒，本题不得分。经提示能继续操作扣5分 4. 操作结束后，未记清时间扣2分

行业：电力工程　　工种：水轮发电机组值班员　　　　等级：初

编　　号	C05A003	行为领域	e	鉴定范围	3
考核时限	15min	题　型	A	题　分	10
试题正文	1号深井水泵恢复运行				
需要说明的问题和要求	1. 操作人员独立完成 2. 注意安全，不准触摸设备				
工具、材料、设备现场	现场实际设备				

	序号	项　目　名　称
评分标准	1	检查1号深井水泵工作票已全部收回，安全措施已全部撤销
	2	检查1号深井水泵电动机及水泵具备送电条件
	3	打开1号深井水泵出口阀
	4	打开1号深井水泵润滑水进水阀
	5	检查1号深井水泵动力电源开关在分位
	6	1号深井水泵动力电源开关推（或摇）至试验位置
	7	1号深井水泵动力电源开关二次插头插入
	8	1号深井水泵动力电源开关推至工作位置
	9	合上1号深井水泵动力电源开关
	10	投入1号深井水泵操作电源熔断器FU（或合上1号深井水泵操作电源开关）
	11	将1号深井水泵切换开关放"手动"位置
	12	按1号深井水泵"启动"按钮，检查1号离心泵启动运转抽水正常
	13	将1号深井水泵切换开关放"自动"位置
	14	检查上述操作无误后汇报
	质量要求	1. 严格执行运行规程 2. 不准漏项和顺序颠倒
	得分或扣分	1. 安全措施、工作票不检查，扣4分 2. 每操作完一项要检查是否良好，未检查者，扣2分 3. 操作结束后未及时汇报，扣2分 4. 关键项目漏项或顺序颠倒，本题不得分。经提示能继续操作扣5分

行业：电力工程　　　工种：水轮发电机组值班员　　　　等级：初

编　　号	C05A004	行为领域	e	鉴定范围	3
考核时限	15min	题　型	A	题　分	10
试题正文	1 号深井水泵停电检修做安全措施				
需要说明的问题和要求	1. 操作人员独立完成 2. 注意安全，不准触摸设备				
工具、材料、设备现场	现场实际设备				

	序号	项　目　名　称
评分标准	1	1 号深井水泵切换开关放"切除"
	2	检查 1 号深井水泵停止运转
	3	取下深井水泵操作电源熔断器 FU（或拉开 1 号离心泵操作电源开关）
	4	拉开 1 号深井水泵动力电源开关
	5	1 号深井水泵动力电源开关拉（或摇）至试验位置
	6	检查 1 号深井水泵动力电源开关二次插头拔出
	7	拉出 1 号深井水泵动力电源开关抽屉
	8	关闭 1 号深井水泵出口阀
	9	关闭 1 号深井水泵润滑水进水阀
	10	有关安全措施处挂警告牌
	质量要求	1. 严格执行运行规程 2. 不准漏项和顺序颠倒
	得分或扣分	1. 每操作完一项要检查是否良好，未检查者，扣 2 分 2. 操作结束后未及时汇报，扣 2 分 3. 漏项或顺序颠倒，本题不得分。经提示能继续操作扣 5 分 4. 操作结束后，未记清时间扣 2 分

编　　号	C05A005	行为领域	e	鉴定范围	5
考核时限	10min	题　　型	A	题　　分	15
试题正文	发电机冷却水系统由正向倒至反向运行				
需要说明的问题和要求	1. 要求被考人单独完成操作任务 2. 考核时，被考人要先填写操作票，然后进行考核操作 3. 操作时，要严格执行规程规定，现场考核只能进行模拟演示，不准触及设备，并做好监护 4. 出现异常情况，停止考核退出现场				
工具、材料、设备现场	1. 现场实际设备 2. A厂发电机冷却水系统图 CA-01				

	序号	项　目　名　称
评 分 标 准	1	收到值长令：发电机冷却水系统由正向倒至反向运行
	2	将机组冷却水中断导致停机的保护 XB 切除或改投信号侧
	3	开 02 阀，适当降低总冷却水压
	4	调 07 阀至中间位置
	5	调 08 阀至中间位置
	6	调 09 阀至中间位置
	7	调 10 阀至中间位置
	8	开 04 阀
	9	开 06 阀
	10	关 03 阀
	11	关 05 阀
	12	07 阀全开
	13	08 阀全开
	14	09 阀关小
	15	10 阀关小
	16	关 02 阀，调总冷却水压正常
	17	用 09 阀调轴承冷却器冷却水压正常
	18	用 10 阀调空冷器水压正常
	19	将机组冷却水中断保护 XB 投入正常位置
	20	汇报值长：发电机冷却水系统由正向倒至反向运行操作完毕
	21	盖"已执行"章

	序号	项 目 名 称
评分标准	质量要求	1. 操作票打印清晰，字迹不得潦草或辨认不清 2. 操作任务要填写清楚 3. 操作票不准合项、并项 4. 操作票不准涂抹、更改 5. 每项操作前要核对设备标志 6. 操作顺序不准随意更改或跳项操作 7. 每完成一项操作要做记号，重要操作要记录开始和结束时间
	得分或扣分	1. 字迹潦草辨认不请，扣 2 分 2. 操作每漏一项扣 3 分，严重漏项全题不得分 3. 操作票合项、并项，每处扣 1 分 4. 操作票任务填写不清，扣 2 分 5. 设备不写双重名称，每处扣 1 分 6. 操作术语使用不规范，每处扣 1 分 7. 操作票涂改、更改，每处扣 2 分 8. 每项操作前不核对设备标志，扣 2 分 9. 操作顺序颠倒或跳项操作，每次扣 2 分 10. 重要设备颠倒顺序操作，阀门不采用"先开后关"的原则全题不得分 11. 每项操作后不做记号，重要操作不记录时间，扣 2 分 12. 每项操作后不检查，扣 1 分 13. 发生误操作全题不得分

编　　号	C05A006	行为领域	e	鉴定范围	5
考核时限	10min	题　型	A	题　分	15
试题正文	发电机冷却水系统由反向倒至正向运行				
需要说明的问题和要求	1. 要求被考人单独完成操作任务 2. 考核时，被考人要先填写操作票，然后进行考核操作 3. 操作时，要严格执行规程规定，现场考核只能进行模拟演示，不准触及设备，并做好监护 4. 出现异常情况，停止考核退出现场				
工具、材料、设备现场	1. 现场实际设备 2. A厂发电机冷却水系统图 CA-01				

	序号	项　目　名　称
	1	收到值长令：发电机冷却水系统由反向倒至正向运行
	2	机组断水保护 XB 切除或改投信号侧
	3	开02阀，适当降低总冷却水压
	4	调07阀至中间位置
	5	调08阀至中间位置
	6	调09阀至中间位置
	7	调10阀至中间位置
评 分 标 准	8	开05阀
	9	开03阀
	10	关06阀
	11	关04阀
	12	09阀全开
	13	10阀全开
	14	07阀关小
	15	08阀关小
	16	关02阀，调总冷却水压正常
	17	用08阀调轴承冷却器冷却水压正常
	18	用07阀调空冷器水压正常
	19	机组断水保护 XB 投入正常位置
	20	汇报值长：发电机冷却水系统由反向倒至正向运行操作完毕
	21	盖"已执行"章

	序号	项　目　名　称
评 分 标 准	质量 要求	1. 操作票打印清晰，填写字迹不得潦草或辨认不清 2. 操作任务要填写清楚 3. 操作票不准合项、并项 4. 操作票不准涂抹、更改 5. 每项操作前要核对设备标志 6. 操作顺序不准随意更改或跳项操作 7. 每完成一项操作要做记号，重要操作要记录时间
	得分或 扣分	1. 字迹潦草辨认不清，扣 2 分 2. 操作每漏一项扣 3 分，严重漏项全题不得分 3. 操作票合项、并项，每处扣 1 分 4. 操作票任务填写不清，扣 2 分 5. 设备不写双重名称，每处扣 1 分 6. 操作术语使用不规范，每处扣 1 分 7. 操作票涂改、更改，每处扣 2 分 8. 每项操作前不核对设备标志，扣 2 分 9. 操作顺序颠倒或跳项操作，每次扣 2 分 10. 重要设备颠倒顺序操作，阀门不采用"先开后关"的原则全题不得分 11. 每项操作后不做记号，重要操作不记录时间，扣 2 分 12. 每项操作后不检查，扣 1 分 13. 发生误操作全题不得分

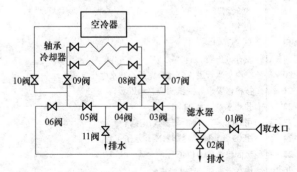

图 CA-01　A 厂发电机冷却水系统图

注：03 阀、05 阀开为正向运行；04 阀、06 阀开为反向运行。

编　　号	C54A007	行为领域	e	鉴定范围	5
考核时限	10min	题　　型	A	题　　分	15
试题正文	发电机冷却水系统通水试验				
需要说明的问题和要求	1. 要求被考人单独完成操作任务 2. 考核时，被考人要先填写操作票，然后进行考核操作 3. 操作时，要严格执行规程规定，现场考核只能进行模拟演示，不准触及设备，并做好监护 4. 出现异常情况，停止考核退出现场				
工具、材料、设备现场	1. 现场实际设备 2. B厂发电机冷却水系统图 CA-02				

	序号	项　目　名　称
评 分 标 准	1	收到值长令：发电机冷却水系统通水试验
	2	联系有关检修班组
	3	检查 01 阀在关
	4	检查 13 阀在关
	5	检查减压阀在关
	6	滤水器排水 03 阀开
	7	滤水器排气阀开
	8	检查 02 阀在开
	9	04 阀开
	10	06 阀开
	11	05 阀关
	12	07 阀关
	13	10 阀全开
	14	11 阀全开
	15	08 阀稍开
	16	09 阀稍开
	17	12 阀开
	18	13 阀开
	19	稍开减压阀
	20	待冷却水管道内空气排完后，滤水器排气阀关
	21	按检修要求开减压阀调总水压
	22	关滤水器排水 03 阀
	23	用 08 阀调空气冷却器水压正常
	24	用 09 阀调轴承冷却器冷却水压正常
	25	全面检查各部位正常
	26	通水完毕后，关 13 阀
	27	汇报值长：发电机冷却水系统通水试验
	28	盖"已执行"章

	序号	项 目 名 称
评 分 标 准	质量 要求	1. 操作票打印清晰，填写字迹不得潦草或辨认不清 2. 操作任务要填写清楚 3. 操作票不准合项、并项 4. 操作票不准涂抹、更改 5. 每项操作前要核对设备标志 6. 不准随意更改或跳项操作 7. 每完成一项操作要做记号，重要操作要记录时间
	得分或 扣分	1. 字迹潦草辨认不清，扣 2 分 2. 操作每漏一项扣 3 分，严重漏项全题不得分 3. 操作票合项、并项，每处扣 1 分 4. 操作票任务填写不清，扣 2 分 5. 设备不写双重名称，每处扣 1 分 6. 操作术语使用不标准，每处扣 1 分 7. 操作票涂改、更改，每处扣 2 分 8. 每项操作前不核对设备标志，扣 2 分 9. 操作顺序颠倒或跳项操作，每次扣 2 分 10. 重要设备颠倒操作，全题不得分 11. 每项操作后不做记号，重要操作不记录时间，扣 2 分 12. 每项操作后不检查，扣 1 分 13. 发生误操作全题不得分

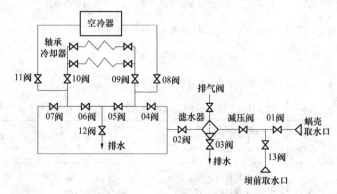

图 CA-02　B 厂发电机冷却水系统图

注：05 阀、07 阀开为正向运行；04 阀、06 阀开为反向运行。

271

行业：电力工程　　工种：水轮发电机组值班员　　等级：初/中

编　　号	C54A008	行为领域	e	鉴定范围	5
考核时限	10min	题　型	A	题　分	20

试题正文	电动机自动跳闸如何处理				
需要说明的 问题和要求	1. 要求被考人单独进行故障处理 2. 考评员可根据实际情况给出故障现象，被考人按规程规定进行处理；现场考核只能进行模拟演示，不能触及运行设备，并做好监护 3. 出现异常情况时，停止考核退出现场				
工具、材料、 设备现场	1. 仿真机或现场实际设备 2. 现场考核时，应选在备用设备上进行，无备用设备时，要做好安全防范措施 3. 操作工具和绝缘用具				

	序号	项　目　名　称			
评 分 标 准	1	现象			
	1.1	电动机断路器自动跳闸，电动机停止运行			
	2	处理			
	2.1	若属重要设备，检查备用电机是否联动，若未联动应手合备用电机；若无备用电机且对生产有直接威胁者，电机及其拖动设备检查未发现明显故障，可请示值长强送电一次			
	2.2	检查电动机保护动作情况，并对电动机本体及回路进行检查：			
	2.2.1	电动机是否过热、有焦味或烧坏，回路有无明显故障			
	2.2.2	电动机电源熔断器是否熔断，热偶是否动作			
	2.2.3	检查机械部分是否卡涩故障			
	2.2.4	测定绝缘电阻是否合格			
	2.3	经上述检查原因不明时，不得投入运行，应通知检修人员鉴定处理			
	质量 要求	按规程规定处理正确			
	得分或 扣分	1. 处理延误时间扣2分 2. 强送有误扣3分 3. 电动机外部检查漏项一处扣2分 4. 原因不明强送投入不得分			

编　　号	C04A009	行为领域	e	鉴定范围	5
考核时限	10min	题　型	A	题　分	20
试题正文	发电机轴承温度升高处理				
需要说明的问题和要求	1. 要求被考人单独进行故障处理 2. 考评员可根据实际情况给出故障现象，被考人按规程规定进行处理；现场考核只能进行模拟演示，不能触及运行设备，并做好监护 3. 出现异常情况时，停止考核退出现场				
工具、材料、设备现场	1. 实际设备或仿真机 2. 现场考核时，不得触及设备，做好安全防范措施 3. 操作工具和绝缘用具				

	序号	项　目　名　称
评分标准	1	现象
	1.1	发电机轴承温度超过额定值，并发轴承温度升高信号
	2	处理
	2.1	检查各种表计，校核温度是否升高
	2.2	检查机组是否在共振区，设法避开
	2.3	检查轴承冷却器进出水水压，适当提高水压或冷却器切换冷却水向
	2.4	检查该轴承油色、油位是否正常（如有异常应取油样化验）。若有漏油、跑油、甩油现象应设法消除
	2.5	测定机组各部摆度，听轴承内有无异音，并测量轴电压
	2.6	经处理温度仍不下降，联系降低发电机出力。设专人监视温度
	2.7	如轴瓦温度急剧升高，应立即停机
	2.8	如轴瓦温度普遍升高，超过额定值，即将达到停机值，应紧急停机
	质量要求	按规程规定处理正确
	得分或扣分	1. 不检查各表计核对温度扣1～3分 2. 不检查水压扣2分 3. 不检查轴承各部位扣2～5分 4. 不调整负荷扣2分 5. 不监视温度扣1分 6. 不联系调度停机不得分

行业：电力工程　　工种：水轮发电机组值班员　　等级：中

编　号		C04A010	行为领域	e	鉴定范围	5
考核时限		10min	题　型	A	题　分	20
试题正文		发电机调整负荷时，主配压阀卡在开侧故障处理				
需要说明的问题和要求		1. 要求被考人单独进行故障处理 2. 考评员可根据实际情况给出故障现象，被考人按规程规定进行处理；现场考核只能进行模拟演示，不能触及运行设备，并做好监护 3. 出现异常情况时，停止考核退出现场				
工具、材料、设备现场		1. 实际设备或仿真机 2. 现场考核时，不得触及设备，做好安全防范措施 3. 操作工具和绝缘用具				
评 分 标 准	序号	项　目　名　称				
	1	现象				
	1.1	发电机负荷升至最大出力				
	1.2	机组频率上升（根据机组容量和电网大小而定）				
	2	处理				
	2.1	检查导叶已开至最大，发电机负荷已升至最大出力				
	2.2	现场调速器手动关导叶无效，调速器有减负荷信号				
	2.3	机组接力器已达到100%行程，机组有过负荷声，汇报值长				
	2.4	按值长令：机组冷却水取至蜗壳的，停机前还应倒换至坝前引水或手动投入水导备用水				
	2.5	按值长令：下落该机组的工作门或关闭进口碟阀				
	2.6	当发电机出力为零时，拉开发电机开关				
	2.7	监视钢管水压到零，待机组转速下降到加闸转速时，手动加闸停机，完成后手动复归机组的技术供水				
	2.8	将详细情况汇报调度，并做好异常情况记录				
	2.9	做好安全隔离措施，并通知检修人员处理				
	质量要求	按规程规定处理正确				
	得分或扣分	1. 不检查调速器信号扣2~4分 2. 不检查接力器行程1~2分 3. 不检查调速器状况扣2~5分 4. 采取措施不当扣1分 5. 调速器旁不定点专人监视扣2分 6. 不联系检修人员处理扣3~7分 7. 扩大故障此题不得分				

行业：电力工程　　工种：水轮发电机组值班员　　　等级：中

编　　号	C04A011	行为领域	e	鉴定范围	5
考核时限	10min	题　型	A	题　分	20
试题正文	发电机调整负荷时，主配压阀卡在关侧故障处理				
需要说明的问题和要求	1. 要求被考人单独进行故障处理 2. 考评员可根据实际情况给出故障现象，被考人按规程规定进行处理；现场考核只能进行模拟演示，不能触及运行设备，并做好监护 3. 出现异常情况时，停止考核退出现场				
工具、材料、设备现场	1. 实际设备或仿真机 2. 现场考核时，不得触及设备，做好安全防范措施 3. 操作工具和绝缘用具				

	序号	项　目　名　称
评分标准	1	现象
	1.1	发电机负荷降至零以下，导叶全关
	1.2	机组频率下降（视机组出力和电网容量而定）
	2	处理
	2.1	检查调速器有增负荷信号，发电机负荷已降至零以下
	2.2	检查机组导叶已关到零，现场调速器手动增负荷无效，引导阀在开测
	2.3	机组接力器行程已到零，机组有功进相，机组调相运行，汇报值长
	2.4	按值长令：拉开发电机开关
	2.5	待机组转速下降到加闸转速时，手动加闸停机，完成后手动复归机组的技术供水
	2.6	做好安全隔离措施，并通知检修人员处理
	质量要求	按规程规定处理正确
	得分或扣分	1. 不检查调速器信号扣 2～4 分 2. 不检查接力器行程 1～2 分 3. 不检查调速器状况扣 2～5 分 4. 采取措施不当扣 1 分 5. 调速器旁不定点专人监视扣 2 分 6. 不联系检修人员处理扣 3～7 分 7. 扩大故障此题不得分

行业：电力工程　　工种：水轮发电机组值班员　　　等级：中

编　　号		C04A012	行为领域	e	鉴定范围	5
考核时限		10min	题　型	A	题　分	15
试题正文		发电机定子温度高故障处理				
需要说明的问题和要求		1. 要求被考人单独进行故障处理 2. 考评员可根据实际情况给出故障现象，被考人按规程规定进行处理；现场考核只能进行模拟演示，不能触及运行设备，并做好监护 3. 出现异常情况时，停止考核退出现场				
工具、材料、设备现场		1. 仿真机或现场实际设备 2. 现场考核时，应选在备用设备上进行，无备用设备时，要做好安全防范措施 3. 操作工具和绝缘用具				
评分标准	序号	项　目　名　称				
	1	现象				
	1.1	发电机定子温度超过报警值				
	1.2	温度巡检表显示定子、转子温度或冷热风温度高，可能越限报警				
	2	处理				
	2.1	检查发电机各表计是否超过允许值，并同正常运行工况比较，核对温度计				
	2.2	检查发电机入口风温、发电机冷却器工作是否正常，如不正常应采取调节措施使之恢复				
	2.3	检查机组不平衡电流是否偏大，如偏大，设法消除				
	2.4	检查冷却水系统、水压、流量、温度是否正常，如不正常应采取措施进行调整				
	2.5	在系统电压允许的情况下适当的降低无功负荷，无效时再降低有功负荷，并适时监视发电机各部温度的变化				
	2.6	经上述调整发电机定子温度仍持续上升时，应请示领导并联系调度解列停机 注：无监视发电机转子温度表计时，需根据转子电流、电压进行换算				
	质量要求	按规定调整处理正确				
	得分或扣分	1. 不检查各表计、核对温度计扣 1～3 分 2. 不检查入口风温扣 2 分，采取措施不当扣 1 分 3. 不检查冷却水系统扣 2 分 4. 不调整水压，采取措施不当扣 1 分 5. 不调整负荷扣 2 分，不监视发电机温度扣 1 分 6. 不请示解列停机不得分				

编　　号	C04A013	行为领域	e	鉴定范围	5
考核时限	15min	题　　型	A	题　　分	10
试题正文	发电机励磁回路一点接地				
需要说明的问题和要求	1. 操作者独立完成 2. 注意安全，不准触摸运行设备 3. 考核过程中，如遇有生产事故立即停止考核，退出现场				
工具、材料、设备现场	1. 仿真机 2. 现场实际设备				

	序号	项　目　名　称			
评分标准	1	现象			
	1.1	发电机转子一点接地光字牌亮			
	1.2	转子绝缘监视电压表选测正或负对地指示值明显升高，另一极对地电压减低			
	2	处理			
	2.1	全面检查励磁回路有无明显接地			
	2.2	若有备用励磁装置具备运行条件，可倒至备用励磁运行			
	2.3	检查励磁回路各表计、保护装置有无接地			
	2.4	若确认发电机转子一点接地，应解列停机处理			
	质量要求	1. 严格按规程规定处理 2. 应与有关人员配合			
	得分或扣分	1. 说不清检查内容扣 3 分 2. 选测前若将自动励磁切为手动励磁，扣 3 分 3. 不会投入备用励磁的操作扣 3 分 4. 不能准确查出表计及保护装置，扣 3 分 5. 无法确认发电机转子一点接地，扣 3 分 6. 确认发电机转子一点接地，不解列停机处理扣 5 分			

编　号	C04A014	行为领域	e	鉴定范围	5
考核时限	15min	题　型	A	题　分	20
试题正文	主变压器油温异常升高原因查找及处理				
需要说明的问题和要求	1. 要求被考人单独进行故障处理 2. 要求现场模拟演示，由考评员给出故障现象，被考人按现场运行规程判断处理，不得触动运行设备，并做好监视工作 3. 若现场出现异常情况，停止考核，退出现场				
工具、材料、设备现场	1. 现场实际设备 2. 带好必要的操作工具和绝缘用具，穿好工作服				

	序号	项　目　名　称
评 分 标 准	1	现象
	1.1	变压器油温升高超过允许值
	2	处理
	2.1	应立即降低变压器负荷，限制变压器温度继续上升
	2.2	检查变压器外壳温度是否很高，油位有无异常升高，核对温度表是否准确
	2.3	检查变压器冷却系统工作是否正常，若有异常尽快处理
	2.4	检查各冷却器温度是否一致，判明冷却器是否有堵塞现象；运行中无法处理时，应联系停电处理
	2.5	适当提高冷却器水压，增加冷却器运行台数，改变冷却器运行水向，观察温度是否下降
	2.6	经上述检查未发现问题时，且油温较平时同一负荷和冷却环境下高出10℃以上，或变压器负荷不变，温度不断上升，则为变压器内部故障，立即报告值长，停电处理
	质量要求	1. 立即采取措施控制变压器温度 2. 立即到变压器本体核对外壳温度判断表计是否准确 3. 全面检查冷却装置 4. 正确判明散热器是否运行正常 5. 正确判断变压器内部故障，处理正确
	得分或扣分	1. 不采取措施扣4分 2. 不检查变压器外壳温度扣4分 3. 检查每漏一项扣1分 4. 判断错误扣4分 5. 判断失误扣4分，处理不当扣2分

行业：电力工程　　工种：水轮发电机组值班员　　等级：中

编　　号	C04A015	行为领域	e	鉴定范围	5
考核时限	10min	题　　型	A	题　分	15
试题正文	直流系统接地故障处理				
需要说明的问题和要求	1. 要求被考人单独进行故障处理 2. 考评员可根据实际设备情况，给出故障现象，被考人按规程规定判断处理，找出故障点 3. 现场考核，只能进行模拟演示，不准触及设备，并做好监护 4. 出现异常情况，停止考核退出现场				
工具、材料、设备现场	现场实际设备				

	序号	项　目　名　称
评分标准	1	现象
	1.1	警铃响，"直流母线接地"字牌亮
	1.2	直流母线绝缘监视电压表选测时，出现正或负极对地有升高的电压值
	2	处理
	2.1	用绝缘监视电压表选测接地极性和接地程度
	2.2	检查有关班组有无其他作业和操作而引起接地
	2.3	调整运行方式，断开直流母线分段断路器（或隔离开关）确定直流接地母线
	2.4	逐一试拉接地母线所带负荷，直至选出接地分支回路，瞬停负荷时应通知有关岗位或专责，如涉及调度所管辖的设备，应汇报调度，并经调度同意后再拉直流电源
	2.5	对不允许停电的直流负荷，应切换所在的直流母线，看接地是否转移，判断是否接地
	2.6	对接地分支线路各设备，采取逐一瞬停查找，接地设备选出后，通知检修人员处理
	2.7	若上述查找不成功时，应对蓄电池、硅整流装置及直流母线查找
		注意：试拉负荷时，应提前通知有关人员，本着先次要、后主要，先室内、后室外的原则，试拉时间尽量缩短
	质量要求	按规程规定快速、准确找出直流系统接地故障点且操作顺序正确无误
	得分或扣分	1. 不进行测量扣 2 分 2. 操作有误一处扣 1 分 3. 试拉顺序有误扣 2 分，瞬停时间过长扣 1 分 4. 操作有误扣 2 分 5. 瞬停时间过长扣 1 分，不联系有关专责扣 3 分 6. 查找方式有误，扣 2 分

行业：电力工程　　工种：水轮发电机组值班员　　等级：中/高

编　号	C43A016	行为领域	e	鉴定范围	5
考核时限	15min	题　型	A	题　分	20
试题正文	发电厂厂用系统高压侧母线Ⅰ段A相接地故障处理				
需要说明的问题和要求	1. 厂用系统6kV母线为不接地系统 2. 要求被考人独立进行故障处理 3. 在仿真机上考核时，由考评员给出故障现象，被考人按仿真机运行规程判断处理 4. 现场模拟操作演示时，由考评员给出故障现象，被考人依据现场规程判断处理、进行模拟演示，不得触摸运行设备，并做好监护 5. 现场出现异常情况，停止考核退出现场				
工具、材料、设备现场	1. 现场考核，应选在备用设备上进行演示，以免影响机组运行；无备用设备，应做好安全防范措施 2. 现场考核时，应准备好必要的操作工具和绝缘用具，穿好工作服				

	序号	项　目　名　称
评 分 标 准	1	现象
	1.1	警铃响，厂用系统6kV母线Ⅰ段故障光字牌亮 选测A相电压降低或无指示，B、C两相电压升高或等于线电压 接地保护有动作信号显示
	2	处理
	2.1	判断事故范围及原因：检查现象，穿绝缘靴、戴绝缘手套检查厂用系统6kV母线Ⅰ段电压互感器TV是否正常
	2.2	确认接地后，检查接地点
	2.3	从切除不重要负荷开关开始检查直至重要负荷开关，一个一个负荷开关检查，哪一个开关切除后，接地信号消失，可判断为接地由此开关引起，如果所有开关都切除接地信号不消失，即可判断为母线接地引起，停运母线处理，检查时注意带电体安全距离和跨步电压
	2.4	向值长、领导汇报 互通姓名、汇报接地情况，厂用系统6kV母线Ⅰ段A相电压表指示为零，经检查为母线或负荷开关有接地，等待领导命令或联系检修处理

续表

序号	项　目　名　称
2.5	有联络线的，与对侧母线接地信号电压核对
2.6	发生铁磁谐振时，断开电压互感器 TV 仍不能消振时，断开联络线对侧电压互感器 TV
2.7	应能区分电压互感器 TV 高压侧熔断器熔断与接地故障

质量要求	1. 判断接地母线正确 2. 按运行规程选择接地操作程序正确 3. 必要的联系工作准确，无漏项，接地时间不准超过 2h（实际）

评分标准	得分或扣分	1. 不记录时间扣 6 分 2. 不检查故障信号，不检查有关保护扣 5 分 3. 不选测母线三相电压扣 5 分 4. 不清楚母线电压三相不平衡，A 相指示为零扣 6 分 5. 不清楚母线电压互感器 TV 是否正常扣 6 分 6. 不清楚从何处开始检查设备扣 6 分 7. 不从不重要负荷开关开始检查接地扣 5 分 8. 不逐个检查负荷开关扣 6 分 9. 检查部位不正确扣 6 分 10. 在 2h 内未检查出 6kV 母线接地点，不知道停电处理扣 10 分 11. 不报姓名扣 6 分 12. 不报母线接地情况、时间扣 6 分 13. 不报母线接地线路选测情况扣 10 分 14. 不报母线接地检查情况扣 10 分 15. 不联系检修扣 5 分 16. 不汇报领导扣 6 分

281

编　号	C43A017	行为领域	e	鉴定范围	5
考核时限	10min	题　型	A	题　分	20
试题正文	机组开机时过速度保护动作处理				
需要说明的问题和要求	1. 要求被考人单独完成 2. 考评员可根据实际情况给出问题，被考人按规程规定进行处理；现场考核只能进行模拟演示，不能触及运行设备，并做好监护 3. 出现异常情况时，停止考核退出现场				
工具、材料、设备现场	1. 仿真机或现场实际设备 2. 现场考核时，应选在备用设备上进行，无备用设备时，要做好安全防范措施 3. 操作工具和绝缘用具				

评分标准	序号	项　目　名　称				
	1	现象				
	1.1	发电机有超速声				
	1.2	发电机过速度保护动作，快速闸门下落，调速器急停电磁阀投入				
	2	处理				
	2.1	现场检查进口快速闸门全关，如调速器失灵且工作门拒动，应立即赴现场手动落门				
	2.2	当机组转速下降后手动加闸				
	2.2	机组停稳后手动撤销风闸，并复归机组的技术供水				
	2.3	过速度保护动作后，应进行发电机内部检查及调速系统检查后，方可正常开机				
	2.4	将详细情况汇报调度，并做好异常情况记录				
	2.5	做好安全隔离措施，并通知检修人员处理				
	质量要求	按规程规定处理正确				
	得分或扣分	1. 处理延误时间扣2分 2. 关键项目漏项或顺序颠倒，本题不得分 3. 未查明原因将机组投入运行扣10分 4. 造成事故扩大不得分。经提示能继续操作扣5分				

编　号	C43A018	行为领域	e	鉴定范围	5
考核时限	10min	题　型	A	题　分	20
试题正文	机组运行中压油槽事故低油压动作处理				
需要说明的问题和要求	1. 要求被考人单独完成 2. 考评员可根据实际情况给出问题，被考人按规程规定进行处理；现场考核只能进行模拟演示，不能触及运行设备，并做好监护 3. 出现异常情况时，停止考核退出现场				
工具、材料、设备现场	1. 仿真机或现场实际设备 2. 现场考核时，应选在备用设备上进行，无备用设备时，要做好安全防范措施 3. 操作工具和绝缘用具				

	序号	项　目　名　称
评分标准	1	现象
	1.1	压油槽油压指示在事故油压之下
	1.2	发电机断路器分，进口快速闸门下落，导叶已全关
	2	处理
	2.1	现场检查进口快速闸门全关，如拒动，应立即赴现场手动落门
	2.2	如压油泵已经在启动，应检查油压不能建立的原因；如出现管路跑油，应立即采取措施制止跑油，不能制止时应立即将压油槽排压到零
	2.2	如油泵未启动，则立即手动启动油泵，并查明原因；如动力电源失去引起的应立即查明原因设法恢复
	2.3	如系压油泵引起的且压油槽压力已恢复正常，则提快速闸门，机组可开机运行
	2.4	将详细情况汇报调度，并做好异常情况记录
	2.5	做好安全隔离措施，并通知检修人员处理
	质量要求	按规程规定处理正确
	得分或扣分	1. 处理延误时间扣2分 2. 关键项目漏项或顺序颠倒，本题不得分 3. 未查明原因将机组投入运行扣10分 4. 造成事故扩大不得分。经提示能继续操作扣5分

行业：电力工程　　工种：水轮发电机组值班员　　　等级：高

编　号	C03A019	行为领域	e	鉴定范围	5
考核时限	15min	题　型	A	题　分	20
试题正文	水轮发电机组进水口闸门下滑（单元引水的机组，闸门为平板快速闸门）				
需要说明的问题和要求	1. 要求被考人独立进行故障处理 2. 在仿真机上考核时，由考评员给出故障现象，被考人按仿真机运行规程判断处理 3. 现场模拟操作演示时，由考评员给出故障现象，被考人依据现场规程判断处理、进行模拟演示，不得触摸运行设备，并做好监护 4. 现场出现异常情况，停止考核退出现场				
工具、材料、设备现场	1. 求被考人单独完成操作 2. 考评员可根据考场设备实际情况出拟相似题目 3. 现场出现异常，停止考核退出现场				

	序号	项　目　名　称
评分标准	1	现象
	1.1	机组闸门油压启闭机备投信号发出 水轮发电机组有功表计变小或变为负值，调相运行
	2	处理
	2.1	立即升其他机组负荷，保持系统频率正常
	2.2	机旁检查，调速器输出正的最大，水轮机导叶开至限制开度，机旁直读有功表下降或到零，闸门指示在全提以下或零米位置
	2.3	根据以上现象判断机组进水口闸门下滑，如果闸门刚开始下滑可直接机旁提门，如果闸门下滑很多或下滑到底，应立即将调速器切手动，关闭导水叶，然后机旁提门
	2.4	上坝检查机组闸门油泵启动是否正常，打压是否正常，油管路是否正常，闸门回升是否正常，如果不正常，应针对不同情况进行处理（设法启动油泵，使其打压正常，油管路恢复正常，闸门回升正常），待闸门全提后，将调速器切自动，按调度要求带负荷 如果闸门无法回升，应立即汇报值长，进行厂用电切换，联系调度，开备用机组，将本台机紧急停机，冷却水源切换
	2.5	联系有关检修班组处理
	质量要求	1. 分析判断准确 2. 根据规程和实际情况及时处理 3. 操作正确
	得分或扣分	1. 不立即升其他机组负荷，保持系统频率扣5~8分 2. 不检查机旁现象，或检查不清扣5~7分 3. 处理不及时，或经提示后处理正确者扣50% 4. 扩大事故全题不得分

编　号	C03A020	行为领域	e	鉴定范围	5
考核时限	15min	题　型	A	题　分	20
试题正文	1 号水轮发电机正常发电时剪断销剪断，运行中无法处理				
需要说明的问题和要求	1. 要求被考人单独完成操作 2. 考评员可根据考场设备实际情况拟出相似题目 3. 倒闸操作时，要严格执行规程之规定，现场考核只能进行模拟演示不准触及设备，并做好监护 4. 现场出现异常，停止考核退出现场				
工具、材料、设备现场	1. 要求被考人独立进行故障处理 2. 在仿真机上考核时，由考评员给出故障现象，被考人按仿真机运行规程判断处理 3. 现场模拟操作演示时，由考评员给出故障现象，被考人依据现场规程判断处理、进行模拟演示，不得触摸运行设备，并做好监护 4. 现场出现异常情况，停止考核退出现场				

	序号	项　目　名　称
评分标准	1	现象
	1.1	调负荷过程中，中控室警铃响，水轮发电机组"水机故障"光字牌亮
	1.2	光字牌显示"剪断销剪断"，发电机组振动增大，水导、推力和上导瓦温上升
	2	处理
	2.1	判断异常原因，检查拐臂发生错位现象
	2.2	调整其他机组负荷保持系统频率正常
	2.3	1 号机调速器切手动，调整导叶开度，减小机组振动，水车室检查剪断销剪断情况，1 号机机旁设专人，监视水导、推力和上导瓦温，测量水轮机导轴承的摆度
	2.4	汇报值长，联系调度，做好停机准备，并联系检修
	2.5	1 号机落闸门停机：落 1 号机闸门（或关进口蝶阀），监视 1 号机负荷到"0"时，拉开发电机开关，转速下降后机组加闸停机（机组冷却水取至蜗壳的，停机前还应倒换至坝前引水）
	2.6	1 号机冷却系统停运，根据检修要求做好措施，联系检修处理
	2.7	汇报有关领导，做好记录

序号	项 目 名 称
质量要求	1. 分析判断准确 2. 根据规程和实际情况及时处理 3. 操作正确
得分或扣分	1. 未调整其他机组负荷或调整不及时扣 5～10 分 2. 不检查现象扣 5 分 3. 不做记录扣 5 分 4. 记录不全扣 2 分 5. 不记录时间扣 2 分 6. 1 号机调速器不切手动扣 5 分 7. 不调整导叶开度，减小机组振动扣 3 分 8. 机旁不定点扣 5 分 9. 不汇报领导扣 10 分 10. 停机时不采用落门或关进口蝶阀停机扣 15 分 11. 未检查灭磁开关状态或不加闸停机扣 10 分

评分标准

行业：电力工程　　工种：水轮发电机组值班员　　等级：高

编　号	C03A021	行为领域	e	鉴定范围	5
考核时限	20min	题　型	A	题　分	20
试题正文	发电机励磁回路断线				
需要说明的问题和要求	1. 操作者要独立完成 2. 注意安全，不准触摸运行设备 3. 考核过程中，遇有生产障碍应立即停止考核，退出现场				
工具、材料、设备现场	1. 仿真机 2. 现场实际设备				

评分标准	序号	项　目　名　称
	1	现象
	1.1	转子接地信号可能出现
	1.2	励磁电流下降接近零或等于零，励磁电压上升至最大
	1.3	发电机并列运行则定子电流三相平衡上升很多，有功稍有下降，发电机进相运行
	1.4	发电机单独运行时，则定子电流、电压急剧下降
	1.5	若系磁极断线则发电机风洞内冒烟，有焦味并有很响的嗤嗤声 失磁保护可能动作
	2	处理
	2.1	根据现象判断是发电机励磁回路断线
	2.2	检查励磁开关是否误跳，系误跳应查明原因
	2.3	失磁保护未动作跳闸，应立即解列停机
	2.4	若励磁机有着火现象，应进行灭火
	2.5	全面做措施，联系检修处理
	质量要求	1. 根据故障现象判断发电机励磁回路断线 2. 处理步骤正确，不超过规定时间 3. 按规程正确处理
	得分或扣分	1. 不能准确判断是什么故障，扣10分 2. 检查保护未动作未迅速解列停机扣10分 3. 未确定故障部位，扣1～2分 4. 未解列发电机，扣1～2分 5. 经全面检查未确定故障应向本单位领导汇报，汇报不及时者扣1～2分

编　　号	C03A022	行为领域	e	鉴定范围	5
考核时限	20min	题　　型	A	题　　分	20
试题正文	发电机逆功率（调相运行）故障处理				

需要说明的问题和要求	1. 要求被考人单独进行故障处理 2. 考评员可根据实际设备情况，给出故障现象，被考人按规程规定判断处理，找出故障点 3. 现场考核，只能进行模拟演示，不准触及设备，并做好监护 4. 出现异常情况，停止考核退出现场
工具、材料、设备现场	1. 应在停运机组上进行演示，无停运机组时，做好安全防范措施 2. 备好必要的操作工具

	序号	项　目　名　称
评 分 标 准	1	现象
	1.1	该发电机调相灯亮
	1.2	该发电机有功表指示偏零以下，无功表指示升高，定子电压及转子电流、电压指示正常，系统频率可能降低
	2	处理
	2.1	判断事故范围及原因：根据故障现象判断发电机调相运行
	2.2	若系调速器故障所致，立即将调速器切手动，调整导叶开度至空载位置，确认调速器手动运行正常，调负荷至规定
	2.3	若调速器手自动均不能正常运行，短时间又不能恢复，汇报值长解列停机
	2.4	若系机组紧急停机而未停机，应汇报值长立即解列停机
	2.5	若紧急停机电磁阀或过速限制电磁阀误动作，闸门下滑（进口蝶阀关闭），应设法处理，无法处理时，汇报值长解列停机
	质量要求	故障判断正确，无停机信号处理正确，按规程规定处理正确，处理不超出规定时间
	得分或扣分	1. 判断错误全项不得分 2. 处理有误不得分 3. 不及时汇报扣 10 分 4. 延时超时不得分

编　　号	C32A023	行为领域	e	鉴定范围	5
考核时限	20min	题　型	A	题　分	20
试题正文	发电机电压互感器回路断线故障处理				
需要说明的问题和要求	1. 要求被考人单独进行故障处理，考评员可任选一组互感器进行考核 2. 在仿真机上考核，由考评员给出故障现象，被考人按仿真机规程判断处理 3. 现场考核，由考评员结合实际，给出故障现象，被考人按现场规程判断处理、模拟演示，不得触及运行设备，并做好监护工作 4. 出现异常情况，停止考核退出现场				
工具、材料、设备现场	现场考核时 1. 应选在备用机组进行考核，无备用机组时，应做好安全防护措施 2. 备好操作工具和绝缘用具				

	序号	项　目　名　称
评 分 标 准	1	现象
	1.1	警铃响，发电机出口电压回路断线灯光显示
	1.2	测量用电压互感器回路断线时，发电机定子电压、有功、无功、频率表指示异常显示，或指示下降或为零，电度表出现异常
	1.3	定子电流及励磁系统其他表计指示正常
	1.4	若一次熔断器熔断时，零序电压表可能有33V左右电压指示
	1.5	励磁系统电压互感器断线时，励磁自动组可能切备励或手动，强励可能动作，励磁自动组切备励或手动不成功则
	1.6	发电机无功、定子电流、励磁电压、电流表可能出现异常指示
	1.7	发电机保护用电压互感器断线时，发电机各表计指示正常
	2	处理
	2.1	根据故障现象和表计指示情况，判明是哪组电压互感器故障
	2.2	表用互感器断线故障处理
	2.2.1	若备励运行时，断开强励连接片。电调在功率控制时，应将其退出运行，微机调如在功率模式运行，则检查其切至开度模式运行。同时做好故障期间电量的统计
	2.2.2	对互感器进行外部检查，若一次熔断器熔断检查后测定绝缘良好，可恢复送电；若二次熔断器熔断（开关跳闸），可试送电，否则通知检修停电处理

	序号	项目名称
评分标准	2.3	调压用电压互感器回路断线处理
	2.3.1	将励磁调节器自动组改为手动组运行（或监视励磁自动切至另一套励磁运行）
	2.3.2	若备励运行，停用强励连接片
	2.3.3	对互感器进行外部检查，停电测绝缘良好后，恢复送电，否则通知检修处理
	2.4	保护用电压互感器回路断线处理
	2.4.1	停用可能引起误动的保护，如失磁保护、阻抗、低压闭锁过流保护等
	2.4.2	对互感器回路进行外部检查，若一次熔断器熔断，检查后停电测定绝缘良好后可恢复送电；若二次熔断器熔断（开关跳闸）可试投送电，不成功通知检修处理
	2.5	检查电压互感器时，注意安全距离和防止二次反送电
	质量要求	1. 故障互感器判明正确 2. 依据规程进行处理操作正确
	得分或扣分	1. 判断失误否决全项 2. 经提示完成扣 5 分 3. 处理每漏一项扣 3 分 4. 操作每漏一项扣 2 分

编　号	C32A024	行为领域	e	鉴定范围	5
考核时限	10min	题　型	A	题　分	20
试题正文	并网发电机定子接地故障判断处理（中性点经消弧线圈接地）				
需要说明的问题和要求	1. 要求被考人独立进行故障处理 2. 在仿真设备上考核时，由考评员给出故障现象，被考人按仿真机运行规程判断处理 3. 现场考核时，由考评员结合实际，给出故障现象，被考人按现场规程规定判断处理、模拟操作，不得触摸运行设备 4. 现场出现异常情况，停止考核退出现场				
工具、材料、设备现场	1. 现场考核应选在备用设备上进行演示，无备用设备应做好安全防范措施，以免影响机组运行 2. 备好必要的操作工具和绝缘用具				
评分标准	序号	项　目　名　称			
	1	现象			
	1.1	警铃响，发电机故障信号光字牌亮，保护检查为"定子100%接地"保护动作			
	2	处理			
	2.1	选测发电机三相电压，消弧线圈电压、电流的数值，按数值判明接地的性质和大致范围			
	2.2	对发电机出口一次系统进行全面检查，看是否有漏水、放电迹象，确认故障，设法消除			
	2.3	上述检查无效时应分别试停电压互感器看接地是否消除，如查不出接地点，应尽快停机处理			
	2.4	若确认发电机某相为金属性接地，则立即联系调度停机，并汇报单位领导			
	2.5	接地期间应检查消弧线圈油面，发现机组消弧线圈油面上升且颜色发黑，立即停机做安全措施，联系检修处理			
	质量要求	1. 分析、判断正确 2. 检查仔细、无漏项 3. 试停互感器操作正确 4. 处理果断，不超过规定时间			
	得分或扣分	1. 判断错误否决全项 2. 检查漏项一处扣1分 3. 停错互感器后引起保护误动跳闸，此题不得分 4. 不汇报请示，不停机不得分 5. 处理超时扣3分 6. 处理期间不穿绝缘鞋、不戴绝缘手套扣3分			

编　　号	C32A025	行为领域	e	鉴定范围	5
考核时限	15min	题　　型	A	题　　分	20
试题正文	发电机过负荷故障处理				
需要说明的问题和要求	1. 要求被考人单独进行故障处理 2. 在仿真机考核，由考评员给出故障现象，被考人按仿真规程判断处理 3. 现场考核，由考评员给出故障现象，被考人按现场规程判断处理，模拟演示，不得触及运行设备，并做好监护				
工具、材料、设备现场	现场考核： 1. 应选在备用机组进行演示，无备用机组，应做好安全防范措施 2. 备好操作工具和绝缘用具				

评分标准	序号	项 目 名 称
	1	现象
	1.1	警铃响，发电机过负荷光字牌显示
	1.2	发电机定子电流和转子电流可能超过允许值，定子温度有所上升
	1.3	系统频率、电压可能降低
	2	处理
	2.1	根据发电机过负荷情况，降低发电机有功负荷和无功负荷，使定、转子电流不超过额定值
	2.2	若因自动励磁调节装置异常引起过负荷，可将故障调节器退出，改手动运行，控制定、转子电流在允许范围内
	2.3	若系统频率、电压降低，是系统发生事故引起发电机过负荷，应按本机事故过负荷的能力掌握时间，进行处理
	2.4	发电机过负荷时，应对发电机各部温度、冷却气体、内冷水压、流量进行监视控制，并做好记录，发现异常应调整负荷
	2.5	检查调速器功率闭环控制或集中监控系统是否正常，必要时退出本机参加 AGC、AVC 运行
	2.6	全面检查机组振动、摆度、轴承温度有无异常变化
	质量要求	1. 根据现象分析判断正确 2. 调整负荷操作正确 3. 事故过负荷处理正确，控制好过负荷时间 4. 各部不超温，冷却介质控制调整符合规定
	得分或扣分	1. 判断错误否决全项 2. 操作每错一处扣 1 分 3. 操作有误一处扣 1 分 4. 处理错误不得分，过负荷参数掌握不对扣 3 分 5. 温度超高扣 3 分，冷却介质调整不当扣 2 分

行业：电力工程　　工种：水轮发电机组值班员　　等级：高/技师

编　　号	C32A026	行为领域	e	鉴定范围	5
考核时限	15min	题　型	A	题　分	20
试题正文	变压器重瓦斯气体保护动作事故处理				
需要说明的问题和要求	1. 要求被考人单独进行故障处理 2. 要求在现场实际设备进行演示，由考评员给出故障现象，被考人按规程要求判断处理，只许模拟操作，不得触及运行设备，并做好监护工作 3. 若现场出现异常情况，停止考核退出现场				
工具、材料、设备现场	1. 应在备用变压器上进行演示，无备用设备时，做好安全防范措施 2. 备好必要的操作工具和绝缘用具				
评分标准	序号	项　目　名　称			
	1	现象			
	1.1	警报响，"瓦斯气体保护动作"灯亮，变压器各侧断路器跳闸，绿灯亮			
	1.2	油温表指示数值较高			
	1.3	变压器本体压力释放阀可能动作，呼吸器套管可能破裂和有喷油现象			
	2	处理			
	2.1	检查保护动作情况判明变压器本体故障，并到变压器本体进行检查，查看气体保护是否正确动作			
	2.2	检查是否有喷油现象，若为变压器本体故障，应将变压器停电解列（若为厂用变压器故障，应检查厂用电源联动是否正常，若失去电源应恢复正常运行）			
	2.3	若变压器本体及外部检查无异常，变压器跳闸系统未有冲击，可能为气体继电器本身或二次回路绝缘不良误动，可不经内部检查，将重瓦斯气体保护改投信号，试送电（差动保护不准退出），并通知检修人员处理			
	2.4	记录、复归信号（经值长同意）			
	质量要求	1. 分析判断正确 2. 检查不漏项、处理正确 3. 正确收集气体故障性质判断准备 4. 依据规程处理正确			
	得分或扣分	1. 判断错误否决全项 2. 检查每漏一项扣4分 3. 处理错误不得分，经提示完成扣5分			

行业：电力工程　　工种：水轮发电机组值班员　　等级：技师

编　号	C02A027	行为领域	e	鉴定范围	5
考核时限	20min	题　型	A	题　分	20
试题正文	发电机内部着火				
需要说明的问题和要求	1. 被鉴定人员要独立完成 2. 注意安全，不准触摸运行设备 3. 考核过程中，遇有生产障碍立即停止考核，退出现场				
工具、材料、设备现场	1. 仿真机 2. 现场实际设备				

评分标准	序号	项　目　名　称
	1	现象
	1.1	发电机内有较浓的烟雾从热风口和密封不严的地方喷出，且有很浓的绝缘味
	1.2	发电机定、转子温度和冷热风温度升高
	1.3	发电机可能跳闸
	2	处理
	2.1	机组未跳闸，立即解列发电机、灭磁停机
	2.2	迅速组织人员灭火
	2.3	在灭火期间，发电机冷却水不应中断
	2.4	当火熄灭后，发电机转子应维持较长时间盘车，以防转子变形
	2.5	注意事项 灭火后进入发电机检查应戴防毒面具，不准单人进入 不准破坏密闭 不准进入发电机内部 不准用砂或泡沫灭火器灭火
	质量要求	果断、迅速按规程规定处理
	得分或扣分	1. 机组未跳闸处理不果断，扣 2 分 2. 判断不正确不得分 3. 各项操作不正确，每项扣 1～2 分 4. 未保持冷却水压，扣 2 分 5. 未保持发电机盘车，扣 2 分 6. 不遵守注意事项每项扣 5 分

294

行业：电力工程　　工种：水轮发电机组值班员　　等级：技师

编　　号	C02A028	行为领域	e	鉴定范围	5
考核时限	15min	题　型	A	题　　分	20

试题正文	变压器着火如何进行处理
需要说明的问题和要求	1. 要求被考人单独进行处理 2. 考评员可结合现场实际，给出变压器具体着火地点，被考人按规程规定进行处理，现场考核只能进行模拟演示，不准触及运行设备，并做好监护 3. 出现异常情况时，停止考核退出现场
工具、材料、设备现场	1. 现场实际设备 2. 应选在备用设备上进行考核，无备用变压器时，要做好安全防范措施 3. 备好操作工具、绝缘用具和灭火器材

	序号	项　目　名　称
评分标准	1	现象
	1.1	主变压器本体着火、冒烟、防爆筒喷油，重瓦斯气体保护动作，还可能出现主变差动，零序过流等保护动作
	2	处理
	2.1	立即恢复电网频率和电压，同时到现场检查，确定变压器着火情况，汇报值长，立即将故障着火变压器停电处理，按规定关闭防火门
	2.2	拉开发变组单元出口断路器两侧隔离开关（或检查主变两侧开关已跳开），并断开变压器冷却装置电源
	2.3	联系消防队进行报警，并组织人员灭火
	2.4	监视变压器着火情况，汇报发电厂总工，变压器着火时，禁止放油，以防变压器突然爆炸
	2.5	若检查为变压器外壳下部着火，在火势不大，且有足够安全距离时，可不停电迅速灭火，将通风装置停运，并做好停运准备
	2.6	变压器灭火，应使用二氧化碳、四氯化碳及1211喷雾水枪或打开喷雾消火水进行灭火
	2.7	使用灭火器灭火时，应穿绝缘靴、戴绝缘手套，注意液体不得喷至带电设备上
	质量要求	按规程规定正确处理
	得分或扣分	1. 不到现场检查不得分 2. 按着火部位变压器不停电全题不得分 3. 不报警或不会报警扣2～4分 4. 处理错误扣5分 5. 处理不当不得分 6. 灭火器使用不当扣1～3分 7. 不使用绝缘用具扣2分

行业：电力工程　　工种：水轮发电机组值班员　　　等级：技师

编　　号	C02A029	行为领域	e	鉴定范围	5
考核时限	15min	题　　型	A	题　　分	20
试题正文	发电机 LCU 主备 PLC 模块故障处理				
需要说明的问题和要求	1. 要求被考人单独进行故障处理 2. 在仿真机上考核时，由考评员给出故障现象，被考人按仿真机运行规程判断处理 3. 现场考核时，由考评员给出故障现象，被考人按现场规程判断处理，模拟演示，不得触摸运行设备，并做好监护 4. 出现异常情况，停止考核退出现场				
工具、材料、设备现场	现场考核时： 应选在备用机组进行考核，无备用机组时，应做好安全防范措施				

评分标准	序号	项　目　名　称
	1	现象
	1.1	监控系统发操作命令不能执行
	1.2	监控系统上该机组的电气量和非电量参数可能不会刷新
	1.3	现场 LCU 主备 CPU 模块显示故障信号
	2	处理
	2.1	汇报调度：×号机 LCU 双 CPU 故障，机组无水机保护（可能无部分电气保护），要求立即停机
	2.2	增备用机组出力保证电压频率正常；机组需手动停机；调速器切至手动，将机组有功减到"0"。可能还需将励磁切至就地，手动减无功到零
	2.3	手动现地拉开发电机开关
	2.4	手动关闭导水叶到零
	2.5	手动完成停机全部过程，并做好相应安全措施
	2.6	汇报调度和有关领导，并通知检修处理
	质量要求	判断迅速、果断、准确，处理正确
	得分或扣分	1. 判断失误否决全项 2. 处理漏项每项扣 5 分 3. 操作有误扣 1～5 分 4. 操作漏项每项扣 5 分 5. 处理时间过长扣 1～5 分

行业：电力工程　　工种：水轮发电机组值班员　　等级：技师

编　号	C02A030	行为领域	e	鉴定范围	5
考核时限	15min	题　型	A	题　分	20
试题正文	220kV 线路 A 相接地故障处理				
需要说明的问题和要求	1. 要求被考人单独进行故障处理 2. 考评员可根据实际设备情况，给出故障现象，被考人按规程规定判断处理，找出故障点 3. 现场考核，只能进行模拟演示，不准触及设备，并做好监护 4. 出现异常情况，停止考核退出现场				
工具、材料、设备现场	1. 应在停运线路上进行演示。无停运线路时，做好安全防范措施 2. 备好必要的操作工具				

	序号	项　目　名　称
评 分 标 准	1	现象
	1.1	中控室警铃响，蜂鸣器响，线路故障、事故光字牌亮，这条线路相应的开关跳闸，表计到零
	1.2	系统潮流有所变化
	2	处理
	2.1	注意其他线路潮流分布，防止过负荷
	2.2	立即检查保护动作情况，线路主保护动作，重合闸动作、三跳
	2.3	检查故障录波器动作情况，根据以上情况判断故障类型和范围
	2.4	根据调度要求该线路重合闸退出
	2.5	立即向值长汇报
	2.6	向调度汇报
	2.7	检查本侧该线路一次设备，注意带电体安全距离 如本侧该线路有断线接地，汇报调度，该线路做措施，联系检修处理 如本侧该线路一次设备正常，根据调令进行处理
	2.8	记录事故信号，汇报主管领导，复归信号
	2.9	检查厂用电是否正常
	2.10	有切机动作的，要做好切机事故处理
	质量要求	按规程规定快速、准确确定线路断线故障点且操作顺序正确无误
	得分或扣分	1. 现象记录不清扣 6 分 2. 保护检查不清扣 6 分 3. 不及时汇报扣 5 分 4. 不退重合闸扣 4 分 5. 不清楚从何处开始检查设备扣 6 分 6. 不检查线路一次设备扣 10 分 7. 检查部位不正确扣 6 分 8. 不联系检修扣 5 分 9. 不记录事故信号扣 4 分 10. 不汇报主管领导扣 6 分

行业：电力工程　　　工种：水轮发电机组值班员　　　等级：技师

编　　　号	C02A031	行为领域	e	鉴定范围	5
考核时限	15min	题　　　型	A	题　分	20
试题正文	发电机变压器组主断路器非全相故障处理				
需要说明的问题和要求	1. 要求被考人单独进行故障处理，考评员可给出一种工况故障 2. 在仿真机上考核时，由考评员给出故障现象，被考人按仿真机运行规程判断处理 3. 现场考核时，由考评员给出故障现象，被考人按现场规程判断处理，模拟演示，不得触摸运行设备，并做好监护 4. 出现异常情况，停止考核退出现场				
工具、材料、设备现场	现场考核时： 1. 应选在备用机组进行考核，无备用机组时，应做好安全防范措施 2. 备好必要的操作工具和绝缘用具				

评分标准	序号	项　目　名　称				
	1	现象				
	1.1	主断路器位置指示灯指示异常				
	1.2	发电机定子三相电流指示不平衡或一相为零				
	1.3	若负序电流较小，且"主断路器三相位置不一致"或发"负序过负荷"灯光				
	1.4	若非全相产生的负序电流较大，非全相或负序保护动作跳开主断路器				
	2	处理				
	2.1	机组并列或解列时，断路器出现非全相运行时，应立即将断路器的三相跳开				
	2.2	如发电机断路器不能跳开，应立即跳开该机组出口母线上的所有电源开关以及母联断路器				
	2.3	若保护动作跳闸，主断路器出现非全相，启动后备保护。如后备保护动作未跳开主断路器，则应立即手动跳开主断路器，仍不成功，则应立即跳开该机组出口母线上的所有电源开关以及母联断路器				
	2.4	若运行中出现非全相，且非全相保护及负序过流保护均未动作，按2.2项方法处理				
	质量要求	判断迅速、果断、准确，处理正确				
	得分或扣分	1. 判断失误否决全项 2. 处理漏项每项扣5分，操作漏项每项扣5分				

编　　号	C21A032	行为领域	e	鉴定范围	5
考核时限	15min	题　　型	A	题　　分	20
试题正文	发电机电流互感器二次回路断线处理				
需要说明的问题和要求	1. 要求被考人单独进行故障处理 2. 在仿真机上考核时，由考评员给出具体一组电流互感器故障，被考人按规程规定判断处理 3. 现场考核，只能进行模拟演示，不准触及设备，并做好监护 4. 出现异常情况，停止考核退出现场				
工具、材料、设备现场	1. 应在备用设备上演示。无备用设备时，做好安全防范措施 2. 备好必要的操作工具和绝缘工具				

	序号	项　目　名　称
评分标准	1	现象
	1.1	测量用电流互感器二次回路断线，机组有关的电流表指示为零，有关功率表、无功表指示下降，电度表出现异常
	1.2	保护用电流互感器二次回路断线，相关保护可能误动，并由"TA回路断线"信号
	1.3	励磁用电流互感器二次回路断线，将可能影响励磁输出
	1.4	电流互感器二次开路，有较大的放电声，可能会产生过热、冒烟等现象，断开处有电弧放电痕迹
	2	处理
	2.1	根据各表计判断是哪一组电流互感器故障
	2.2	若保护用电流互感器二次回路断线，应将可能误动的保护解除，若励磁输出不正常，则应切至手动运行
	2.3	对故障电流互感器二次回路进行全面检查，若电流互感器本身故障，应立即联系值长或调度停机处理。若是有关端子接触不良引起，应立即汇报值长降低该电流互感器处的一次电流，用绝缘工具排除故障，无法消除时，应请示停机处理
	质量要求	1. 根据故障现象分析判断正确 2. 按规程规定处理正确无误 3. 检查到位，无遗漏点，故障排除规范，绝缘工具使用正确
	得分或扣分	1. 判断错误否决全项 2. 处理有误一处扣2分 3. 漏检查一处扣2分 4. 不使用绝缘工具或使用不正确扣10分

行业：电力工程　工种：水轮发电机组值班员　等级：技师/高级技师

编　　号	C21A033	行为领域	e	鉴定范围	5
考核时限	20min	题　　型	A	题　　分	20
试题正文	开关站GIS母线气室漏气处理				
需要说明的问题和要求	1. 要求被考人单独进行故障处理 2. 考评员可根据实际设备情况，给出故障现象，被考人按规程规定判断处理，找出故障点 3. 现场考核，只能进行模拟演示，不准触及设备，并做好监护 4. 出现异常情况，停止考核退出现场				
工具、材料、设备现场	1. 应在停运母线或线路上进行演示。无停运母线或线路时，做好安全防范措施 2. 备好必要的操作工具				

评分标准	序号	项　目　名　称
	1	现象
	1.1	中控室警铃响，蜂鸣器响（监控系统报警），×母线故障、相应线路故障和主变故障、光字牌亮，GIS气室压力下降报警
	1.2	现场与该母线某气室压力下降，可能有漏气声
	2	处理
	2.1	汇报调度：×母线气室压力下降
	2.2	立即检查气室压力，有无明显漏气点，检查时注意站在上风口
	2.3	通知检修班组处理
	2.4	如压力下降较慢，或补气可以维持正常压力时，将该母线上设备热倒至其他正常母线运行；必要时调整运行方式
	2.5	如压力下降较快，或补气不能维持正常压力时，将该母线上设备冷倒至其他正常母线运行；必要时调整运行方式；如母线侧闸刀气压不正常时，严禁带电操作闸刀；同时检查厂用电等切换正常
	2.6	向调度汇报，并汇报有关领导
	质量要求	按规程规定快速、准确确定故障点且操作顺序正确无误
	得分或扣分	1. 判断错误否决全项 2. 不及时汇报扣2分 3. 不清楚如何处理开始检查设备或检查部位不正确扣3分 4. 检查时站的位置不对扣5分 5. 调整运行方式错误或操作顺序错误扣10分

300

行业：电力工程　　工种：水轮发电机组值班员　等级：高级技师

编　号	C01A034	行为领域	e	鉴定范围	5
考核时限	20min	题　型	A	题　分	20

试题正文	发电机失磁故障处理
需要说明的问题和要求	1. 要求被考人单独进行故障处理 2. 在仿真机上考核时，由考评员给出故障现象，被考人按仿真机运行规定进行判断处理 3. 现场考核时，由考评员给出故障现象，被考人按现场规程判断处理，模拟演示，不得触及运行设备，并做好监护 4. 出现异常情况时，停止考核退出现场
工具、材料、设备现场	现场考核时： 1. 应选在备用机组进行演示，无备用机组，应做好安全防范措施 2. 备好操作工具和绝缘用具

	序号	项　目　名　称
评分标准	1	现象
	1.1	当失磁保护动作于信号时
	1.1.1	警铃响，定子电压下降，有功表指示降低并摆动，并有"发电机事故"光字牌，励磁手动运行信号光字牌亮，保护检查为失磁保护动作
	1.1.2	无功表反指，定子电流增大并摆动，发电机、母线电压下降
	1.1.3	励磁电压，电流在不同的故障下，有不同的指示
	1.1.4	若励磁机的励磁回路断线时，转子电压、电流指示为零
	1.1.5	若转子回路断线时，转子电压升高，电流为零
	1.1.6	若转子回路短路或两点接地，转子电压降低，电流增大
	1.2	当失磁保护作用于跳闸时，除有瞬间的上述现象外，主断路器、灭磁开关、厂用开关跳闸，备自投动作
	2	处理
	2.1	若失磁保护动作跳闸，按发电机事故跳闸处理，该发电机带厂用电时应立即检查备自投动作正确，否则手动帮助
	2.2	失磁保护作用于信号或未投时，机组未跳闸时，立即降低机组有功，励磁在自动运行应切换至手动运行，不成功则做停运处理
	2.3	允许无励磁运行的机组，在3～5min 将负荷降至40%额定负荷以下，然后进行故障处理，失磁运行不许超过规定时间（10min）
	2.4	不允许失磁运行的机组，发电机失磁时，应先停机后排除故障
	2.5	若为自动励磁回路故障，应切换至手动励磁运行
	2.6	若转子回路故障，励磁机回路故障停机后，做好安全措施，通知检修处理

序号	项 目 名 称
2.7	发电机失磁保护动作跳闸，应及时汇报电网调度及水调和有关领导 注：保证下泄流量的电站，流量不够时，应提泄水闸门以确保下游水位

<table>
<tr><td rowspan="7">评

分

标

准</td><td>质量
要求</td><td>1. 根据故障现象判断发电机失磁

2. 切换迅速、厂用电倒换正确

3. 按规程处理正确，不超过规定时间

4. 按规程处理

5. 励磁系统倒换正确</td></tr>
<tr><td></td><td></td></tr>
</table>

评

分

标

准

质量 要求	1. 根据故障现象判断发电机失磁 2. 切换迅速、厂用电倒换正确 3. 按规程处理正确，不超过规定时间 4. 按规程处理 5. 励磁系统倒换正确
得分或 扣分	1. 判断失误否决全项 2. 切换慢扣 3 分、厂用电未切换扣 3 分 3. 降负荷超时扣 3 分、失磁运行超时扣 3 分 4. 处理错误不得分 5. 操作每漏一项扣 2 分 6. 不汇报调度扣 3 分 7. 不汇报领导扣 2 分

行业：电力工程　　工种：水轮发电机组值班员　等级：高级技师

编　　号	C01A035	行为领域	e	鉴定范围	5
考核时限	20min	题　型	A	题　分	20
试题正文	发电机单机振荡故障处理				
需要说明的问题和要求	1. 要求被考人单独进行故障处理 2. 在仿真机上考核时，由考评员给出事故现象，被考人按仿真机规程判断处理 3. 现场模拟演示时，由考评员给出事故现象，被考人依据现场规程判断处理，不得触及运行设备，并做好监护 4. 若现场出现异常情况，停止考核，退出现场				
工具、材料、设备现场	1. 现场考核，应选在备用设备上进行演示，以免影响机组运行，无备用设备时，应做好安全防范措施 2. 现场考核时，应准备好必要的操作工具和绝缘用具，穿好工作服				

	序号	项　目　名　称
评 分 标 准	1	现象
	1.1	发电机、送出线路有功表、无功表、电压表、电流表剧烈抖动
	1.2	发电机转子电流表在正常值附近摆动
	1.3	机组发生与表计摆动合拍的鸣声
	1.4	系统频率升高或降低
	1.5	照明灯忽明忽暗闪动
	2	处理
	2.1	按发电机单机振荡前后频率变化增减有功负荷，最大可能增加机组无功负荷，在允许的范围内，尽量抬高系统电压
	2.2	若系统频率变化不大，应按调令执行，不要盲目地增减有功负荷
	2.3	在发电机振荡期间，电压降低可能引起强励动作，在"强励限制"灯光未显示前1min内不得干涉，若1min后，仍未恢复，则应降低有功、无功负荷使定子、转子电流不超过事故过负荷规定值
	2.4	若系本厂发电机失磁引起振荡，应尽快恢复其励磁，同时减少其有功出力，使失磁发电机拉入同步，若失磁发电机励磁不能恢复，应立即解列机组并及时调整频率、电压，以便重新并列
	2.5	若所有机组表计摆动一致，则为系统振荡引起，应根据调令调整检查机组有无异常，无调度指令不得解列机组；当频率比振荡前升高，应立即降低全厂有功，直至振荡消失或降到49.5Hz为止；当频率比振荡前下降，应立即增加全厂有功，直至振荡消失或升高到49.5Hz以上
	2.6	厂用低压电开关有失压掉闸时，应设法恢复

303

	序号	项 目 名 称
评 分 标 准	质量 要求	1. 分析判断准确，调整迅速 2. 判断失步机组正确，处理及时；步骤正确 3. 采取措施正确 4. 操作程序正确 5. 按规程规定处理 6. 汇报清楚、调整及时
	得分或 扣分	1. 判断不准，调整不及时扣 10 分 2. 经提示完成操作扣 10 分 3. 调整不正确不得分 4. 处理有误，每项扣 1～5 分 5. 运行参数控制有误，每项扣 1～5 分

行业：电力工程　　工种：水轮发电机组值班员　等级：高级技师

编　号	C01A036	行为领域	e	鉴定范围	5
考核时限	20min	题　型	A	题　分	20
试题正文	发电机 SF_6 断路器压力降低至闭锁分合闸（扩大单元接线）					
需要说明的问题和要求	1. 要求被考人单独进行故障处理 2. 在仿真机上考核时，由考评员给出故障现象，被考人按仿真机运行规程判断处理 3. 现场考核时，由考评员给出故障现象，被考人按现场规程判断处理，模拟演示，不得触摸运行设备，并做好监护 4. 出现异常情况，停止考核退出现场					
工具、材料、设备现场	现场考核时，应选在备用机组进行考核，无备用机组时，应做好安全防范措施					

评分标准	序号	项　目　名　称				
	1	现象
	1.1	监控系统发机组电气故障，断路器 SF_6 气压异常报警
	1.2	现场检查断路器 SF_6 气压降低至闭锁分合闸
	2	处理
	2.1	汇报调度：×号机断路器 SF_6 气压降低至闭锁分合闸，要求用主变压器断路器将机组解列
	2.2	增备用机组出力保证电压频率正常；该机组开关改为非自动，同一单元机组停机，如该单元有厂用电或自用电的也应倒换
	2.3	调整主变压器中性点接地方式，拉开主变压器开关
	2.4	机组手动停机完成后，手动拉开发电机闸刀（五防解锁）
	2.5	将主变压器投运，该单元其他机组投运
	2.6	汇报调度和有关领导，并通知检修处理
	质量要求	判断迅速、果断、准确，处理正确
	得分或扣分	1. 判断失误否决全项 2. 处理漏项每项扣 5 分 3. 操作有误扣 1～5 分 4. 操作漏项每项扣 5 分 5. 处理时间过长扣 1～5 分 6. 判断不准，调整不及时，不汇报调度和单位领导扣 5 分

305

4.2.2 多项操作

行业：电力工程　　工种：水轮发电机组值班员　　　等级：初/中

编　　号	C54B037	行为领域	e	鉴定范围	5
考核时限	20min	题　型	B	题　分	25
试题正文	C厂厂用6kVⅠ段停电做安全措施				
需要说明的问题和要求	1. 要求被考人单独完成操作 2. 考评员可根据考场设备实际情况拟出相似题目 3. 考核时，被考人要先填写操作票，然后进行操作 4. 倒闸操作时，要严格执行规程之规定，现场考核只能进行模拟演示不准触及设备，并做好监护 5. 现场出现异常，停止考核退出现场				
工具、材料、设备现场	1. 现场考核，应选在备用设备上进行演示，以免影响机组运行；无备用设备，应做好安全防范措施 2. 现场考核时，应准备好必要的操作工具和绝缘用具，穿好工作服 3. C厂厂用一次系统图 CB-03 4. 17B、18B可以并联运行 5. 备用电源自动投入装置停用				

	序号	项　目　名　称
评 分 标 准	1	收到值长令：厂用6kVⅠ段停电做安全措施
	2	检查400V系统Ⅰ、Ⅱ段联络断路器D12在工作位置
	3	合上400V系统Ⅰ、Ⅱ段联络断路器D12
	4	检查400V系统Ⅰ、Ⅱ段联络断路器D12在合位
	5	拉开17T 417断路器
	6	检查17T 417断路器在开位
	7	将17T 417断路器拉出至检修位置
	8	投入18T保护跳D12断路器XB
	9	检查17T保护跳D12断路器XB在退出
	10	检查400VⅠ段母线运行正常
	11	检查1号机机旁动力盘进线断路器1J41在工作位置
	12	拉开1号机机旁动力盘进线断路器1J27
	13	检查1号机机旁动力盘进线断路器1J27在开位
	14	合上1号机机旁动力盘进线断路器1J41
	15	检查1号机机旁动力盘进线断路器1J41在合位
	16	将1号机机旁动力盘进线断路器1J27拉出至检修位置

	序号	项　目　名　称
评 分 标 准	17	检查 2 号机机旁动力盘进线断路器 2J41 在工作位置
	18	拉开 2 号机机旁动力盘进线断路器 2J27
	19	检查 2 号机机旁动力盘进线断路器 2J27 在开位
	20	合上 2 号机机旁动力盘进线断路器 2J41
	21	检查 2 号机机旁动力盘进线断路器 2J41 在合位
	22	将 2 号机机旁动力盘进线断路器 2J27 拉出至检修位置
	23	拉开 27T 627 断路器
	24	检查 27T 627 断路器在开位
	25	将 27T 627 断路器小车开关拉出至检修位置
	26	切除 27T 627 断路器控制电源
	27	拉开 17T 617 断路器
	28	检查 17T 617 断路器在开位
	29	将 17T 617 断路器小车开关拉出至检修位置
	30	切除 17T 617 断路器控制电源
	31	拉开 6kV 系统 I、II 段联络断路器 12
	32	检查 6kV 系统 I、II 段联络断路器 12 在开位
	33	将 6kV 系统 I、II 段联络断路器 12 小车开关拉出
	34	切除 6kV 系统 I、II 段联络断路器 12 控制电源
	35	检查 11T 611 断路器在开位
	36	将 11T 611 断路器小车开关拉出至检修位置
	37	切除 11T611 断路器控制电源
	38	切除 6kV I 段电压互感器 TV 二次熔断器
	39	将 6kV I 段 TV 小车拉出至检修位置
	40	6kV I 段母线验电无电压
	41	6kV I 段母线 TV 柜挂三相短路接地线一组
	42	登记地线
	43	有关安全措施处挂警告牌
	44	全面检查
	45	汇报
	46	盖"已执行"章　（五防闭锁的"解锁"和"加锁"未填写）
质量 要求		1. 操作票要用仿宋字填写，字迹不得潦草或辨认不清 2. 工作任务要填写清楚 3. 重要设备操作要使用双重编号 4. 操作票不准合项、并项 5. 操作票不准涂抹、更改 6. 每项操作前要核对设备标志 7. 操作顺序不准随意更改或跳项操作 8. 每完成一项操作要做记号，重要操作要记录时间 9. 应考虑五防闭锁的"解锁"和"加锁"

	序号	项 目 名 称
评 分 标 准	得分或 扣分	1. 字迹潦草辨认不清，扣 5 分 2. 操作每漏一项扣 5 分，严重漏项全题不得分 3. 操作票合项、并项，每处扣 2 分 4. 操作任务填写不清，扣 5 分 5. 设备不写双重名称，每处扣 2 分 6. 操作术语使用不标准，每处扣 2 分 7. 操作票涂改、更改，每处扣 2 分 8. 每项操作前不核对设备标志，扣 5 分 9. 操作顺序颠倒或跳项操作，每次扣 5 分 10. 重要设备颠倒操作，全题不得分 11. 每项操作后不做记号，重要操作不记录时间，扣 2 分 12. 每项操作后不检查，扣 2 分 13. 发生误操作全题不得分

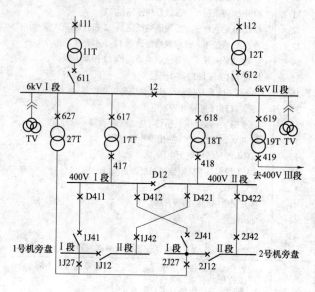

图 CB-03　C 厂厂用一次系统图

注：此图为正常运行系统图。

编　　号	C54B038	行为领域	e	鉴定范围	5
考核时限	20min	题　　型	B	题　分	25
试题正文	C厂厂用6kVⅠ段送电				
需要说明的问题和要求	1. 要求被考人单独完成操作 2. 考评员可根据考场设备实际情况拟出相似题目 3. 考核时，被考人要先填写操作票，然后进行操作 4. 倒闸操作时，要严格执行规程之规定，现场考核只能进行模拟演示不准触及设备，并做好监护 5. 现场出现异常，停止考核退出现场				
工具、材料、设备现场	1. 现场考核，应选在备用设备上进行演示，以免影响机组运行；无备用设备，应做好安全防范措施 2. 现场考核时，应准备好必要的操作工具和绝缘用具，穿好工作服 3. C厂厂用一次系统图 CB-03 4. 17B、18B 可以并联运行				

	序号	项　目　名　称
评 分 标 准	1	收到值长令：厂用6kVⅠ段恢复送电
	2	检查检修作业完毕，交代齐全，现场无异常
	3	拆除6kVⅠ段TV柜母线三相短路接地线
	4	将6kVⅠ段TV推至工作位置
	5	投入6kVⅠ段TV二次保险
	6	投入6kV系统Ⅰ、Ⅱ段联络断路器12控制电源
	7	检查6kV系统Ⅰ、Ⅱ段联络断路器12在开位
	8	将6kV系统Ⅰ、Ⅱ段联络断路器12推至工作位置
	9	合上6kV系统Ⅰ、Ⅱ段联络断路器12
	10	检查6kV系统Ⅰ、Ⅱ段联络断路器12在合位
	11	检查6kVⅠ段母线送电正常
	12	投入17T 617断路器控制电源
	13	检查17T 617断路器在开位
	14	将17T 617断路器推至工作位置
	15	合上17T 617断路器
	16	检查17T 617断路器在合位
	17	检查17T 送电正常
	18	投入27T 627断路器控制电源
	19	检查27T 627断路器在开位
	20	将27T 627断路器推至工作位置
	21	合上27T 627断路器
	22	检查27T 627断路器在合位
	23	检查27T 送电正常

	序号	项　目　名　称
评分标准	24	检查 11T 611 断路器在开位
	25	投入 11T611 断路器控制电源
	26	将 11T 611 断路器小车开关推入至工作位置
	27	将 1 号机机旁动力盘进线开关 1J27 断路器推至工作位置
	28	拉开 1 号机机旁动力盘进线开关 1J41 断路器
	29	检查 1 号机机旁动力盘进线开关 1J41 断路器在开位
	30	合上 1 号机机旁动力盘进线开关 1J27 断路器
	31	检查 1 号机机旁动力盘进线开关 1J27 断路器在合位
	32	将 2 号机机旁动力盘进线开关 2J27 断路器推至工作位置
	33	拉开 2 号机机旁动力盘进线开关 2J41 断路器
	34	检查 2 号机机旁动力盘进线开关 2J41 断路器在开位
	35	合上 2 号机机旁动力盘进线开关 2J27 断路器
	36	检查 2 号机机旁动力盘进线开关 2J27 断路器在合位
	37	将 17T 417 断路器推至工作位置
	38	合上 17T 417 断路器
	39	检查 17T 417 断路器在合位
	40	拉开 400V 系统 Ⅰ、Ⅱ段联络断路器 D12 断路器
	41	检查 400V 系统 Ⅰ、Ⅱ段联络开关 D12 断路器在开位
	42	退出 18T 418 断路器跳 D12 断路器 LP
	43	检查 400V Ⅰ段母线运行正常
	44	全面检查
	45	汇报
	46	盖"已执行"章 （五防闭锁的"解锁"和"加锁"未填写）
	质量要求	1. 操作票要用仿宋字填写，字迹不得潦草或辨认不清 2. 操作任务要填写清楚 3. 重要设备操作要使用双重编号 4. 操作票不准合项、并项 5. 操作票不准涂抹、更改 6. 每项操作前要核对设备标志 7. 操作顺序不准随意更改或跳项操作 8. 每完成一项操作要做记号，重要操作要记录时间 9. 应考虑五防闭锁的"解锁"和"加锁"
	得分或扣分	1. 字迹潦草辨认不清，扣 5 分 2. 操作每漏一项扣 5 分，严重漏项全题不得分 3. 操作票合项、并项，每处扣 2 分 4. 操作票任务填写不清，扣 5 分 5. 设备不写双重名称，每处扣 2 分 6. 操作术语使用不标准，每处扣 2 分 7. 操作票涂改、更改，每处扣 2 分 8. 每项操作前不核对设备标志，扣 5 分 9. 操作顺序颠倒或跳项操作，每次扣 5 分 10. 重要设备颠倒操作，全题不得分 11. 每项操作后不做记号，重要操作不记录时间，扣 2 分 12. 每项操作后不检查，扣 2 分 13. 发生误操作全题不得分

编　号	C32B039	行为领域	e	鉴定范围	5
考核时限	30min	题　型	A	题　分	30
试题正文	H厂3GS小修做安全措施				
需要说明的问题和要求	1. 要求被考人单独完成操作 2. 考评员可根据考场设备实际情况拟出相似题目 3. 考核时，被考人要先填写操作票，然后进行操作 4. 倒闸操作时，要严格执行规程之规定，现场考核只能进行模拟演示不准触及设备，并做好监护 5. 现场出现异常，停止考核退出现场				
工具、材料、设备现场	1. 现场考核，应选在备用设备上进行演示，以免影响机组运行；无备用设备，应做好安全防范措施 2. 现场考核时，应准备好必要的操作工具和绝缘用具，穿好工作服 3. H厂3号水轮发电机组见图CB-08				

	序号	项　目　名　称
评分标准	1	收到调度令：3GS撤出备用
	2	检查3GS 2301断路器三相在分，油压正常（2301断路器、2302断路器为发电机出口断路器）
	3	拉开3GS 2301断路器甲隔离开关
	4	检查3GS 2301断路器甲隔离开关在开位
	5	拉开3GS 2301断路器丙隔离开关
	6	检查3GS 2301断路器丙隔离开关在开位
	7	合上3GS 2301断路器甲接地隔离开关
	8	检查3GS 2301断路器甲接地隔离开关在合位
	9	合上3GS 2301断路器丙接地隔离开关
	10	检查3GS 2301断路器丙接地隔离开关在合位
	11	检查3GS 2302断路器三相在分，油压正常
	12	拉开3GS 2302断路器甲隔离开关
	13	检查3GS 2302断路器甲隔离开关在开位
	14	拉开3GS 2302断路器丙隔离开关
	15	检查3GS 2302断路器丙隔离开关在开位
	16	合上3GS 2302断路器甲接地隔离开关
	17	检查3GS 2302断路器甲接地隔离开关在合位
	18	合上3GS 2302断路器丙接地隔离开关

	序号	项 目 名 称
	19	检查 3GS 2302 断路器丙接地隔离开关在合位
	20	切除 3T 冷却控制开关 SA
	21	检查 3T 冷却水阀全关，水压到"0"
	22	拉开 3T 冷却电源开关
	23	检查 3T 冷却电源开关在开位
	24	3T 冷却电源开关拉出
	25	切除 3GS 励磁控制电源
	26	投入 3GS 紧急停机电磁阀
	27	退出 3GS 转子一点接地 XB
	28	退出 3GS 后备启动相邻线路 XB
	29	3GS 定子选测继电器拔
评	30	3GS 转子选测继电器拔
	31	检查 3GS 冷却水阀在关位
分	32	切除 3GS 冷却水阀电源
	33	切除 3GS 冷却水阀操作保险
标	34	联系中控室拉开所带厂用变 13T113 断路器
	35	检查 13T 113 断路器在开位
准	36	13T 113 断路器拉出至检修位置
	37	切除 13T 113 断路器控制电源
	38	切除 3GS TV 二次熔断器 3
	39	切除 3GS 消弧线圈甲隔离开关
	40	3GS 出口母线验电无电压
	41	合上 3GS 出口母线接地隔离开关
	42	投入 3GS 2301 断路器控制盘停信 XB
	43	投入 3GS 2302 断路器控制盘停信 XB
	44	切除 3GS 2301 断路器控制电源
	45	切除 3GS 2302 断路器控制电源
	46	切除 3GS 励磁控制电源
	47	切除 3GS 保护电源
	48	切除 3GS 水机电源
	49	切除 3GS 信号电源
	50	拉开 3T 中性点隔离开关
	51	有关安全措施处挂警告牌
	52	汇报
	53	盖"已执行"章
		（五防闭锁的"解锁"和"加锁"未填写）

		项 目 名 称
评 分 标 准	质量 要求	1. 操作票要用仿宋字填写，字迹不得潦草或辨认不清 2. 工作任务要填写清楚 3. 重要设备操作要使用双重编号 4. 操作票不准合项、并项 5. 操作票不准涂抹、更改 6. 每项操作前要核对设备标志 7. 操作顺序不准随意更改或跳项操作 8. 每完成一项操作要做记号，重要操作要记录时间 9. 应考虑五防闭锁的"解锁"和"加锁"
	得分或 扣分	1. 字迹潦草辨认不清，扣5分 2. 操作每漏一项扣5分，严重漏项全题不得分 3. 操作票合项、并项，每处扣2分 4. 操作任务填写不清，扣5分 5. 设备不写双重名称，每处扣2分 6. 操作术语使用不标准，每处扣2分 7. 操作票涂改、更改，每处扣2分 8. 每项操作前不核对设备标志，扣5分 9. 操作顺序颠倒或跳项操作，每次扣5分 10. 重要设备颠倒操作，全题不得分 11. 每项操作后不做记号，重要操作不记录时间，扣2分 12. 每项操作后不检查，扣2分 13. 发生误操作全题不得分

行业：电力工程　　　工种：水轮发电机组值班员　　　等级：中

编　号	C43B040	行为领域	e	鉴定范围	5
考核时限	30min	题　型	B	题　分	35
试题正文	D厂盐张Ⅰ回1111线路恢复送电				
需要说明的问题和要求	1. 要求被考人单独完成操作 2. 考评员可根据考场设备实际情况拟出相似题目 3. 考核时，被考人要先填写操作票，然后进行操作 4. 倒闸操作时，要严格执行规程之规定，现场考核只能进行模拟演示不准触及设备，并做好监护 5. 现场出现异常，停止考核退出现场 6. 重合闸投"单重"				
工具、材料、设备现场	1. 现场考核，应先在备用设备上进行演示，以免影响机组运行；无备用设备，应做好安全防范措施 2. 现场考核时，应准备好必要的操作工具和绝缘用具，穿好工作服 3. D厂一次系统图CB-04				

	序号	项　目　名　称
评 分 标 准	1	收到调度令：盐张Ⅰ回1111线路恢复送电
	2	拉开盐张Ⅰ回1111丙接地隔离开关
	3	检查盐张Ⅰ回1111丙接地隔离开关在开位
	4	拉开盐张Ⅰ回1111乙接地隔离开关
	5	检查盐张Ⅰ回1111乙接地隔离开关在开位
	6	检查盐张Ⅰ回1111线路供电回路无安措
	7	投入盐张Ⅰ回1111线路同期TV二次熔断器
	8	投入盐张Ⅰ回1111线路信号电源
	9	投入盐张Ⅰ回1111线路保护电源
	10	检查盐张Ⅰ回1111线路保护盘：保护装置工作正常
	11	投入盐张Ⅰ回1111线路保护出口XB
	12	投入盐张Ⅰ回1111线路保护启动失灵XB
	13	检查母差保护盘：母差保护启动1111线路元件投入正常
	14	投入1111断路器操作直流
	15	检查盐张Ⅰ回1111断路器在开位
	16	合上盐张Ⅰ回1111乙隔离开关
	17	检查盐张Ⅰ回1111乙隔离开关在合位
	18	检查张盐Ⅰ回1111甲隔离开关在开位
	19	合上1111丙隔离开关
	20	检查1111丙隔离开关在合位
	21	检查盐张Ⅰ回1111断路器压力均正常
	22	联系调度：合上盐张Ⅰ回1111断路器
	23	检查盐张Ⅰ回线充电正常
	24	盐张Ⅰ回1111线路重合闸方式选择开关SA切至"单重"位置
	25	投入盐张Ⅰ回1111线路重合闸出口压板
	26	检查盐张Ⅰ回1111线路保护装置工作正常
	27	全面检查
	28	汇报
	29	盖"已执行"章 （五防闭锁的"解锁"和"加锁"未填写）

评分标准	质量要求	项 目 名 称
		1. 操作票要用仿宋字填写，字迹不得潦草或辨认不清
		2. 工作任务要填写清楚
		3. 重要设备操作要使用双重编号
		4. 操作票不准合项、并项
		5. 操作票不准涂抹、更改
		6. 每项操作前要核对设备标志
		7. 操作顺序不准随意更改或跳项操作
		8. 每完成一项操作要做记号，重要操作要记录时间
		9. 应考虑五防闭锁的"解锁"和"加锁"
	得分或扣分	1. 字迹潦草辨认不清，扣5分
		2. 操作每漏一项扣5分，严重漏项全题不得分
		3. 操作票合项、并项，每处扣2分
		4. 操作任务填写不清，扣5分
		5. 设备不写双重名称，每处扣2分
		6. 操作术语使用不标准，每处扣2分
		7. 操作票涂改、更改，每处扣2分
		8. 每项操作前不核对设备标志，扣5分
		9. 操作顺序颠倒或跳项操作，每次扣5分
		10. 重要设备颠倒操作，全题不得分
		11. 每项操作后不做记号，重要操作不记录时间，扣2分
		12. 每项操作后不检查，扣2分
		13. 发生误操作全题不得分

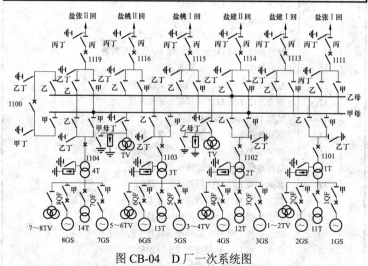

图 CB-04　D厂一次系统图

注：正常运行时乙母带1111、1114、1116线路和2、4号变压器运行，其余由甲母带。

行业：电力工程　　工种：水轮发电机组值班员　　等级：中/高

编　　　号	C43B041	行为领域	e	鉴定范围	5
考核时限	30min	题　型	B	题　分	35
试题正文	D厂盐张Ⅰ回1111线路停电做安全措施				
需要说明的问题和要求	1. 要求被考人单独完成操作 2. 考评员可根据考场设备实际情况拟出相似题目 3. 考核时，被考人要先填写操作票，然后进行操作 4. 倒闸操作时，要严格执行规程之规定，现场考核只能进行模拟演示不准触及设备，并做好监护 5. 现场出现异常，停止考核退出现场				
工具、材料、设备现场	1. 现场考核，应选在备用设备上进行演示，以免影响机组运行；无备用设备，应做好安全防范措施 2. 现场考核时，应准备好必要的操作工具和绝缘用具，穿好工作服 3. D厂一次系统图CB-04				

	序号	项　目　名　称
评 分 标 准	1	收到调度令：盐张Ⅰ回1111线路停电做安全措施
	2	检查盐张Ⅰ回1111线路负荷降到零
	3	盐张Ⅰ回1111线路重合闸方式选择开关SA切至"停用"位置
	4	切除盐张Ⅰ回1111线路重合闸XB
	5	联系调度：拉开盐张Ⅰ回1111断路器
	6	检查盐张Ⅰ回1111断路器在开位
	7	拉开盐张Ⅰ回1111丙隔离开关
	8	检查盐张Ⅰ回1111丙隔离开关在开位
	9	切除盐张Ⅰ回1111线路同期TV二次熔断器
	10	拉开盐张Ⅰ回1111乙隔离开关
	11	检查盐张Ⅰ回1111乙隔离开关在开位
	12	检查盐张Ⅰ回1111甲隔离开关在开位
	13	切除1111断路器操作直流
	14	切除盐张Ⅰ回1111线路保护盘：启动失灵XB
	15	切除盐张Ⅰ回1111线路保护盘：保护出口XB
	16	切除盐张Ⅰ回1111线路保护电源
	17	切除盐张Ⅰ回1111线路信号电源
	18	盐张Ⅰ回1111断路器进线侧验电无电压
	19	合上盐张Ⅰ回1111乙接地隔离开关
	20	检查盐张Ⅰ回1111乙接地隔离开关在合位
	21	盐张Ⅰ回1111丙隔离开关出线侧验电无电压
	22	合上盐张Ⅰ回1111丙接地隔离开关
	23	检查盐张Ⅰ回1111丙接地隔离开关在合位

序号	项 目 名 称
24	有关安全措施处挂警告牌
25	全面检查
26	汇报
27	盖"已执行"章
	（五防闭锁的"解锁"和"加锁"未填写）

评分标准	质量要求	1. 操作票要用仿宋字填写，字迹不得潦草或辨认不清
		2. 工作任务要填写清楚
		3. 重要设备操作要使用双重编号
		4. 操作票不准合项、并项
		5. 操作票不准涂抹、更改
		6. 每项操作前要核对设备标志
		7. 操作顺序不准随意更改或跳项操作
		8. 每完成一项操作要做记号，重要操作要记录时间
		9. 应考虑五防闭锁的"解锁"和"加锁"
	得分或扣分	1. 字迹潦草辨认不清，扣5分
		2. 操作每漏一项扣5分，严重漏项全题不得分
		3. 操作票合项、并项，每处扣2分
		4. 操作票任务填写不清，扣5分
		5. 设备不写双重名称，每处扣2分
		6. 操作术语使用不标准，每处扣2分
		7. 操作票涂改、更改，每处扣2分
		8. 每项操作前不核对设备标志，扣5分
		9. 操作顺序颠倒或跳项操作，每次扣5分
		10. 重要设备颠倒操作，全题不得分
		11. 每项操作后不做记号，重要操作不记录时间，扣2分
		12. 每项操作后不检查，扣2分
		13. 发生误操作全题不得分

行业：电力工程　　工种：水轮发电机组值班员　　等级：中/高

编　　号	C32B042	行为领域	e	鉴定范围	5
考核时限	35min	题　　型	B	题　分	40
试题正文	D厂2T停电做安全措施				
需要说明的问题和要求	1. 要求被考人单独完成操作 2. 考评员可根据考场设备实际情况拟出相似题目 3. 考核时，被考人要先填写操作票，然后进行操作 4. 倒闸操作时，要严格执行规程之规定，现场考核只能进行模拟演示不准触及设备，并做好监护 5. 现场出现异常，停止考核退出现场				
工具、材料、设备现场	1. 现场考核，应选在备用设备上进行演示，以免影响机组运行；无备用设备，应做好安全防范措施 2. 现场考核时，应准备好必要的操作工具和绝缘用具，穿好工作服 3. D厂一次系统图 CB-04				

	序号	项　目　名　称
评分标准	1	收到调度令：2T停电做安全措施
	2	检查3号发电机已解列停机
	3	检查4号发电机已解列停机
	4	检查厂用12T在停运
	5	合上2T中性点隔离开关
	6	检查2T中性点隔离开关在合位
	7	退出2T保护盘：后备保护出口XB
	8	联系调度拉开2T 1102断路器
	9	检查2T 1102断路器在开位
	10	拉开2T 1102乙隔离开关
	11	检查2T 1102乙隔离开关在开位
	12	检查2T 1102甲隔离开关在开位
	13	切除2T 1102断路器操作直流
	14	退出2T 保护盘：启动失灵XB
	15	退出2T 保护盘：跳母联XB
	16	拉开2T中性点隔离开关
	17	检查2T中性点隔离开关在开位
	18	切除3-4TV二次熔断器
	19	拉开3-4TV隔离开关
	20	检查3-4TV隔离开关在开位
	21	检查3号发电机出口3断路器在开位

	序号	项 目 名 称
评 分 标 准	22	拉开 3 号发电机 3 甲隔离开关
	23	检查 3 号发电机 3 甲隔离开关在开位
	24	检查 4 号发电机出口 4 断路器在开位
	25	拉开 4 号发电机 4 甲隔离开关
	26	检查 4 号发电机 4 甲隔离开关在开位
	27	检查厂用 12 断路器在开位、12 甲在开位
	28	拉开 2T 冷却电源开关
	29	切除 2T 保护电源
	30	切除 2T 信号电源
	31	切除 3 号机组水车操作电源
	32	切除 4 号机组水车操作电源
	33	2T1102 开关出线侧验电无电压
	34	合上 2T 1102 乙接地隔离开关
	35	检查 2T 1102 乙接地隔离开关在合位
	36	2T 高压侧验电无电压
	37	2T 低压侧验电无电压
	38	在 2T 高压侧挂三相短路接地线一组
	39	在 2T 低压侧挂三相短路接地线一组
	40	有关安全措施处挂警告牌
	41	全面检查
	42	汇报
	43	盖"已执行"章 (五防闭锁的"解锁"和"加锁"未填写)
	质量 要求	1. 操作票要用仿宋字书写,字迹不得潦草或辨认不清 2. 工作任务要填写清楚 3. 重要设备操作要使用双重编号 4. 操作票不准合项、并项 5. 操作票不准涂抹、更改 6. 每项操作前要核对设备标志 7. 操作顺序不准随意更改或跳项操作 8. 每完成一项操作要做记号,重要操作要记录时间 9. 应考虑五防闭锁的"解锁"和"加锁"
	得分或 扣分	1. 字迹潦草辨认不清,扣 5 分 2. 操作每漏一项扣 5 分,严重漏项全题不得分 3. 操作票合项、并项,每处扣 2 分 4. 操作票任务填写不清,扣 5 分 5. 设备不写双重名称,每处扣 2 分 6. 操作术语使用不标准,每处扣 2 分 7. 操作票涂改、更改,每处扣 2 分 8. 每项操作前不核对设备标志,扣 5 分 9. 操作顺序颠倒或跳项操作,每次扣 5 分 10. 重要设备颠倒操作,全题不得分 11. 每项操作后不做记号,重要操作不记录时间,扣 2 分 12. 每项操作后不检查,扣 2 分 13. 发生误操作全题不得分

行业：电力工程　　工种：水轮发电机组值班员　　等级：中/高

编　　号	C43B043	行为领域	e	鉴定范围	5
考核时限	25min	题　　型	B	题　分	25
试题正文	E厂八开二回1118线路停电做安全措施				
需要说明的问题和要求	1. 要求被考人单独完成操作 2. 考评员可根据考场设备实际情况拟出相似题目 3. 考核时，被考人要先填写操作票，然后进行操作 4. 倒闸操作时，要严格执行规程之规定，现场考核只能进行模拟演示不准触及设备，并做好监护 5. 现场出现异常，停止考核退出现场				
工具、材料、设备现场	1. 现场考核，应选在备用设备上进行演示，以免影响机组运行；无备用设备，应做好安全防范措施 2. 现场考核时，应准备好必要的操作工具和绝缘用具，穿好工作服 3. E厂一次系统图CB-05				

	序号	项　目　名　称
评 分 标 准	1	收到调度令：八开二回1118线路撤运
	2	八开二回1118重合闸方式开关SA切至"停用"位置
	3	退出八开二回1118重合闸出口XB
	4	拉开八开二回1118断路器
	5	检查八开二回1118断路器在开位
	6	拉开八开二回1118丙隔离开关
	7	检查八开二回1118丙隔离开关在开位
	8	拉开八开二回1118乙隔离开关
	9	检查八开二回1118乙隔离开关在开位
	10	检查八开二回1118旁路隔离开关在开位
	11	退出八开二回1118失灵保护出口XB
	12	切除八开二回1118线路同期TV二次熔断器
	13	切除八开二回1118断路器控制电源
	14	八开二回1118开关进出线侧验明无电压
	15	合上八开二回1118乙接地隔离开关
	16	检查八开二回1118乙接地隔离开关在合位
	17	合上八开二回1118丙接地隔离开关
	18	检查八开二回1118丙接地隔离开关在合位
	19	联系调度：合上八开二回1118线路接地隔离开关
	20	检查八开二回1118线路接地隔离开关在合位
	21	有关安全措施处挂警告牌
	22	全面检查
	23	汇报
	24	盖"已执行"章
		（五防闭锁的"解锁"和"加锁"未填写）

320

评分标准	质量要求	项　目　名　称
	质量要求	1. 操作票要用仿宋字填写，字迹不得潦草或辨认不清 2. 工作任务要填写清楚 3. 重要设备操作要使用双重编号 4. 操作票不准合项、并项 5. 操作票不准涂抹、更改 6. 每项操作前要核对设备标志 7. 操作顺序不准随意更改或跳项操作 8. 每完成一项操作要记录时间 9. 应考虑五防闭锁的"解锁"和"加锁"
	得分或扣分	1. 字迹潦草辨认不清，扣5分 2. 操作每漏一项扣5分，严重漏项全题不得分 3. 操作票合项、并项，每处扣2分 4. 操作票任务填写不清，扣5分 5. 设备不写双重名称，每处扣2分 6. 操作术语使用不标准，每处扣2分 7. 操作票涂改、更改，每处扣2分 8. 每项操作前不核对设备标志，扣5分 9. 操作顺序颠倒或跳项操作，每次扣5分 10. 重要设备颠倒操作，全题不得分 11. 每项操作后不做记号，重要操作不记录时间，扣2分 12. 每项操作后不检查，扣2分 13. 发生误操作全题不得分

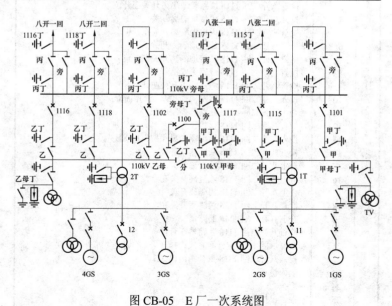

图 CB-05　E厂一次系统图

注：正常系统甲乙母联络运行，旁母停用，1100断路器在合位。

行业：电力工程　　工种：水轮发电机组值班员　　等级：中/高

编　号	C43B044	行为领域	e	鉴定范围	5
考核时限	25min	题　型	B	题　分	30
试题正文	E厂八开二回1118线路送电				
需要说明的问题和要求	1. 要求被考人单独完成操作 2. 考评员可根据考场设备实际情况拟出相似题目 3. 考核时，被考人要先填写操作票，然后进行操作 4. 倒闸操作时，要严格执行规程之规定，现场考核只能进行模拟演示不准触及设备，并做好监护 5. 现场出现异常，停止考核退出现场				
工具、材料、设备现场	1. 现场考核，应选在备用设备上进行演示，以免影响机组运行；无备用设备，应做好安全防范措施 2. 现场考核时，应准备好必要的操作工具和绝缘用具，穿好工作服 3. E厂一次系统图CB-05 4. 重合闸方式为"综重"				

	序号	项　目　名　称
评分标准	1	收到调度令：八开二回1118线路恢复送电
	2	联系调度：拉开八开二回1118线路接地隔离开关
	3	检查八开二回1118线路接地隔离开关在开位
	4	拉开八开二回1118丙接地隔离开关
	5	检查八开二回1118丙接地隔离开关在开位
	6	拉开八开二回1118乙接地隔离开关
	7	检查八开二回1118乙接地隔离开关在开位
	8	检查八开二回1118线路无安措
	9	检查八开二回1118旁路隔离开关在开位
	10	投入八开二回1118线路同期TV二次熔断器
	11	合上八开二回1118断路器控制电源
	12	检查八开二回1118保护投入正常
	13	投入八开二回1118断路器失灵保护出口XB
	14	检查八开二回1118断路器在开位
	15	合上八开二回1118乙隔离开关
	16	检查八开二回1118乙隔离开关在合位
	17	合上八开二回1118丙隔离开关
	18	检查八开二回1118丙隔离开关在合位
	19	合上八开二回1118断路器
	20	检查八开二回1118断路器在合位
	21	八开二回1118重合闸方式选择开关SA切至"综重"位置
	22	投入八开二回1118重合闸出口XB
	23	全面检查
	24	汇报25
	25	盖"已执行"章 （五防闭锁的"解锁"和"加锁"未填写）

		项 目 名 称
	质量 要求	1. 操作票要用仿宋字填写，字迹不得潦草或辨认不清 2. 工作任务要填写清楚 3. 重要设备操作要使用双重编号 4. 操作票不准合项、并项 5. 操作票不准涂抹、更改 6. 每项操作前要核对设备标志 7. 操作顺序不准随意更改或跳项操作 8. 每完成一项操作要做记号，重要操作要记录时间 9. 应考虑五防闭锁的"解锁"和"加锁"
评 分 标 准	得分或 扣分	1. 字迹潦草辨认不请，扣5分 2. 操作每漏一项扣5分，严重漏项全题不得分 3. 操作票合项、并项，每处扣2分 4. 操作票任务填写不清，扣5分 5. 设备不写双重名称，每处扣2分 6. 操作术语使用不标准，每处扣2分 7. 操作票涂改、更改，每处扣2分 8. 每项操作前不核对设备标志，扣5分 9. 操作顺序颠倒或跳项操作，每次扣5分 10. 重要设备颠倒操作，全题不得分 11. 每项操作后不做记号，重要操作不记录时间，扣2分 12. 每项操作后不检查，扣2分 13. 发生误操作全题不得分

编　　　号	C21B045	行为领域	e	鉴定范围	5
考核时限	30min	题　型	B	题　　分	35
试题正文	E 厂 110kV 乙母停电做安全措施				
需要说明的问题和要求	1. 要求被考人单独完成操作 2. 考评员可根据考场设备实际情况拟出相似题目 3. 考核时，被考人要先填写操作票，然后进行操作 4. 倒闸操作时，要严格执行规程之规定，现场考核只能进行模拟演示不准触及设备，并做好监护 5. 现场出现异常，停止考核退出现场				
工具、材料、设备现场	1. 现场考核，应选在备用设备上进行演示，以免影响机组运行；无备用设备，应做好安全防范措施 2. 现场考核时，应准备好必要的操作工具和绝缘用具，穿好工作服 3. E 厂一次系统图 CB-05				

	序号	项　目　名　称
评 分 标 准	1	收到调度令：110kV 乙母停电做安全措施
	2	检查 2T 1102 断路器在开位
	3	八开一回 1116 重合闸方式选择开关 SA 切至"停用"位置
	4	退出八开一回 1116 重合闸出口 XB
	5	拉开八开一回 1116 断路器
	6	检查八开一回 1116 断路器在开位
	7	八开二回 1118 重合闸方式选择开关 SA 切至"停用"位置
	8	退出八开二回 1118 重合闸出口 XB
	9	拉开八开二回 1118 断路器
	10	检查八开二回 1118 断路器在开位
	11	拉开母联 1100 断路器
	12	检查母联 1100 断路器在开位
	13	拉开母联 1100 乙隔离开关
	14	检查母联 1100 乙隔离开关在开位
	15	拉开母联 1100 甲隔离开关
	16	检查母联 1100 甲隔离开关在开位
	17	检查母联 1100 分隔离开关在开位
	18	检查 2T 1102 乙隔离开关在开位
	19	检查八开一回 1116 断路器在开位
	20	拉开八开一回 1116 丙隔离开关

序号	项 目 名 称
21	检查八开一回 1116 丙隔离开关在开位
22	拉开八开一回 1116 乙隔离开关
23	检查八开一回 1116 乙隔离开关在开位
24	检查八开一回 1116 旁隔离开关在开位
25	检查八开二回 1118 断路器在开位
26	拉开八开二回 1118 丙隔离开关
27	检查八开二回 1118 丙隔离开关在开位
28	拉开八开二回 1118 乙隔离开关
29	检查八开二回 1118 乙隔离开关在开位
30	检查八开二回 1118 旁隔离开关在开位
31	拉开乙母 TV 隔离开关
32	检查乙母 TV 隔离开关在开位
33	切除 1100 断路器控制电源
34	切除 1116 断路器控制电源
35	切除 1118 断路器控制电源
36	合上母联 1100 乙接地隔离开关
37	检查母联 1100 乙接地隔离开关在合位
38	合上母联 1100 甲接地隔离开关
39	检查母联 1100 甲接地隔离开关在合位
40	合上八开一回 1116 乙接地隔离开关
41	检查八开一回 1116 乙接地隔离开关在合位
42	合上八开一回 1116 丙接地隔离开关
43	检查八开一回 1116 丙接地隔离开关在合位
44	联系调度：合上八开一回 1116 线路接地隔离开关
45	检查八开一回 1116 线路接地隔离开关在合位
46	合上八开二回 1118 乙接地隔离开关
47	检查八开二回 1118 乙接地隔离开关在合位
48	合上八开二回 1118 丙接地隔离开关
49	检查八开二回 1118 丙接地隔离开关在合位
50	联系调度：合上八开二回 1118 线路接地隔离开关
51	检查八开二回 1118 线路接地隔离开关在合位
52	检查 110kV 乙母 TV 无电压
53	合上乙母 TV 接地隔离开关
54	检查乙母 TV 接地隔离开关在合位
55	合上乙母接地隔离开关
56	检查乙母接地隔离开关在合位
57	有关安全措施处挂警告牌
58	全面检查
59	汇报
60	盖"已执行"章 （五防闭锁的"解锁"和"加锁"未填写）

評

分

标

准

325

		项　目　名　称
评分标准	质量要求	1. 操作票要用仿宋字填写，字迹不得潦草或辨认不清 2. 工作任务要填写清楚 3. 重要设备操作要使用双重编号 4. 操作票不准合项、并项 5. 操作票不准涂抹、更改 6. 每项操作前要核对设备标志 7. 操作顺序不准随意更改或跳项操作 8. 每完成一项操作要做记号，重要操作要记录时间 9. 应考虑五防闭锁的"解锁"和"加锁"
	得分或扣分	1. 字迹潦草辨认不请，扣5分 2. 操作每漏一项扣5分，严重漏项全题不得分 3. 操作票合项、并项，每处扣2分 4. 操作票任务填写不清，扣5分 5. 设备不写双重名称，每处扣2分 6. 操作术语使用不标准，每处扣2分 7. 操作票涂改、更改，每处扣2分 8. 每项操作前不核对设备标志，扣5分 9. 操作顺序颠倒或跳项操作，每次扣5分 10. 重要设备颠倒操作，全题不得分 11. 每项操作后不做记号，重要操作不记录时间，扣2分 12. 每项操作后不检查，扣2分 13. 发生误操作全题不得分

行业：电力工程　　工种：水轮发电机组值班员　　等级：技师/高技

编　　号	C2132B046	行为领域	e	鉴定范围	5
考核时限	30min	题　　型	B	题　分	35

试题正文	E厂110kV乙母送电

需要说明的问题和要求	1. 要求被考人单独完成操作 2. 考评员可根据考场设备实际情况拟出相似题目 3. 考核时，被考人要先填写操作票，然后进行操作 4. 倒闸操作时，要严格执行规程之规定，现场考核只能进行模拟演示不准触及设备，并做好监护 5. 现场出现异常，停止考核退出现场 6. 线路重合闸方式为"综重"

工具、材料、设备现场	1. 现场考核，应选在备用设备上进行演示，以免影响机组运行；无备用设备，应做好安全防范措施 2. 现场考核时，应准备好必要的操作工具和绝缘用具，穿好工作服 3. E厂一次系统图CB-05

	序号	项　目　名　称
评 分 标 准	1	收到调度令：110kV乙母恢复送电
	2	投入1100断路器控制电源
	3	投入1116断路器控制电源
	4	投入1118断路器控制电源
	5	拉开乙母接地隔离开关
	6	检查乙母接地隔离开关在开位
	7	拉开乙母TV接地隔离开关
	8	检查乙母TV接地隔离开关在开位
	9	联系调度：拉开八开一回1116线路接地隔离开关
	10	检查八开一回1116线路接地隔离开关在开位
	11	拉开八开一回1116乙接地隔离开关
	12	检查八开一回1116乙接地隔离开关在开位
	13	拉开八开一回1116丙接地隔离开关
	14	检查八开一回1116丙接地隔离开关在开位
	15	联系调度：拉开八开二回1118线路接地隔离开关
	16	检查八开二回1118线路接地隔离开关在开位
	17	拉开八开二回1118乙接地隔离开关
	18	检查八开二回1118乙接地隔离开关在开位
	19	拉开八开二回1118丙接地隔离开关
	20	检查八开二回1118丙接地隔离开关在开位

序号	项 目 名 称
21	拉开母联 1100 乙接地隔离开关
22	检查母联 1100 乙接地隔离开关在开位
23	拉开母联 1100 甲接地隔离开关
24	检查母联 1100 甲接地隔离开关在开位
25	合上乙母 TV 隔离开关
26	检查乙母 TV 隔离开关在合位
27	检查八开一回 1116 断路器在开位
28	合上八开一回 1116 乙隔离开关
29	检查八开一回 1116 乙隔离开关在合位
30	合上八开一回 1116 丙隔离开关
31	检查八开一回 1116 丙隔离开关在合位
32	检查八开一回 1116 旁隔离开关在开位
33	检查八开二回 1118 断路器在开位
34	合上八开二回 1118 乙隔离开关
35	检查八开二回 1118 乙隔离开关在合位
36	合上八开二回 1118 丙隔离开关
37	检查八开二回 1118 丙隔离开关在合位
38	检查八开二回 1118 旁隔离开关在开位
39	检查母联 1100 断路器在开位
40	合上母联 1100 甲隔离开关
41	检查母联 1100 甲隔离开关在合位
42	合上母联 1100 乙隔离开关
43	检查母联 1100 乙隔离开关在合位
44	检查母联 1100 分隔离开关在开位
45	检查 2T 1102 断路器在开位
46	合上母联 1100 断路器
47	检查母联 1100 断路器在合位
48	检查 110kV 乙母线充电正常
49	检查母差保护改单母线分段方式正常
50	联系调度：合上八开一回 1116 断路器
51	检查八开一回 1116 断路器在合位
52	八开一回 1116 重合闸方式选择开关 SA 切至"综重"
53	投入八开一回 1116 重合闸出口 XB
54	联系调度：合上八开二回 1118 断路器
55	检查八开二回 1118 断路器在合位
56	八开二回 1118 重合闸方式选择开关 SA 切至"综重"
57	投入八开二回 1118 重合闸出口 XB
58	全面检查
59	汇报
60	盖"已执行"章 （五防闭锁的"解锁"和"加锁"未填写）

评分标准

		项 目 名 称
质量要求		1. 操作票要用仿宋字填写,字迹不得潦草或辨认不清 2. 工作任务要填写清楚 3. 重要设备操作要使用双重编号 4. 操作票不准合项、并项 5. 操作票不准涂抹、更改 6. 每项操作前要核对设备标志 7. 操作顺序不准随意更改或跳项操作 8. 每完成一项操作要做记号,重要操作要记录时间 9. 应考虑五防闭锁的"解锁"和"加锁"
评分标准	得分或扣分	1. 字迹潦草辨认不请,扣 5 分 2. 操作每漏一项扣 5 分,严重漏项全题不得分 3. 操作票合项、并项,每处扣 2 分 4. 操作票任务填写不清,扣 5 分 5. 设备不写双重名称,每处扣 2 分 6. 操作术语使用不标准,每处扣 2 分 7. 操作票涂改、更改,每处扣 2 分 8. 每项操作前不核对设备标志,扣 5 分 9. 操作顺序颠倒或跳项操作,每次扣 5 分 10. 重要设备颠倒操作,全题不得分 11. 每项操作后不做记号,重要操作不记录时间,扣 2 分 12. 每项操作后不检查,扣 2 分 13. 发生误操作全题不得分

行业：电力工程　　　工种：水轮发电机组值班员　　　等级：高/技师

编　　号	C43B047	行为领域	e	鉴定范围	5
考核时限	30min	题　型	B	题　分	35
试题正文	F厂3912炳刘线停电做安全措施				
需要说明的问题和要求	1. 要求被考人单独完成操作 2. 考评员可根据考场设备实际情况拟出相似题目 3. 考核时，被考人要先填写操作票，然后进行操作 4. 倒闸操作时，要严格执行规程之规定，现场考核只能进行模拟演示不准触及设备，并做好监护 5. 现场出现异常，停止考核退出现场				
工具、材料、设备现场	1. 现场考核，应选在备用设备上进行演示，以免影响机组运行；无备用设备，应做好安全防范措施 2. 现场考核时，应准备好必要的操作工具和绝缘用具，穿好工作服 3. F厂一次系统图CB-06				

	序号	项　目　名　称
评 分 标 准	1	收到调度令：3912炳刘线停电做安全措施
	2	3912炳刘线重合闸方式选择开关SA切至"停用"位置
	3	退出3912炳刘线重合闸出口XB
	4	拉开炳刘线3310断路器
	5	检查炳刘线3310断路器在开位
	6	拉开炳刘线3311断路器
	7	检查炳刘线3311断路器在开位
	8	联系调度：拉开炳刘线3912丙隔离开关
	9	检查炳刘线3912丙隔离开关在开位
	10	拉开炳刘线3311丙隔离开关
	11	检查炳刘线3311丙隔离开关在开位
	12	拉开炳刘线3311乙隔离开关
	13	检查炳刘线3311乙隔离开关在开位
	14	拉开炳刘线3310丙隔离开关
	15	检查炳刘线3310丙隔离开关在开位
	16	拉开炳刘线3310甲隔离开关
	17	检查炳刘线3310甲隔离开关在开位
	18	拉开3912炳刘线TV二次开关
	19	合上炳刘线3311乙接地隔离开关
	20	检查炳刘线3311乙接地隔离开关在合位

	序号	项 目 名 称
评分标准	21	合上炳刘线 3311 丙接地隔离开关
	22	检查炳刘线 3311 丙接地隔离开关在合位
	23	合上炳刘线 3310 甲接地隔离开关
	24	检查炳刘线 3310 甲接地隔离开关在合位
	25	合上炳刘线 3310 丙接地隔离开关
	26	检查炳刘线 3310 丙接地隔离开关在合位
	27	联系调度：合上炳刘线 3912 丙接地隔离开关
	28	检查炳刘线 3912 丙接地隔离开关在合位
	29	投入炳刘线 3310 操作箱保护屏位置停信 XB
	30	退出 3912 炳刘线失灵启动 I 母后备 XB
	31	退出 3912 炳刘线失灵启动 2GS 后备 XB
	32	切除炳刘线 3311 断路器控制电源
	33	切除炳刘线 3310 断路器控制电源
	34	切除 3912 炳刘线保护电源
	35	有关安全措施处挂警告牌
	36	全面检查
	37	汇报
	38	盖"已执行"章
		（五防闭锁的"解锁"和"加锁"未填写）
质量要求		1. 操作票要用仿宋字填写，字迹不得潦草或辨认不清
		2. 工作任务要填写清楚
		3. 重要设备操作要使用双重编号
		4. 操作票不准合项、并项
		5. 操作票不准涂抹、更改
		6. 每项操作前要核对设备标志
		7. 操作顺序不准随意更改或跳项操作
		8. 每完成一项操作要做记号，重要操作要记录时间
		9. 应考虑五防闭锁的"解锁"和"加锁"

		项 目 名 称
评 分 标 准	得分或 扣分	1. 字迹潦草辨认不清，扣 5 分 2. 操作每漏一项扣 5 分，严重漏项全题不得分 3. 操作票合项、并项，每处扣 2 分 4. 操作票任务填写不清，扣 5 分 5. 设备不写双重名称，每处扣 2 分 6. 操作术语使用不标准，每处扣 2 分 7. 操作票涂改、更改，每处扣 2 分 8. 每项操作前不核对设备标志，扣 5 分 9. 操作顺序颠倒或跳项操作，每次扣 5 分 10. 重要设备颠倒操作，全题不得分 11. 每项操作后不做记号，重要操作不记录时间，扣 2 分 12. 每项操作后不检查，扣 2 分 13. 发生误操作全题不得分

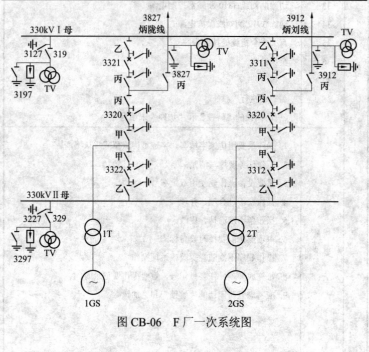

图 CB-06　F 厂一次系统图

编　　号	C43B048	行为领域	e	鉴定范围	5
考核时限	30min	题　型	B	题　分	35
试题正文	F厂3912炳刘线送电				

需要说明的问题和要求	1. 要求被考人单独完成操作 2. 考评员可根据考场设备实际情况拟出相似题目 3. 考核时，被考人要先填写操作票，然后进行操作 4. 倒闸操作时，要严格执行规程之规定，现场考核只能进行模拟演示不准触及设备，并做好监护 5. 现场出现异常，停止考核退出现场 6. 线路重合闸方式投"单重"

工具、材料、设备现场	1. 现场考核，应选在备用设备上进行演示，以免影响机组运行；无备用设备，应做好安全防范措施 2. 现场考核时，应准备好必要的操作工具和绝缘用具，穿好工作服 3. F厂一次系统图CB-06

	序号	项　目　名　称
评分标准	1	收到调度令：3912炳刘线恢复送电
	2	投入3912炳刘线保护电源
	3	投入炳刘线3311断路器控制电源
	4	投入炳刘线3310断路器控制电源
	5	退出炳刘线3310操作箱保护屏位置停信XB
	6	投入3912炳刘线失灵启动Ⅰ母后备XB
	7	投入3912炳刘线失灵启动2GS后备XB
	8	联系调度：拉开炳刘线3912丙接地隔离开关
	9	检查炳刘线3912丙接地隔离开关在开位
	10	拉开炳刘线3311乙接地隔离开关
	11	检查炳刘线3311乙接地隔离开关在开位
	12	拉开炳刘线3311丙接地隔离开关
	13	检查炳刘线3311丙接地隔离开关在开位
	14	拉开炳刘线3310甲接地隔离开关
	15	检查炳刘线3310甲接地隔离开关在开位
	16	拉开炳刘线3310乙接地隔离开关

	序号	项 目 名 称
评分标准	17	检查炳刘线 3310 乙接地隔离开关在开位
	18	合上 3912 炳刘线 TV 二次开关
	19	检查 3912 炳刘线回路已无地线
	20	检查炳刘线 3310 断路器在开位
	21	检查炳刘线 3311 断路器在开位
	22	合上炳刘线 3311 乙隔离开关
	23	检查炳刘线 3311 乙隔离开关在合位
	24	合上炳刘线 3311 丙隔离开关
	25	检查炳刘线 3311 丙隔离开关在合位
	26	合上炳刘线 3310 甲隔离开关
	27	检查炳刘线 3310 甲隔离开关在合位
	28	合上炳刘线 3310 丙隔离开关
	29	检查炳刘线 3310 丙隔离开关在合位
	30	联系调度：合上炳刘线 3912 丙隔离开关
	31	检查炳刘线 3912 丙隔离开关在合位
	32	投入中央信号屏同期监察开关
	33	投入炳刘线 3311 断路器同期开关
	34	合上炳刘线 3311 断路器
	35	检查炳刘线 3311 断路器在合位
	36	退出炳刘线 3311 断路器同期开关
	37	投入炳刘线 3310 断路器同期开关
	38	合上炳刘线 3310 断路器
	39	检查炳刘线 3310 断路器在合位
	40	退出炳刘线 3310 断路器同期开关
	41	退出中央信号屏同期监察开关
	42	3912 炳刘线重合闸方式选择开关 SA 切至"单重"位置
	43	投入 3912 炳刘线重合闸出口 XB
	44	全面检查
	45	汇报
	46	盖"已执行"章
		（五防闭锁的"解锁"和"加锁"未填写）

		项 目 名 称
	质量 要求	1. 操作票要用仿宋字填写，字迹不得潦草或辨认不清 2. 工作任务要填写清楚 3. 重要设备操作要使用双重编号 4. 操作票不准合项、并项 5. 操作票不准涂抹、更改 6. 每项操作前要核对设备标志 7. 操作顺序不准随意更改或跳项操作 8. 每完成一项操作要做记号，重要操作要记录时间 9. 应考虑五防闭锁的"解锁"和"加锁
评 分 标 准	得分或 扣分	1. 字迹潦草辨认不清，扣5分 2. 操作每漏一项扣5分，严重漏项全题不得分 3. 操作票合项、并项，每处扣2分 4. 操作票任务填写不清，扣5分 5. 设备不写双重名称，每处扣2分 6. 操作术语使用不标准，每处扣2分 7. 操作票涂改、更改，每处扣2分 8. 每项操作前不核对设备标志，扣5分 9. 操作顺序颠倒或跳项操作，每次扣5分 10. 重要设备颠倒操作，全题不得分 11. 每项操作后不做记号，重要操作不记录时间，扣2分 12. 每项操作后不检查，扣2分 13. 发生误操作全题不得分

编　　号	C21B049	行为领域	e	鉴定范围	5
考核时限	25min	题　型	B	题　分	30
试题正文	F厂330kVⅠ母停电做安全措施				
需要说明的问题和要求	1. 要求被考人单独完成操作 2. 考评员可根据考场设备实际情况拟出相似题目 3. 考核时，被考人要先填写操作票，然后进行操作 4. 倒闸操作时，要严格执行规程之规定，现场考核只能进行模拟演示不准触及设备，并做好监护 5. 现场出现异常，停止考核退出现场 6. 线路重合闸只投一个开关				
工具、材料、设备现场	1. 现场考核，应选在备用设备上进行演示，以免影响机组运行；无备用设备，应做好安全防范措施 2. 现场考核时，应准备好必要的操作工具和绝缘用具，穿好工作服 3. F厂一次系统图CB-06				

	序号	项　目　名　称
评 分 标 准	1	收到调度令：330kVⅠ母停电做安全措施
	2	330kV电压转换开关SA切至"Ⅱ母"
	3	检查330kVⅠ母电压切换正常
	4	拉开330kVⅠ母TV二次开关
	5	退出330kVⅠ母TV二次转换开关
	6	检查3912炳刘线重合闸投3310开关
	7	检查3827炳隔线重合闸投3320开关
	8	拉开330kVⅠ母3311断路器
	9	拉开330kVⅠ母3321断路器
	10	检查330kVⅠ母3311断路器在开位
	11	拉开330kVⅠ母3311乙隔离开关
	12	检查330kVⅠ母3311乙隔离开关在开位
	13	拉开330kVⅠ母3311丙隔离开关
	14	检查330kVⅠ母3311丙隔离开关在开位
	15	检查330kVⅠ母3321断路器在开位
	16	拉开330kVⅠ母3321乙隔离开关
	17	检查330kVⅠ母3321乙隔离开关在开位
	18	拉开330kVⅠ母3321丙隔离开关
	19	检查330kVⅠ母3321丙隔离开关在开位
	20	拉开330kVⅠ母319隔离开关
	21	检查330kVⅠ母319隔离开关在开位
	22	验明330kVⅠ母319TV侧无电压
	23	合上330kVⅠ母TV3197接地隔离开关
	24	检查330kVⅠ母TV3197接地隔离开关在合位
	25	验明330kVⅠ母319隔离开关母线侧无电压

	序号	项 目 名 称
评 分 标 准	26	合上 330kV Ⅰ母 3127 接地隔离开关
	27	检查 330kV Ⅰ母 3127 接地隔离开关在合位
	28	投入 330kV Ⅰ母 3311 断路器保护屏位置停信 XB
	29	投入 330kV Ⅰ母 3321 断路器保护屏位置停信 XB
	30	切除、Ⅰ母启动 3912 炳刘线失灵 XB
	31	切除、Ⅰ母启动 3827 炳陇线失灵 XB
	32	检查 3912 炳刘线保护 XB 投退正常
	33	检查 3827 炳陇线保护 XB 投退正常
	34	切除 330kV Ⅰ母 3311 断路器控制电源
	35	切除 330kV Ⅰ母 3321 断路器控制电源
	36	有关安全措施处挂警告牌
	37	全面检查
	38	汇报
	39	盖 "已执行" 章 （五防闭锁的 "解锁" 和 "加锁" 未填写）
	质量 要求	1. 操作票要用仿宋字填写，字迹不得潦草或辨认不清 2. 工作任务要填写清楚 3. 重要设备操作要使用双重编号 4. 操作票不准合项、并项 5. 操作票不准涂抹、更改 6. 每项操作前要核对设备标志 7. 操作顺序不准随意更改或跳项操作 8. 每完成一项操作要做记号，重要操作要记录时间 9. 应考虑五防闭锁的 "解锁" 和 "加锁"
	得分或 扣分	1. 字迹潦草辨认不清，扣 5 分 2. 操作每漏一项扣 5 分，严重漏项全题不得分 3. 操作票合项、并项，每处扣 2 分 4. 操作票任务填写不清，扣 5 分 5. 设备不写双重名称，每处扣 2 分 6. 操作术语使用不标准，每处扣 2 分 7. 操作票涂改、更改，每处扣 2 分 8. 每项操作前不核对设备标志，扣 5 分 9. 操作顺序颠倒或跳项操作，每次扣 5 分 10. 重要设备颠倒操作，全题不得分 11. 每项操作后不做记号，重要操作不记录时间，扣 2 分 12. 每项操作后不检查，扣 2 分 13. 发生误操作全题不得分

编　号	C21B050	行为领域	e	鉴定范围	5
考核时限	25min	题　型	B	题　分	30
试题正文	F厂330kV Ⅰ母送电				
需要说明的问题和要求	1. 要求被考人单独完成操作 2. 考评员可根据考场设备实际情况出拟相似题目 3. 考核时，被考人要先填写操作票，然后进行操作 4. 倒闸操作时，要严格执行规程之规定，现场考核只能进行模拟演示不准触及设备，并做好监护 5. 现场出现异常，停止考核退出现场				
工具、材料、设备现场	1. 现场考核，应选在备用设备上进行演示，以免影响机组运行；无备用设备，应做好安全防范措施 2. 现场考核时，应准备好必要的操作工具和绝缘用具，穿好工作服 3. F厂一次系统图 CB-06				

	序号	项　目　名　称
评分标准	1	收到调度令：330kV Ⅰ母恢复送电
	2	投入330kV Ⅰ母3311断路器控制电源
	3	投入330kV Ⅰ母3321断路器控制电源
	4	退出330kV Ⅰ母3311断路器保护屏位置停信XB
	5	退出330kV Ⅰ母3321断路器保护屏位置停信XB
	6	投入Ⅰ母失灵启动炳刘线XB
	7	投入Ⅰ母失灵启动炳陇线XB
	8	检查3912炳刘线保护XB投退正常
	9	检查3872炳陇线保护XB投退正常
	10	拉开330kV Ⅰ母3127接地隔离开关
	11	检查330kV Ⅰ母3127接地隔离开关在开位
	12	拉开330kV Ⅰ母TV3197接地隔离开关
	13	检查330kV Ⅰ母TV3197接地隔离开关在开位
	14	检查330kV Ⅰ母线回路无地线
	15	检查330kV Ⅰ母保护投退正常
	16	合上330kV Ⅰ母319隔离开关
	17	检查330kV Ⅰ母319隔离开关在合位
	18	检查330kV Ⅰ母3311断路器在开位
	19	合上330kV Ⅰ母3311丙隔离开关
	20	检查330kV Ⅰ母3311丙隔离开关在合位
	21	合上330kV Ⅰ母3311乙隔离开关
	22	检查330kV Ⅰ母3311乙隔离开关在合位
	23	检查330kV Ⅰ母3321断路器在开位
	24	合上330kV Ⅰ母3321丙隔离开关
	25	检查330kV Ⅰ母3321丙隔离开关在合位
	26	合上330kV Ⅰ母3321乙隔离开关

	序号	项　目　名　称
评分标准	27	检查 330kV Ⅰ母 3321 乙隔离开关在合位
	28	投入 330kV Ⅰ母 3311 同期开关
	29	合上 330kV Ⅰ母 3311 断路器
	30	退出 330kV Ⅰ母 3311 断路器同期开关
	31	检查 330kV Ⅰ母 3311 断路器在合位
	32	投入中央信号屏同期监察开关
	33	投入 330kV Ⅰ母 3321 断路器同期开关
	34	合上 330kV Ⅰ母 3321 断路器
	35	退出 330kV Ⅰ母 3321 断路器同期开关
	36	检查 330kV Ⅰ母 3321 断路器在合位
	37	退出中央信号屏同期监察开关
	38	投入 330kV Ⅰ母 TV 二次转换开关
	39	合上 330kV Ⅰ母 TV 二次开关
	40	全面检查
	41	汇报
	42	盖"已执行"章
		（五防闭锁的"解锁"和"加锁"未填写）
	质量要求	1. 操作票要用仿宋字填写，字迹不得潦草或辨认不清 2. 工作任务要填写清楚 3. 重要设备操作要使用双重编号 4. 操作票不准合项、并项 5. 操作票不准涂抹、更改 6. 每项操作前要核对设备标志 7. 操作顺序不准随意更改或跳项操作 8. 每完成一项操作要做记号，重要操作要记录时间 9. 应考虑五防闭锁的"解锁"和"加锁"
	得分或扣分	1. 字迹潦草辨认不清，扣 5 分 2. 操作每漏一项扣 5 分，严重漏项全题不得分 3. 操作票合项、并项，每处扣 2 分 4. 操作票任务填写不清，扣 5 分 5. 设备不写双重名称，每处扣 2 分 6. 操作术语使用不标准，每处扣 2 分 7. 操作票涂改、更改，每处扣 2 分 8. 每项操作前不核对设备标志，扣 5 分 9. 操作顺序颠倒或跳项操作，每次扣 5 分 10. 重要设备颠倒操作，全题不得分 11. 每项操作后不做记号，重要操作不记录时间，扣 2 分 12. 每项操作后不检查，扣 2 分 13. 发生误操作全题不得分

行业：电力工程　　　工种：水轮发电机组值班员　　　等级：初/中

编　　号	C54B051	行为领域	e	鉴定范围	5
考核时限	20min	题　　型	B	题　　分	25
试题正文	F 厂 3310 断路器停电做安全措施				

需要说明的问题和要求	1. 要求被考人单独完成操作 2. 考评员可根据考场设备实际情况拟出相似题目 3. 考核时，被考人要先填写操作票，然后进行操作 4. 倒闸操作时，要严格执行规程之规定，现场考核只能进行模拟演示不准触及设备，并做好监护 5. 现场出现异常，停止考核退出现场 6. 线路重合闸投单开关
工具、材料、设备现场	1. 现场考核，应选在备用设备上进行演示，以免影响机组运行；无备用设备，应做好安全防范措施 2. 现场考核时，应准备好必要的操作工具和绝缘用具，穿好工作服 3. F 厂一次系统图 CB-06

	序号	项　目　名　称
评 分 标 准	1	收到调度令：3310 断路器停电做安全措施
	2	检查 3912 炳刘线重合闸投 3311 断路器
	3	拉开 3310 断路器
	4	检查 3310 断路器在开位
	5	拉开 3310 甲隔离开关
	6	检查 3310 甲隔离开关在开位
	7	拉开 3310 丙隔离开关
	8	检查 3310 丙隔离开关在开位
	9	合上 3310 甲接地隔离开关
	10	检查 3310 甲接地隔离开关在合位
	11	合上 3310 丙接地隔离开关
	12	检查 3310 丙接地隔离开关在合位
	13	投入 3310 断路器保护屏停信 XB
	14	退出 3912 炳刘线失灵启动 2GS 后备 XB
	15	切除 3310 断路器控制电源
	16	有关安全措施处挂警告牌
	17	全面检查
	18	汇报
	19	盖"已执行"章
		（五防闭锁的"解锁"和"加锁"未填写）

		项 目 名 称
评分标准	质量要求	1. 操作票要用仿宋字填写，字迹不得潦草或辨认不清 2. 工作任务要填写清楚 3. 重要设备操作要使用双重编号 4. 操作票不准合项、并项 5. 操作票不准涂抹、更改 6. 每项操作前要核对设备标志 7. 操作顺序不准随意更改或跳项操作 8. 每完成一项操作要做记号，重要操作要记录时间 9. 应考虑五防闭锁的"解锁"和"加锁"
	得分或扣分	1. 字迹潦草辨认不清，扣5分 2. 操作每漏一项扣5分，严重漏项全题不得分 3. 操作票合项、并项，每处扣2分 4. 操作票任务填写不清，扣5分 5. 设备不写双重名称，每处扣2分 6. 操作术语使用不标准，每处扣2分 7. 操作票涂改、更改，每处扣2分 8. 每项操作前不核对设备标志，扣5分 9. 操作顺序颠倒或跳项操作，每次扣5分 10. 重要设备颠倒操作，全题不得分 11. 每项操作后不做记号，重要操作不记录时间，扣2分 12. 每项操作后不检查，扣2分 13. 发生误操作全题不得分

编　　号		C54B052	行为领域		e	鉴定范围	5
考核时限		20min	题　型		B	题　分	25
试题正文		F厂3310断路器送电					
需要说明的问题和要求		1. 要求被考人单独完成操作 2. 考评员可根据考场设备实际情况拟出相似题目 3. 考核时，被考人要先填写操作票，然后进行操作 4. 倒闸操作时，要严格执行规程之规定，现场考核只能进行模拟演示不准触及设备，并做好监护 5. 现场出现异常，停止考核退出现场					
工具、材料、设备现场		1. 现场考核，应选在备用设备上进行演示，以免影响机组运行；无备用设备，应做好安全防范措施 2. 现场考核时，应准备好必要的操作工具和绝缘用具，穿好工作服 3. F厂一次系统图CB-06					
评分标准	序号	项　目　名　称					
	1	收到调度令：3310断路器恢复送电					
	2	合上3310断路器控制电源					
	3	退出3310断路器保护屏停信XB					
	4	投入3912炳刘线失灵启动2GS后备XB					
	5	拉开3310甲接地隔离开关					
	6	检查3310甲接地隔离开关在开位					
	7	拉开3310丙接地隔离开关					
	8	检查3310丙接地隔离开关在开位					
	9	检查3310断路器在开位					
	10	合上3310甲隔离开关					
	11	检查3310甲隔离开关在合位					
	12	合上3310丙隔离开关					
	13	检查3310丙隔离开关在合位					
	14	投入中央信号屏同期监察开关					
	15	投入3310同期开关					
	16	合上3310断路器					
	17	退出3310开关同期开关					
	18	退出中央信号屏同期监察开关					
	19	检查3310断路器在合位					
	20	全面检查					
	21	汇报					
	22	盖"已执行"章					
		（五防闭锁的"解锁"和"加锁"未填写）					

		项 目 名 称
评分标准	质量要求	1. 操作票要用仿宋字填写，字迹不得潦草或辨认不清 2. 工作任务要填写清楚 3. 重要设备操作要使用双重编号 4. 操作票不准合项、并项 5. 操作票不准涂抹、更改 6. 每项操作前要核对设备标志 7. 操作顺序不准随意更改或跳项操作 8. 每完成一项操作要做记号，重要操作要记录时间 9. 应考虑五防闭锁的"解锁"和"加锁"
	得分或扣分	1. 字迹潦草辨认不清，扣5分 2. 操作每漏一项扣5分，严重漏项全题不得分 3. 操作票合项、并项，每处扣2分 4. 操作票任务填写不清，扣5分 5. 设备不写双重名称，每处扣2分 6. 操作术语使用不标准，每处扣2分 7. 操作票涂改、更改，每处扣2分 8. 每项操作前不核对设备标志，扣5分 9. 操作顺序颠倒或跳项操作，每次扣5分 10. 重要设备颠倒操作，全题不得分 11. 每项操作后不做记号，重要操作不记录时间，扣2分 12. 每项操作后不检查，扣2分 13. 发生误操作全题不得分

编　号	C43B053	行为领域	e	鉴定范围	3
考核时限	15min	题　型	B	题　分	40
试题正文	G厂110kV热铁丁线1110线路停电做安全措施				
需要说明的问题和要求	1. 要求被考人单独完成操作 2. 考评员可根据考场设备实际情况拟出相似题目 3. 考核时，被考人要先填写操作票，然后进行操作 4. 倒闸操作时，要严格执行规程之规定，现场考核只能进行模拟演示不准触及设备，并做好监护 5. 现场出现异常，停止考核退出现场				
工具、材料、设备现场	1. 现场考核，应选在备用设备上进行演示，以免影响机组运行；无备用设备，应做好安全防范措施 2. 现场考核时，应准备好必要的操作工具和绝缘用具，穿好工作服 3. G厂110kV电气一次系统图CB-07				

	序号	项　目　名　称
评 分 标 准	1	收到调度令：热铁丁线1110线路停电做安全措施
	2	热铁丁线1110重合闸方式选择开关SA切至"停用"位置
	3	退出热铁丁线1110重合闸出口XB
	4	检查热铁丁线1110重合闸指示灯灭
	5	检查热铁丁线1110电流表指示为零
	6	拉开热铁丁线1110断路器
	7	切除热铁丁线1110断路器操作熔断器
	8	检查热铁丁线1110断路器在开位
	9	拉开热铁丁线1110甲隔离开关
	10	检查热铁丁线1110甲隔离开关在开位
	11	拉开热铁丁线1110南隔离开关
	12	检查热铁丁线1110南隔离开关在开位
	13	检查热铁丁线1110北隔离开关在开位
	14	合上热铁丁线1110甲接地隔离开关
	15	检查热铁丁线1110甲接地隔离开关在合位
	16	合上热铁丁线1110南北接地隔离开关
	17	检查热铁丁线1110南北接地隔离开关在合位
	18	检查热铁丁线1110旁路丙隔离开关在开位
	19	切除热铁丁线1110同期TV二次熔断器
	20	联系调度
	21	合上热铁丁线1110丙接地隔离开关
	22	检查热铁丁线1110丙接地隔离开关在合位
	23	切除1110断路器控制盘失灵出口XB
	24	有关安全措施处挂警告牌
	25	全面检查
	26	汇报
	27	盖"已执行"章 （五防闭锁的"解锁"和"加锁"未填写）

续表

		项 目 名 称
评 分 标 准	质量 要求	1. 操作票要用仿宋字填写，字迹不得潦草或辨认不清 2. 工作任务要填写清楚 3. 重要设备操作要使用双重编号 4. 操作票不准合项、并项 5. 操作票不准涂抹、更改 6. 每项操作前要核对设备标志 7. 操作顺序不准随意更改或跳项操作 8. 每完成一项操作要做记号，重要操作要记录时间 9. 应考虑五防闭锁的"解锁"和"加锁"
	得分或 扣分	1. 字迹潦草辨认不清，扣 5 分 2. 工作每漏一项扣 5 分，严重漏项全题不得分 3. 操作票合项、并项，每处扣 2 分 4. 操作票任务填写不清，扣 5 分 5. 设备不写双重名称，每处扣 2 分 6. 操作术语使用不标准，每处扣 2 分 7. 操作票涂改、更改，每处扣 2 分 8. 每项操作前不核对设备标志，扣 5 分 9. 操作顺序颠倒或跳项操作，每次扣 5 分 10. 重要设备颠倒操作，全题不得分 11. 每项操作后不做记号，重要操作不记录时间，扣 2 分 12. 每项操作后不检查，扣 2 分 13. 发生误操作全题不得分

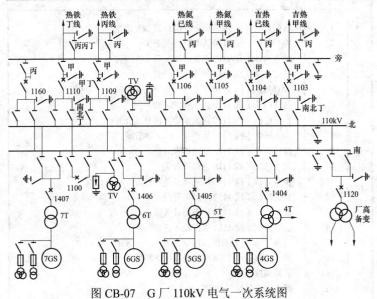

图 CB-07 G 厂 110kV 电气一次系统图

注：① 5T、7T、1103、1105、1109 在北母运行、余在南母运行；
　　② 接于南母的称×××南隔离开关、接于北母的称×××北隔离开关；
　　③ 母联 1100 开关正常在合位；
　　④ 1160 正常在开位，1160 南、1160 北隔离开关在开位。

行业：电力工程　　　工种：水轮发电机组值班员。　　　等级：中/高

编　号	C43B054	行为领域	e	鉴定范围	3
考核时限	15min	题　型	B	题　分	40
试题正文	G 厂 110kV 热铁丁线 1110 线路检修后送电				

需要说明的问题和要求	1. 要求被考人单独完成操作 2. 考评员可根据考场设备实际情况出拟相似题目 3. 考核时，被考人要先填写操作票，然后进行操作 4. 倒闸操作时，要严格执行规程之规定，现场考核只能进行模拟演示不准触及设备，并做好监护 5. 现场出现异常，停止考核退出现场 6. 线路重合闸方式为"单重"
工具、材料、设备现场	1. 现场考核，应选在备用设备上进行演示，以免影响机组运行；无备用设备，应做好安全防范措施 2. 现场考核时，应准备好必要的操作工具和绝缘用具，穿好工作服 3. G 厂 110kV 电气一次系统图 CB-07 4. 运行方式：双数开关运行在北母，单数开关在南母，母联投入，旁路备用

	序号	项　目　名　称
评 分 标 准	1	收到调度令：热铁丁线 1110 线路恢复送电
	2	拉开热铁丁线 1110 丙接地隔离开关
	3	检查热铁丁线 1110 丙接地隔离开关在开位
	4	拉开热铁丁线 1110 甲接地隔离开关
	5	检查热铁丁线 1110 甲接地隔离开关在开位
	6	拉开热铁丁线 1110 南北接地隔离开关
	7	检查热铁丁线 1110 南北接地隔离开关在开位
	8	合上热铁丁线 1110 同期 TV 二次熔断器
	9	检查热铁丁线 1110 断路器在开位
	10	合上热铁丁线 1110 南隔离开关
	11	检查热铁丁线 1110 南隔离开关在合位
	12	合上热铁丁线 1110 甲隔离开关
	13	检查热铁丁线 1110 甲隔离开关在合位
	14	检查热铁丁线 1110 保护投入正常
	15	投入 1110 开关断路器控制盘失灵出口 XB
	16	投入热铁丁线 1110 断路器操作熔断器
	17	联系调度
	18	投入中央信号屏同期监察开关
	19	投入热铁丁线 3311 断路器同期开关
	20	合上热铁丁线 1110 断路器
	21	切除热铁丁线 1110 断路器同期开关

序号	项 目 名 称
22	切除中央信号屏同期监察开关
23	投入热铁丁线 1110 重合闸 QK
24	投入热铁丁线 1110 重合闸出口 XB
25	检查热铁丁线 1110 重合闸指示灯亮
26	全面检查
27	汇报
28	盖"已执行"章
	（五防闭锁的"解锁"和"加锁"未填写）

评分标准	质量要求	1. 操作任务要填写清楚
		2. 重要设备操作要使用双重编号
		3. 操作票不准合项、并项
		4. 操作票不准涂抹、更改
		5. 每项操作前要核对设备标志
		6. 操作顺序不准随意更改或跳项操作
		7. 每完成一项操作要做记号，重要操作要记录时间
		8. 应考虑五防闭锁的"解锁"和"加锁"
	得分或扣分	1. 字迹潦草辨认不清，扣 5 分
		2. 操作每漏一项扣 5 分，严重漏项全题不得分
		3. 操作票合项、并项，每处扣 2 分
		4. 操作票任务填写不清，扣 5 分
		5. 设备不写双重名称，每处扣 2 分
		6. 操作术语使用不标准，每处扣 2 分
		7. 操作票涂改、更改，每处扣 2 分
		8. 每项操作前不核对设备标志，扣 5 分
		9. 操作顺序颠倒或跳项操作，每次扣 5 分
		10. 重要设备颠倒操作，全题不得分
		11. 每项操作后不做记号，重要操作不记录时间，扣 2 分
		12. 每项操作后不检查，扣 2 分
		13. 发生误操作全题不得分

行业：电力工程　　工种：水轮发电机组值班员　　等级：中/高

编　　号	C43B055	行为领域	e	鉴定范围	5
考核时限	30min	题　型	B	题　分	35
试题正文	H 厂 2211 刘龚 I 线送电				

需要说明的问题和要求	1. 要求被考人单独完成操作 2. 考评员可根据考场设备实际情况拟出相似题目 3. 考核时，被考人要先填写操作票，然后进行操作 4. 倒闸操作时，要严格执行规程之规定，现场考核只能进行模拟演示不准触及设备，并做好监护 5. 现场出现异常，停止考核退出现场 6. 线路重合闸方式投"单重" 7. 单个开关带线路重合闸
工具、材料、设备现场	1. 现场考核，应选在备用设备上进行演示，以免影响机组运行；无备用设备，应做好安全防范措施 2. 现场考核时，应准备好必要的操作工具和绝缘用具，穿好工作服 3. H 厂电气一次系统图 CB-08

	序号	项　目　名　称
评 分 标 准	1	收到调度令：2211 刘龚 I 线恢复送电
	2	投入刘龚 I 线 2003 断路器操作电源
	3	投入刘龚 I 线 2202 断路器操作电源
	4	投入刘龚 I 线 2102 断路器操作电源
	5	投入 2211 刘龚 I 线保护电源
	6	投入 2211 刘龚 I 线信号电源
	7	切除 2102 断路器控制盘停信 XB
	8	切除 2202 断路器控制盘停信 XB
	9	切除刘龚 I 线 2003 断路器控制盘停信 XB
	10	投入 2211 刘龚 I 线启动刘联 I 线失灵 XB
	11	投入 2211 刘龚 I 线启动 1GS 失灵 XB
	12	投入 2211 刘龚 I 线启动 2GS 失灵 XB
	13	联系调度：拉开刘龚 I 线 2211 丙接地隔离开关
	14	拉开刘龚 I 线 2211 丙接地隔离开关
	15	检查刘龚 I 线 2211 丙接地隔离开关在开位
	16	投入 2211 刘龚 I 线 TV 二次自动空气开关
	17	合上刘龚 I 线 2211 丙隔离开关
	18	检查刘龚 I 线 2211 丙隔离开关在合位
	19	拉开刘龚 I 线 2003 断路器丙接地隔离开关
	20	检查刘龚 I 线 2003 断路器丙接地隔离开关在开位
	21	拉开刘龚 I 线 2003 断路器乙接地隔离开关
	22	检查刘龚 I 线 2003 断路器乙接地隔离开关在开位

序号	项 目 名 称
23	检查刘龚Ⅰ线2003断路器三相在分，油压正常
24	合上刘龚Ⅰ线2003断路器丙隔离开关
25	检查刘龚Ⅰ线2003断路器丙隔离开关在合位
26	合上刘龚Ⅰ线2003断路器乙隔离开关
27	检查刘龚Ⅰ线2003断路器乙隔离开关在合位
28	拉开刘龚Ⅰ线2202断路器甲接地隔离开关
29	检查刘龚Ⅰ线2202断路器甲接地隔离开关在开位
30	拉开刘龚Ⅰ线2202断路器乙接地隔离开关
31	检查刘龚Ⅰ线2202断路器乙接地隔离开关在开位
32	检查刘龚Ⅰ线2202断路器三相在分，油压正常
33	合上刘龚Ⅰ线2202断路器甲隔离开关
34	检查刘龚Ⅰ线2202断路器甲隔离开关在合位
35	合上刘龚Ⅰ线2202断路器乙隔离开关
36	检查刘龚Ⅰ线2202断路器乙隔离开关在合位
37	拉开刘龚Ⅰ线2102断路器甲接地隔离开关
38	检查刘龚Ⅰ线2102断路器甲接地隔离开关在开位
39	拉开刘龚Ⅰ线2102断路器乙接地隔离开关
40	检查刘龚Ⅰ线2102断路器乙接地隔离开关在开位
41	检查刘龚Ⅰ线2102断路器三相在分，油压正常
42	合上刘龚Ⅰ线2102断路器甲隔离开关
43	检查刘龚Ⅰ线2102断路器甲隔离开关在合位
44	合上刘龚Ⅰ线2102断路器乙隔离开关
45	检查刘龚Ⅰ线2102断路器乙隔离开关在合位
46	联系调度：2211刘龚Ⅰ线对端充电
47	检查2211刘龚Ⅰ线三相电压平衡
48	投入中央信号屏同期监察开关
49	投入刘龚Ⅰ线2003断路器同期开关
50	合上刘龚Ⅰ线2003断路器
51	切除刘龚Ⅰ线2003断路器同期开关
52	检查2211刘龚Ⅰ线电流指示正常
53	投入刘龚Ⅰ线2102断路器同期开关
54	合上刘龚Ⅰ线2102断路器
55	切除刘龚Ⅰ线2102断路器同期开关
56	投入刘龚Ⅰ线2202断路器同期开关
57	合上刘龚Ⅰ线2202断路器
58	切除刘龚Ⅰ线2202断路器同期开关
59	切除中央信号屏同期监察开关
60	刘龚Ⅰ线2102断路器控制盘重合闸方式选择开关SA切至"单重"位置
61	投入刘龚Ⅰ线2102断路器控制盘重合闸出口XB
62	退出刘龚Ⅰ线保护盘沟通三跳XB
63	检查刘龚Ⅰ线2003断路器在合位

评
分
标
准

	序号	项 目 名 称
	64	检查刘龚Ⅰ线 2102 断路器在合位
	65	检查刘龚Ⅰ线 2202 断路器在合位
	66	全面检查
	67	汇报
	68	盖"已执行"章
		（未填写五防闭锁的"加锁"和"解锁"）
评 分 标 准	质量 要求	1. 操作票要用仿宋字填写，字迹不得潦草或辨认不清 2. 操作任务要填写清楚 3. 重要设备操作要使用双重编号 4. 操作票不准合项、并项 5. 操作票不准涂抹、更改 6. 每项操作前要核对设备标志 7. 操作顺序不准随意更改或跳项操作 8. 每完成一项操作要做记号，重要操作要记录时间 9. 应考虑五防闭锁的"加锁"和"解锁"
	得分或 扣分	1. 字迹潦草辨认不清，扣 5 分 2. 操作每漏一项扣 5 分，严重漏项全题不得分 3. 操作票合项、并项，每处扣 2 分 4. 操作票任务填写不清，扣 5 分 5. 设备不写双重名称，每处扣 2 分 6. 操作术语使用不标准，每处扣 2 分 7. 操作票涂改、更改，每处扣 2 分 8. 每项操作前不核对设备标志，扣 5 分 9. 操作顺序颠倒或跳项操作，每次扣 5 分 10. 重要设备颠倒操作，全题不得分 11. 每项操作后不做记号，重要操作不记录时间，扣 2 分 12. 每项操作后不检查，扣 2 分 13. 发生误操作全题不得分

行业：电力工程　　工种：水轮发电机组值班员　　等级：中/高

编　　号	C43B056	行为领域	e	鉴定范围	5
考核时限	30min	题　型	B	题　分	35
试题正文	H厂2211刘龚Ⅰ线停电做安全措施				
需要说明的问题和要求	1. 要求被考人单独完成操作 2. 考评员可根据考场设备实际情况拟出相似题目 3. 考核时，被考人要先填写操作票，然后进行操作 4. 倒闸操作时，要严格执行规程之规定，现场考核只能进行模拟演示不准触及设备，并做好监护 5. 现场出现异常，停止考核退出现场				
工具、材料、设备现场	1. 现场考核，应选在备用设备上进行演示，以免影响机组运行；无备用设备，应做好安全防范措施 2. 现场考核时，应准备好必要的操作工具和绝缘用具，穿好工作服 3. H厂电气一次系统图CB-08				

	序号	项　目　名　称
评分标准	1	收到调度令：2211刘龚Ⅰ线撤运做安全措施
	2	刘龚Ⅰ线2102断路器控制盘：重合闸方式选择开关SA切至"停用"位置
	3	切除刘龚Ⅰ线2102断路器控制盘：重合闸出口XB切
	4	投入2211刘龚Ⅰ线保护盘：沟三跳XB
	5	中控室220kV电压表切至"刘龚Ⅰ"
	6	中控室线路电流表切至"刘龚Ⅰ"
	7	联系调度：刘龚Ⅰ线本侧解列
	8	拉开刘龚Ⅰ线2003断路器
	9	拉开刘龚Ⅰ线2202断路器
	10	拉开刘龚Ⅰ线2102断路器
	11	检查2211刘龚Ⅰ线三相电流为"0"
	12	联系调度：刘龚Ⅰ线对侧停电
	13	检查2211刘龚Ⅰ线三相电压为"0"
	14	检查刘龚Ⅰ线2003断路器三相在分，油压正常
	15	拉开刘龚Ⅰ线2003断路器丙隔离开关
	16	检查刘龚Ⅰ线2003断路器丙隔离开关在开位
	17	拉开刘龚Ⅰ线2003断路器乙隔离开关
	18	检查刘龚Ⅰ线2003断路器乙隔离开关在开位
	19	合上刘龚Ⅰ线2003断路器丙接地隔离开关
	20	检查刘龚Ⅰ线2003断路器丙接地隔离开关在合位

	序号	项　目　名　称
评分标准	21	合上刘粪Ⅰ线 2003 断路器乙接地隔离开关
	22	检查刘粪Ⅰ线 2003 断路器乙接地隔离开关在合位
	23	检查刘粪Ⅰ线 2202 断路器三相在分，油压正常
	24	拉开刘粪Ⅰ线 2202 断路器甲隔离开关
	25	检查刘粪Ⅰ线 2202 断路器甲隔离开关在开位
	26	拉开刘粪Ⅰ线 2202 断路器乙隔离开关
	27	检查刘粪Ⅰ线 2202 断路器乙隔离开关在开位
	28	合上刘粪Ⅰ线 2202 断路器甲接地隔离开关
	29	检查刘粪Ⅰ线 2202 断路器甲接地隔离开关在合位
	30	合上刘粪Ⅰ线 2202 断路器乙接地隔离开关
	31	检查刘粪Ⅰ线 2202 断路器乙接地隔离开关在合位
	32	检查刘粪Ⅰ线 2102 断路器三相在分，油压正常
	33	拉开刘粪Ⅰ线 2102 断路器甲隔离开关
	34	检查刘粪Ⅰ线 2102 断路器甲隔离开关在开位
	35	拉开刘粪Ⅰ线 2102 断路器乙隔离开关
	36	检查刘粪Ⅰ线 2102 断路器乙隔离开关在开位
	37	合上刘粪Ⅰ线 2102 断路器甲接地隔离开关
	38	检查刘粪Ⅰ线 2102 断路器甲接地隔离开关在合位
	39	合上刘粪Ⅰ线 2102 断路器乙接地隔离开关
	40	检查刘粪Ⅰ线 2102 断路器乙接地隔离开关在合位
	41	联系调度：拉开刘粪Ⅰ线 2211 丙隔离开关
	42	拉开刘粪Ⅰ线 2211 丙隔离开关
	43	检查刘粪Ⅰ线 2211 丙隔离开关在开位
	44	切除 2211 刘粪Ⅰ线 TV 二次侧自动空气开关
	45	联系调度：合上刘粪Ⅰ线 2211 丙接地隔离开关
	46	合上 2211 刘粪Ⅰ线丙接地隔离开关
	47	检查 2211 刘粪Ⅰ线丙接地隔离开关在合位
	48	退出 2211 刘粪Ⅰ线启动刘联Ⅰ线失灵 XB
	49	退出 2211 刘粪Ⅰ线启动 1GS 失灵 XB
	50	退出 2211 刘粪Ⅰ线启动 2GS 失灵 XB
	51	投入刘粪Ⅰ线 2003 断路器控制盘停信 XB
	52	投入刘粪Ⅰ线 2202 断路器控制盘停信 XB
	53	投入刘粪Ⅰ线 2102 断路器控制盘停信 XB
	54	切除刘粪Ⅰ线 2003 断路器操作电源
	55	切除刘粪Ⅰ线 2202 断路器操作电源
	56	切除刘粪Ⅰ线 2102 断路器操作电源
	57	切除 2211 刘粪Ⅰ线保护电源
	58	切除 2211 刘粪Ⅰ线信号电源
	59	有关安全措施处挂警告牌
	60	全面检查
	61	汇报
	62	盖"已执行"章 （五防闭锁的"解锁"和"加锁"未填写）

		项　目　名　称
评分标准	质量要求	1. 操作票要用仿宋字填写，字迹不得潦草或辨认不清 2. 操作任务要填写清楚 3. 重要设备操作要使用双重编号 4. 操作票不准合项、并项 5. 操作票不准涂抹、更改 6. 每项操作前要核对设备标志 7. 操作顺序不准随意更改或跳项操作 8. 完成一项操作要做记号，重要操作要记录时间 9. 应考虑五防闭锁的"解锁"和"加锁"
	得分或扣分	1. 潦草辨认不清，扣5分 2. 操作每漏一项扣5分，严重漏项全题不得分 3. 操作票合项、并项，每处扣2分 4. 操作票任务填写不清，扣5分 5. 设备不写双重名称，每处扣2分 6. 操作术语使用不标准，每处扣2分 7. 操作票涂改、更改，每处扣2分 8. 每项操作前不核对设备标志，扣5分 9. 操作顺序颠倒或跳项操作，每次扣5分 10. 重要设备颠倒操作，全题不得分 11. 每项操作后不做记号，重要操作不记录时间，扣2分 12. 每项操作后不检查，扣2分 13. 发生误操作全题不得分

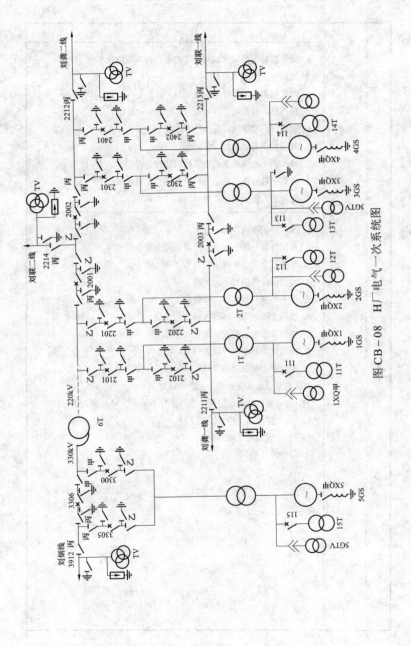

图 CB-08 H厂电气一次系统图

行业：电力工程　　工种：水轮发电机组值班员　　等级：中/高

编　　号	C43B057	行为领域	e	鉴定范围	5
考核时限	20min	题　　型	B	题　　分	20
试题正文	J厂正常方式下厂用电备自投试验				
需要说明的问题和要求	1. 要求被考人单独完成操作 2. 考评员可根据考场设备实际情况拟出相似题目 3. 考核时，被考人要先填写操作票，然后进行操作 4. 倒闸操作时，要严格执行规程之规定，现场考核只能进行模拟演示不准触及设备，并做好监护 5. 现场出现异常，停止考核退出现场				
工具、材料、设备现场	1. 现场考核，应选在备用设备上进行演示，以免影响机组运行；无备用设备，应做好安全防范措施 2. 现场考核时，应准备好必要的操作工具和绝缘用具，穿好工作服 3. J厂厂用电电气一次系统图 CB-09 4. 正常方式下低压断路器 2A、3A、5A 以及接地开关在拉开，其他均在合上，1、2、3 号母线高压侧并列运行				

	序号	项　目　名　称
评 分 标 准	1	确认厂用电在正常方式运行
	2	检查厂用电备自投装置在正常方式下充电正常
	3	拉开1号厂用电变压器低压断路器1A
	4	监视2号厂用电变压器Ⅰ段低压断路器2A自动合闸正常
	5	检查1号厂用电变压器高压断路器在拉开
	6	在1号厂用电变压器高压断路器本体上按"分闸"按扭一次
	7	合上1号厂用电变压器高压断路器
	8	检查1号厂用电变压器高压断路器在合上
	9	合上1号厂用电变压器低压断路器1A
	10	拉开2号厂用电变压器Ⅰ段低压断路器2A
	11	检查厂用电备自投装置在正常方式下充电正常
	12	拉开3号厂用电变压器低压断路器4A
	13	监视2号厂用电变压器Ⅲ段低压断路器3A自动合闸正常
	14	检查3号厂用电变压器高压断路器在拉开
	15	在3号厂用电变压器高压断路器本体上按"分闸"按扭一次
	16	合上3号厂用电变压器高压断路器
	17	检查3号厂用电变压器高压断路器在合上
	18	合上3号厂用电变压器低压断路器4A
	19	拉开2号厂用电变压器Ⅲ段低压断路器3A
	20	检查厂用电备自投装置在正常方式下充电正常
	21	检查1、3号厂用电变压器分接头在试验前位置
	22	检查各套直流装置正常
	23	检查各套EUPS装置正常
	24	全面检查全厂主辅设备正常
	25	检查监控系统、模拟屏、五防接线图指示正确
	26	盖"已执行"章

	项 目 名 称	
评 分 标 准	质量 要求	1. 操作票要用仿宋字填写，字迹不得潦草或辨认不清 2. 工作任务要填写清楚 3. 重要设备操作要使用双重编号 4. 操作票不准合项、并项 5. 操作票不准涂抹、更改 6. 每项操作前要核对设备标志 7. 操作顺序不准随意更改或跳项操作 8. 每完成一项操作要做记号，重要操作要记录时间
	得分或 扣分	1. 字迹潦草辨认不清，扣 5 分 2. 操作每漏一项扣 5 分，严重漏项全题不得分 3. 操作票合项、并项，每处扣 2 分 4. 操作任务填写不清，扣 5 分 5. 设备不写双重名称，每处扣 2 分 6. 操作术语使用不标准，每处扣 2 分 7. 操作票涂改、更改，每处扣 2 分 8. 每项操作前不核对设备标志，扣 5 分 9. 操作顺序颠倒或跳项操作，每次扣 5 分 10. 重要设备颠倒操作，全题不得分 11. 每项操作后不做记号，重要操作不记录时间，扣 2 分 12. 每项操作后不检查，扣 2 分 13. 发生误操作全题不得分

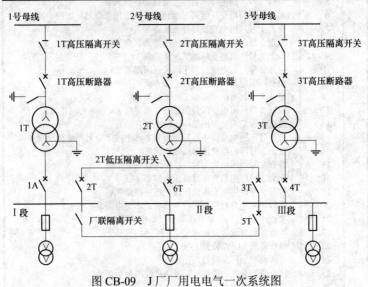

图 CB-09　J 厂厂用电电气一次系统图

行业：电力工程　　工种：水轮发电机组值班员　　等级：技师/高技

编　号	C21B058	行为领域	e	鉴定范围	5
考核时限	20min	题　型	C	题　分	30
试题正文	I 母线故障处理（双母线接线）				
需要说明的问题和要求	1. 要求被考人单独完成操作 2. 在仿真机考核，由考评员给出故障现象，被考人按仿真规程判断处理 3. 现场考核时，由考评员给出故障现象，被考核按现场规程进行模拟操作演示，不准触及设备并做好监护 4. 现场出现异常，停止考核退出现场				
工具、材料、设备现场	1. 现场考核，应选在备用设备上进行；无备用设备，应做好安全防范措施 2. 现场考核时，应准备好必要的操作工具和绝缘用具				

	序号	项　目　名　称
评分标准	1	现象
	1.1	警报响、系统有冲击、各表计剧烈摆动，"母线电压消失"灯光亮
	1.2	故障母线上所有断路器及母联断路器在跳开，故障母线电压为零，故障母线连接的元件表计指示为零
	1.3	发出母差保护动作信号
	2	处理
	2.1	根据监控系统的信号，手动拉开故障母线上未跳开的断路器
	2.2	将保护动作情况、故障性质确定故障母线，并汇报调度
	2.3	检查厂用电备自投动作正确
	2.4	监视解列的机组空载运行，如发生过速动作则监视保护动作正确
	2.5	调整主变压器中性点接地方式
	2.6	现场检查母线故障的原因，及时隔离故障点；如母线无明显故障或故障可立即排除，可用机组对故障母线零升或联系调度由线路向故障母线充电，正常后用母联断路器并列，恢复故障母线上其他元件运行
	2.7	如故障不能消除，则将母联断路器及故障母线上其他元件改冷备用，可以用零升方式逐一判断故障点，将原故障母线上正常的元件倒至另一母线运行，二次回路进行相应切换
	2.8	做好安全措施并通知检修处理
	质量要求	严格执行电厂的运行规程 分析、判断正确 操作流程正确 安全措施正确 操作工具和绝缘用具使用正确
	得分或扣分	1. 现场检查不到位扣 5 分 2. 故障性质判断错误不得分 3. 按工作票要求，安全措施漏项扣 1～5 分 4. 操作有误扣 5 分，经提示后完成扣 10 分 5. 操作漏项扣 5 分

行业：电力工程　　工种：水轮发电机组值班员　　等级：技师/高技

编　　号	C21B059	行为领域	e	鉴定范围	5
考核时限	15min	题　　型	C	题　　分	20

试题正文	某厂220kV某线路一套保护故障处理及操作
需要说明的问题和要求	1. 要求被考人单独完成操作 2. 考评员可根据考场设备实际情况拟出相似题目 3. 倒闸操作时，要严格执行规程之规定，现场考核只能进行模拟演示不准触及设备，并做好监护 4. 现场出现异常，停止考核退出现场
工具、材料、设备现场	1. 现场考核，应选在备用设备上进行演示，以免影响设备运行；无备用设备，应做好安全防范措施 2. 现场考核时，应准备好必要的安全用具

	序号	项　目　名　称
评 分 标 准	1	现场检查保护故障情况，确知该套保护无法运行
	2	检查该线路另一套保护运行正常
	3	经调度同意，停用故障套保护
	4	取下故障保护的高频保护投入压板
	5	取下故障保护A相单跳跳圈1压板
	6	取下故障保护A相单跳跳圈2压板
	7	取下故障保护B相单跳跳圈1压板
	8	取下故障保护B相单跳跳圈2压板
	9	取下故障保护C相单跳跳圈1压板
	10	取下故障保护C相单跳跳圈2压板
	11	取下故障保护Q端三跳跳圈1压板
	12	取下故障保护Q端三跳跳圈2压板
	13	取下故障保护R端三跳跳圈1压板
	14	取下故障保护R端三跳跳圈2压板
	15	取下故障保护A相启动母线后备压板
	16	取下故障保护B相启动母线后备压板
	17	取下故障保护C相启动母线后备压板
	18	通知检修处理
	19	按工作票要求做好安全措施
		注：1. 如保护直流同时供高频保护与断路器失灵保护时，不允许停用断路器失灵保护； 　　2. 如两套高频保护只用一组重合闸，故障保护的重合闸投用时，应停用故障保护重合闸，投用另一套保护重合闸
质量要求	严格执行电厂的运行规程
得分或扣分	1. 未到现场检查扣1～5分 2. 故障性质判断错误不得分 3. 按工作票要求，安全措施漏项扣1～5分 4. 处理过程不正确不得分，但经提示后能继续操作扣50%分 5. 处理时间过长，引起事故扩大，扣10分

行业：电力工程　　工种：水轮发电机组值班员　　等级：技师/高技

编　号	C21B060	行为领域		e	鉴定范围	5
考核时限	20min	题　型		C	题　分	20
试题正文	系统振荡故障处理					
需要说明的问题和要求	1. 要求被考人单独完成操作 2. 在仿真机考核，由考评员给出故障现象，被考人按仿真规程判断处理 3. 现场考核时，由考评员给出故障现象，被考核按现场规程进行模拟操作演示，不准触及设备并做好监护 4. 现场出现异常，停止考核退出现场					
工具、材料、设备现场	1. 现场实际设备、运行规程和一次系统图 2. 备好必要的安全用具					

评分标准	序号	项　目　名　称
	1	现象
	1.1	发电机、线路有功、无功、电压、电流剧烈摆动
	1.2	发电机转子电流在正常值附近摆动
	1.3	母线电压表剧烈摆动、系统频率升高或降低
	1.4	照明灯光明暗闪动，发电机（调相）发出有节奏的嗡嗡声
	1.5	可能出现发电机电气故障和励磁限制报警信号
	2	处理
	2.1	根据表计摆动情况，判断是本厂机组失步还是系统失步，并汇报调度和有关领导
	2.2	如本厂某机组转子电流为零，有功摆动方向与其他正常机组摆动方向相反，则判断该机组失步；如本厂所有机组表计有功摆动方向都与系统相反，则本厂与系统失步
	2.3	判断出失步机组，应立即增加其无功并降低有功；无效时立即解列该机组，同时增加其他机组有功无功，保证全厂出力和电压正常
	2.4	本厂与系统失步，应增加各机组无功至最大
	2.5	迅速采取措施，充分利用设备的过载能力，直至振荡消除或恢复正常频率为止；若本厂频率高于系统频率，应迅速降低频率，直至振荡消失，但最低频率不得低于49.5Hz
	2.6	如振荡不能消除应听从值长或调度指挥处理
	质量要求	1. 分析判断正确 2. 判断失步机组正确，处理及时，步骤正确 3. 采取措施正确 4. 参数控制正确，操作程序正确
	得分或扣分	1. 单机振荡判断错误扣20分 2. 判断错误不得分 3. 操作有误，处理有误每项扣2分 4. 运行参数控制有误，每项扣2分，经提示完成扣10分 5. 处理引起事故扩大不得分

行业：电力工程　　工种：水轮发电机组值班员　　等级：技师/高技

编　号	C32B061	行为领域	e	鉴定范围	3
考核时限	20min	题　型	C	题　分	30
试题正文	K厂220kV龙共二线（2E）停电年检				
需要说明的问题和要求	1. 要求被考人单独完成操作 2. 考评员可根据考场设备实际情况拟出相似题目 3. 考核时，被考人要先填写操作票，然后进行操作 4. 倒闸操作时，要严格执行规程之规定，现场考核只能进行模拟演示不准触及设备，并做好监护 5. 现场出现异常，停止考核退出现场				
工具、材料、设备现场	1. 现场考核，应选在备用设备上进行演示，以免影响机组运行；无备用设备，应做好安全防范措施 2. 现场考核时，应准备好必要的操作工具和绝缘用具，穿好工作服 3. K厂一次系统图CB-10				

评分标准	序号	项　目　名　称
	1	省调许可：220kV龙共二线（2E）停电年检
	2	将2B1号保护屏开口三角L选择1QH置3E
	3	将2B1号保护屏开口三角N选择2QH置3E
	4	启动龙共二线（2E）停电流程
	5	检查DL215三相分闸良好
	6	检查G2151三相分闸良好
	7	检查G2152三相分闸良好
	8	检查DL216三相分闸良好
	9	检查G2161三相分闸良好
	10	检查G2162三相分闸良好
	11	检查G2153三相分闸良好
	12	将DL215A相远方现地切换QK置"现地"
	13	将DL215B相远方现地切换QK置"现地"
	14	将DL215C相远方现地切换QK置"现地"
	15	将DL216A相远方现地切换QK置"现地"
	16	将DL216B相远方现地切换QK置"现地"
	17	将DL216C相远方现地切换QK置"现地"
	18	将2E1号保护屏切换开关1QK置"DL215检修"
	19	将2E2号保护屏切换开关1QK至"DL216检修"
	20	将1E1号保护屏切换开关1QK置"DL216检修"
	21	将1E2号保护屏切换开关1QK置"DL216检修"
	22	检查龙共二线(2E)三相无电压
	23	推上G21510
	24	推上G21520
	25	推上G21610

序号	项 目 名 称
26	推上 G21620
27	推上 G2150
28	联系省调：推上 G21530
29	在 G2162 与 DL216 间设遮栏一组
30	在 G2151 与 DL215 间设遮栏一组
31	在上位机中将 2E 线路运行设置为"2E 线路检修"
32	检查汇报
33	盖"已执行"章
	（五防闭锁的"解锁"和"加锁"未填写）

评分标准

质量要求

1. 操作票要用仿宋字填写，字迹不得潦草或辨认不清
2. 工作任务要填写清楚
3. 重要设备操作要使用双重编号
4. 操作票不准合项、并项
5. 操作票不准涂抹、更改
6. 每项操作前要核对设备标志
7. 操作顺序不准随意更改或跳项操作
8. 每完成一项操作要做记号，重要操作要记录时间
9. 应考虑五防闭锁的"解锁"和"加锁"

得分或扣分

1. 字迹潦草辨认不清，扣 5 分
2. 操作每漏一项扣 1 分，严重漏项全题不得分
3. 操作票合项、并项，每处扣 1 分
4. 操作票任务填写不清，扣 5 分
5. 设备不写双重名称，每处扣 2 分
6. 操作术语使用不标准，每处扣 2 分
7. 操作票涂改、更改，每处扣 2 分
8. 每项操作前不核对设备标志，扣 5 分
9. 操作顺序颠倒或跳项操作，每次扣 5 分
10. 重要设备颠倒操作，全题不得分
11. 每项操作后不做记号，重要操作不记录时间，扣 2 分
12. 每项操作后不检查，扣 2 分
13. 发生误操作全题不得分

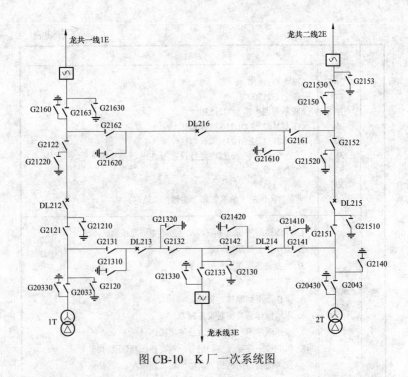

图 CB-10　K厂一次系统图

行业：电力工程　　工种：水轮发电机组值班员　　等级：技师/高技

编　号	C32B062	行为领域	e	鉴定范围	5
考核时限	20min	题　型	B	题　分	20
试题正文	L厂1号机对1号主变压器零升并列				
需要说明的问题和要求	1. 要求被考人单独完成操作 2. 考评员可根据考场设备实际情况拟出相似题目 3. 考核时，被考人要先填写操作票，然后进行操作 4. 倒闸操作时，要严格执行规程之规定，现场考核只能进行模拟演示不准触及设备，并做好监护 5. 现场出现异常，停止考核退出现场				
工具、材料、设备现场	1. 现场考核，应选在备用设备上进行演示，以免影响机组运行；无备用设备，应做好安全防范措施 2. 现场考核时，应准备好必要的操作工具和绝缘用具，穿好工作服 3. L厂机组主变压器一次系统图 CB-11 4. 该主变压器正常中性点不接地运行				

	序号	项 目 名 称
评 分 标 准	1	收到值长令：1号机对1号主变压器零升并列
	2	检查检修作业完毕，交代齐全，现场无异常
	3	1号主变压器在热备用
	4	1号机在热备用
	5	检查2号机在热备用
	6	1号机励磁方式切"手动"
	7	1号机励磁设定值为指定参考值
	8	1号机对1号主变压器零升开机
	9	合上1号机开关
	10	检查1号机开关在合上
	11	1号机自动升压至最小值
	12	增1号机励磁升压至额定
	13	放上1号主变压器同期压板
	14	1号主变压器同期并列
	15	取下1号主变压器同期压板
	16	拉开1号主变压器中性点接地开关
	17	检查1号主变压器中性点接地开关在拉开
	18	检查1号主变压器冷却器运行正常
	19	1号机励磁方式切"自动"
	20	增1号机机械开限到全开
	21	增1号机电气开限到全开
	22	检查监控系统、模拟屏、五防接线图指示正确
	23	全面检查
	24	汇报值长令：1号机对1号主变压器零升并列
	25	盖"已执行"章
		注：厂用电变压器、配电变压器按实际情况填写。
质量 要求		1. 操作票要用仿宋字填写，字迹不得潦草或辨认不清 2. 工作任务要填写清楚 3. 重要设备操作要使用双重编号 4. 操作票不准合项、并项 5. 操作票不准涂抹、更改 6. 每项操作前要核对设备标志 7. 操作顺序不准随意更改或跳项操作 8. 每完成一项操作要做记号，重要操作要记录时间

	项 目 名 称	
评 分 标 准	得分或 扣分	1. 字迹潦草辨认不清，扣 5 分 2. 操作每漏一项扣 5 分，严重漏项全题不得分 3. 操作票合项、并项，每处扣 2 分 4. 操作任务填写不清，扣 5 分 5. 设备不写双重名称，每处扣 2 分 6. 操作术语使用不标准，每处扣 2 分 7. 操作票涂改、更改，每处扣 2 分 8. 每项操作前不核对设备标志，扣 5 分 9. 操作顺序颠倒或跳项操作，每次扣 5 分 10. 重要设备颠倒操作，全题不得分 11. 每项操作后不做记号，重要操作不记录时间，扣 2 分 12. 每项操作后不检查，扣 2 分 13. 发生误操作全题不得分

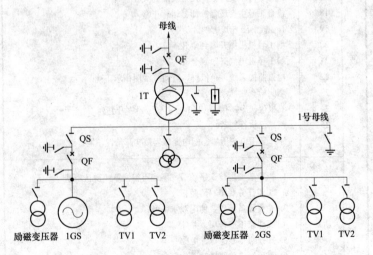

图 CB-11　L 厂机组主变压器一次系统图

编　　号	C01B063	行为领域	e	鉴定范围	5
考核时限	20min	题　　型	B	题　　分	20
试题正文	M厂500kV Ⅰ母由运行态转检修态				
需要说明的问题和要求	1. 要求被考人单独完成操作 2. 考评员可根据考场设备实际情况拟出相似题目 3. 考核时，被考人要先填写操作票，然后进行操作 4. 倒闸操作时，要严格执行规程之规定，现场考核只能进行模拟演示不准触及设备，并做好监护 5. 现场出现异常，停止考核退出现场				
工具、材料、设备现场	1. 现场考核，应选在备用设备上进行演示，以免影响机组运行；无备用设备，应做好安全防范措施 2. 现场考核时，应准备好必要的操作工具和绝缘用具，穿好工作服 3. M厂500kV一次系统图CB-12 4. 500kV主变压器中性点为永久接地运行				

	序号	项　目　名　称
评分标准	1	接值长令：500kV Ⅰ母由运行态转检修态
	2	断开500kV C1串5051断路器
	3	检查500kV C1串5051断路器三相确已断开
	4	断开500kV C2串5041断路器
	5	检查500kV C2串5041断路器三相确已断开
	6	断开500kV C3串5031断路器
	7	检查500kV C3串5031断路器三相确已断开
	8	断开500kV C4串5061断路器
	9	检查500kV C4串5061断路器三相确已断开
	10	拉开500kV C1串50511隔离开关
	11	检查500kV C1串50511隔离开关三相确已断开
	12	拉开500kV C1串50512隔离开关
	13	检查500kV C1串50512隔离开关三相确已断开
	14	拉开500kV C2串50411隔离开关
	15	检查500kV C2串50411隔离开关三相确已断开
	16	拉开500kV C2串50412隔离开关
	17	检查500kV C2串50412隔离开关三相确已断开
	18	拉开500kV C3串50311隔离开关
	19	检查500kV C3串50311隔离开关三相确已断开
	20	拉开500kV C3串50312隔离开关
	21	检查500kV C3串50312隔离开关三相确已断开

	序号	项　目　名　称
评分标准	22	拉开 500kV C4 串 50611 隔离开关
	23	检查 500kV C4 串 50611 隔离开关三相确已断开
	24	拉开 500kV C4 串 50612 隔离开关
	25	检查 500kV C4 串 50612 隔离开关三相确已断开
	26	断开 500kV Ⅰ 母电压互感器 1WYH 二次侧空气开关
	27	退出 500kV C1 串 5051 断路器失灵保护压板
	28	退出 500kV C2 串 5041 断路器失灵保护压板
	29	退出 500kV C3 串 5031 断路器失灵保护压板
	30	退出 500kV C4 串 5061 断路器失灵保护压板
	31	验明 500kV Ⅰ 母母线三相确无电压
	32	合上 500kV Ⅰ 母 5117 接地开关
	33	检查 500kV Ⅰ 母 5117 接地开关三相确已合上
	34	全面检查以上操作正确无误
	35	记录时间，报告值长，操作完毕
	质量要求	1. 操作票要用仿宋字填写，字迹不得潦草或辨认不清 2. 工作任务要填写清楚 3. 重要设备操作要使用双重编号 4. 操作票不准合项、并项 5. 操作票不准涂抹、更改 6. 每项操作前要核对设备标志 7. 操作顺序不准随意更改或跳项操作 8. 每完成一项操作要做记号，重要操作要记录时间
	得分或扣分	1. 字迹潦草辨认不清，扣 5 分 2. 操作每漏一项扣 5 分，严重漏项全题不得分 3. 操作票合项、并项，每处扣 2 分 4. 操作任务填写不清，扣 5 分 5. 设备不写双重名称，每处扣 2 分 6. 操作术语使用不标准，每处扣 2 分 7. 操作票涂改、更改，每处扣 2 分 8. 每项操作前不核对设备标志，扣 5 分 9. 操作顺序颠倒或跳项操作，每次扣 5 分 10. 重要设备颠倒操作，全题不得分 11. 每项操作后不做记号，重要操作不记录时间，扣 2 分 12. 每项操作后不检查，扣 2 分 13. 发生误操作全题不得分

行业：电力工程　　工种：水轮发电机组值班员　　等级：高技

编　　号	C01B064	行为领域		e	鉴定范围	5
考核时限	20min	题　　型		B	题　　分	20
试题正文	M 厂 500kV Ⅰ母由检修态转运行态					
需要说明的问题和要求	1. 要求被考人单独完成操作 2. 考评员可根据考场设备实际情况拟出相似题目 3. 考核时，被考人要先填写操作票，然后进行操作 4. 倒闸操作时，要严格执行规程之规定，现场考核只能进行模拟演示不准触及设备，并做好监护 5. 现场出现异常，停止考核退出现场					
工具、材料、设备现场	1. 现场考核，应选在备用设备上进行演示，以免影响机组运行；无备用设备，应做好安全防范措施 2. 现场考核时，应准备好必要的操作工具和绝缘用具，穿好工作服 3. M 厂 500kV 一次系统图 CB-12 4. 500kV 主变压器中性点为永久接地运行					

	序号	项　目　名　称
评 分 标 准	1	接值长令
	2	检查工作已结束，工作票已收回，工作人员已撤离，工作现场清洁无杂物
	3	断开 500kV Ⅰ母 5117 接地开关
	4	检查 500kV Ⅰ母 5117 接地开关三相确已断开
	5	合上 500kV Ⅰ母电压互感器 1WYH 二次侧空气开关
	6	投入 500kV C1 串 5051 断路器失灵保护压板
	7	投入 500kV C2 串 5041 断路器失灵保护压板
	8	投入 500kV C3 串 5031 断路器失灵保护压板
	9	投入 500kV C4 串 5061 断路器失灵保护压板
	10	检查 500kV Ⅰ母母线差动保护已按正常运行方式投入
	11	合上 500kV C1 串 50511 隔离开关
	12	检查 500kV C1 串 50511 隔离开关三相确已合好
	13	合上 500kV C1 串 50512 隔离开关
	14	检查 500kV C1 串 50512 隔离开关三相确已合好
	15	合上 500kV C2 串 50411 隔离开关
	16	检查 500kV C2 串 50411 隔离开关三相确已合好
	17	合上 500kV C2 串 50412 隔离开关
	18	检查 500kV C2 串 50412 隔离开关三相确已合好
	19	合上 500kV C3 串 50311 隔离开关
	20	检查 500kV C3 串 50311 隔离开关三相确已合好
	21	合上 500kV C3 串 50312 隔离开关
	22	检查 500kV C3 串 50312 隔离开关三相确已合好
	23	合上 500kV C4 串 50611 隔离开关
	24	检查 500kV C4 串 50611 隔离开关三相确已合好

	序号	项　目　名　称
	25	合上 500kV C4 串 50612 隔离开关
	26	检查 500kV C4 串 50612 隔离开关三相确已合好
	27	投入 500kV C1 串 5051 断路器充电保护出口压板
	28	无压合上 500kV C1 串 5051 断路器
	29	检查 500kV C1 串 5051 断路器三相确已合好
	30	检查 500kV Ⅰ母母线充电正常
	31	退出 500kV C1 串 5051 断路器充电保护出口压板
	32	同期合上 500kV C2 串 5041 断路器
	33	检查 500kV C2 串 5041 断路器三相确已合好
	34	同期合上 500kV C3 串 5031 断路器
	35	检查 500kV C3 串 5031 断路器三相确已合好
	36	同期合上 500kV C4 串 5061 断路器
	37	检查 500kV C4 串 5061 断路器三相确已合好
	38	全面检查以上操作正确无误
	39	记录时间，报告值长，操作完毕
评分标准	质量要求	1. 操作票要用仿宋字填写，字迹不得潦草或辨认不清 2. 工作任务要填写清楚 3. 重要设备操作要使用双重编号 4. 操作票不准合项、并项 5. 操作票不准涂抹、更改 6. 每项操作前要核对设备标志 7. 操作顺序不准随意更改或跳项操作 8. 每完成一项操作要做记号，重要操作要记录时间
	得分或扣分	1. 字迹潦草辨认不清，扣 5 分 2. 操作每漏一项扣 5 分，严重漏项全题不得分 3. 操作票合项、并项，每处扣 2 分 4. 操作任务填写不清，扣 5 分 5. 设备不写双重名称，每处扣 2 分 6. 操作术语使用不标准，每处扣 2 分 7. 操作票涂改、更改，每处扣 2 分 8. 每项操作前不核对设备标志，扣 5 分 9. 操作顺序颠倒或跳项操作，每次扣 5 分 10. 重要设备颠倒操作，全题不得分 11. 每项操作后不做记号，重要操作不记录时间，扣 2 分 12. 每项操作后不检查，扣 2 分 13. 对母线充电时未投断路器充电保护，扣 5 分 14. 母线充电正常后未退出断路器充电保护全题不得分 15. 发生误操作全题不得分

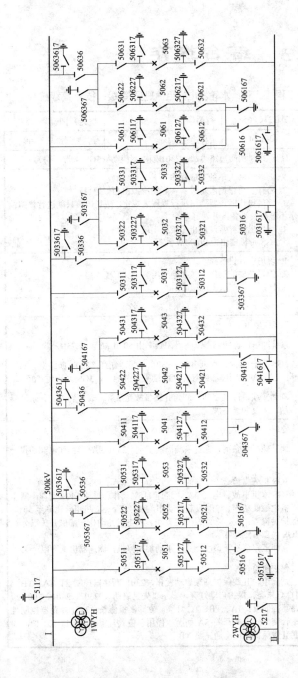

图 CB-12 MJ厂 500kV一次系统图

4.2.3 综合操作

行业：电力工程　工种：水轮发电机组值班员　等级：技师/高级技师

编　　号	C21C065	行为领域	e	鉴定范围	5
考核时限	30min	题　型	C	题　分	40
试题正文	H厂3GS相间短路事故，2301断路器拒动（3GS未带厂用）				
需要说明的问题和要求	1. 要求被考人单独完成操作 2. 考评员可根据考场设备实际情况拟出相似题目 3. 倒闸操作时，要严格执行规程之规定，现场考核只能进行模拟演示不准触及设备，并做好监护 4. 现场出现异常，停止考核退出现场 5. 3GS带额定出力260MW运行				
工具、材料、设备现场	1. 现场实际设备 2. 带好必要的操作工具和绝缘用具，穿好工作服 3. H厂电气一次系统图 CB-08				
评分标准	序号	项　目　名　称			
	1	现象			
	1.1	系统冲击，警铃响，蜂鸣器，频率由50.01降至49.75Hz			
	1.2	3GS电气事故、水机事故，2301断路器红灯，2302断路器、2401断路器、2002断路器绿灯，3GS励磁开关绿灯，3GS表计到"0"			
	1.3	刘龚Ⅰ线故障光字牌，刘龚Ⅱ线事故光字牌，表计到"0"，录波器启动，未复归光字牌			
	2	处理			
	2.1	调其他机组负荷，保持系统周波正常，2301断路器操作电源切投一次			
	2.2	3GS机旁盘检查： 3GS水机事故、电气事故，过速115%动作、过速140%动作，紧急停机电磁阀动作、过速限制器动作，闸门已下落，机组转速降至50%，保护盘检查：左、右组发变组差动、发电机差动作。励磁开关已分。3GS内部有绝缘味 立即汇报值长及调度，3GS手动加闸停机，调速器机械开限全关			
	2.3	保护室检查： 刘龚Ⅰ、Ⅱ线保护高频启动发讯，2301断路器控制盘：TA、TB、TC灯未亮，保护启动灯亮，显示"失灵启动"，2302、2401、2002断路器控制盘：TA、TB、TC灯亮。立即汇报值长，2401断路器控制盘重合闸方式选择开关SA切至"停用"位置，重合闸出口XB切，刘龚Ⅱ线保护盘：沟通三跳XB			

	序号	项 目 名 称
评 分 标 准	2.4	开关站检查： 2401 断路器、2002 断路器、2302 断路器在分，压力正常，2301 断路器三相未分，压力正常，刘粪Ⅱ线厂内部分正常，请示值长手动拉开 2301 断路器两侧隔离开关，汇报及请示调度刘粪Ⅱ线对侧充电，我侧环网，2401 断路器合、2202 断路器合，2401 断路器控制盘重合闸选择开关 SA 切至"单"，重合闸出口 XB 段入，刘粪Ⅱ线保护盘：沟通三跳 XB 放切
	2.5	3GS 做措施，复归信号： 拉开 2302 断路器两侧隔离开关，投入 2301 断路器、2302 断路器两侧接地隔离开关，切除 3GS 励磁控制电源，3GS 定转子选测继电器拔出，后备 XB 切，3GS 消弧线圈甲隔离开关切，TV 二次熔断器切，母线接地入
	2.6	汇报有关领导，做好记录，联系检修处理
	质量要求	1. 分析判断准确 2. 根据规程和实际情况及时处理 3. 操作正确
	得分或扣分	1. 未调整其他机组负荷或调整不及时扣 5 分 2. 不切投 2301 断路器操作电源扣 2 分 3. 不检查现象每项扣 3 分 4. 不做记录扣 2 分 5. 不记录时间扣 2 分 6. 发生事故不立即汇报（5min 内）扣 2 分 7. 不检查一次设备扣 3 分 8. 设备状况不说明扣 2 分 9. 检查非事故设备扣 4 分 10. 不立即恢复刘粪Ⅱ线扣 6 分 11. 恢复线路不联系调度扣 4 分 12. 恢复线路每错一项扣 2 分，重要项目错误此题不得分 13. 3GS 做措施每漏一项扣 2 分，重要项目扣 8 分 14. 未按检修要求做好措施扣 4 分 15. 到时间未处理完成，根据情况扣 5~20 分 16. 处理中扩大事故此题不得分

编　　号	C21C066	行为领域	e	鉴定范围	5
考核时限	30min	题　　型	B	题　　分	35

试题正文	E 厂母联 1100 断路器带八开二回 1118 运行（1118 断路器停电做安全措施）

需要说明的问题和要求	1. 要求被考人单独完成操作 2. 考评员可根据考场设备实际情况拟出相似题目 3. 考核时，被考人要先填写操作票，然后进行操作 4. 倒闸操作时，要严格执行规程之规定，现场考核只能进行模拟演示不准触及设备，并做好监护 5. 现场出现异常，停止考核退出现场 6. 线路重合闸投"综重"

工具、材料、设备现场	1. 现场考核，应选在备用设备上进行演示，以免影响机组运行；无备用设备，应做好安全防范措施 2. 现场考核时，应准备好必要的操作工具和绝缘用具，穿好工作服 3. E 厂一次系统图 CB-05

	序号	项　目　名　称
评 分 标 准	1	收到调度令：八开二回 1118 断路器撤运
	2	旁母带八开二回 1118 线路保护投入正确
	3	检查母联 1100 断路器在合
	4	切除母联 1100 断路器操作电源
	5	合上母联 1100 分隔离开关
	6	检查母联 1100 分隔离开关在合位
	7	投入母联 1100 断路器操作电源
	8	拉开母联 1100 断路器
	9	检查母联 1100 断路器在开位
	10	拉开母联 1100 甲隔离开关
	11	检查母联 1100 甲隔离开关在开位
	12	合上母联 1100 旁隔离开关
	13	检查母联 1100 旁隔离开关在合位
	14	退出母差跳母联 1100 断路器的保护 XB

	序号	项 目 名 称
评 分 标 准	15	将旁母保护投入正常
	16	检查 1T 1101 旁隔离开关在开位
	17	检查 2T 1102 旁隔离开关在开位
	18	检查八张二回 1115 旁隔离开关在开位
	19	检查八开一回 1116 旁隔离开关在开位
	20	检查八张一回 1117 旁隔离开关在开位
	21	检查八开二回 1118 旁隔离开关在开位
	22	合上母联 1100 断路器
	23	检查母联 1100 断路器在合位
	24	检查旁母充电正常
	25	母联 1100 断路器重合闸方式选择开关 SA 切至"综重"位置
	26	投入母联 1100 断路器重合闸出口 XB
	27	联系调度:
	28	将八开二回 1118 断路器保护投退正常
	29	合上八开二回 1118 旁隔离开关
	30	检查八开二回 1118 旁隔离开关在合位
	31	八开二回 1118 重合闸方式选择开关 SA 切至"停"位置
	32	退出八开二回 1118 重合闸出口 XB
	33	联系调度：拉开八开二回 1118 断路器
	34	拉开八开二回 1118 断路器
	35	检查八开二回 1118 断路器在开位
	36	拉开八开二回 1118 丙隔离开关
	37	检查八开二回 1118 丙隔离开关在开位
	38	拉开八开二回 1118 乙隔离开关
	39	检查八开二回 1118 乙隔离开关在开位
	40	切除八开二回 1118 控制熔断器
	41	切除八开二回 1118 信号熔断器
	42	合上八开二回 1118 乙接地隔离开关
	43	检查八开二回 1118 乙接地隔离开关在合位
	44	合上八开二回 1118 丙接地隔离开关
	45	检查八开二回 1118 丙接地隔离开关在合位
	46	有关安全措施处挂警告牌
	47	全面检查
	48	汇报
	49	盖"已执行"章 （五防闭锁的"解锁"和"加锁"未填写）

		项 目 名 称
	质量 要求	1. 操作票要用仿宋字填写，字迹不得潦草或辨认不清 2. 工作任务要填写清楚 3. 重要设备操作要使用双重编号 4. 操作票不准合项、并项 5. 操作票不准涂抹、更改 6. 每项操作前要核对设备标志 7. 操作顺序不准随意更改或跳项操作 8. 每完成一项操作要做记号，重要操作要记录时间 9. 应考虑五防闭锁的"解锁"和"加锁"
评 分 标 准	得分或 扣分	1. 字迹潦草辨认不清，扣5分 2. 操作每漏一项扣5分，严重漏项全题不得分 3. 操作票合项、并项，每处扣2分 4. 操作票任务填写不清，扣5分 5. 设备不写双重名称，每处扣2分 6. 操作术语使用不标准，每处扣2分 7. 操作票涂改、更改，每处扣2分 8. 每项操作前不核对设备标志，扣5分 9. 操作顺序颠倒或跳项操作，每次扣5分 10. 重要设备颠倒操作，全题不得分 11. 每项操作后不做记号，重要操作不记录时间，扣2分 12. 每项操作后不检查，扣2分 13. 发生误操作全题不得分

行业：电力工程　　工种：水轮发电机组值班员　　等级：高/技师

编　号	C32C067	行为领域	e	鉴定范围	5
考核时限	30min	题　型	B	题　分	35
试题正文	E厂110kV乙母带八开二回1118运行（1118断路器送电）				

需要说明的 问题和要求	1. 要求被考人单独完成操作 2. 考评员可根据考场设备实际情况拟出相似题目 3. 考核时，被考人要先填写操作票，然后进行操作 4. 倒闸操作时，要严格执行规程之规定，现场考核只能进行模拟演示不准触及设备，并做好监护 5. 现场出现异常，停止考核退出现场 6. 线路重合闸方式投"综重"
工具、材料、 设备现场	1. 现场考核，应选在备用设备上进行演示，以免影响机组运行；无备用设备，应做好安全防范措施 2. 现场考核时，应准备好必要的操作工具和绝缘用具，穿好工作服 3. E厂一次系统图CB-05

	序号	项　目　名　称
评 分 标 准	1	收到调度令：八开二回1118断路器恢复送电
	2	检查八开二回1118断路器在分位
	3	拉开八开二回1118乙接地隔离开关
	4	检查八开二回1118乙接地隔离开关在开位
	5	拉开八开二回1118丙接地隔离开关
	6	检查八开二回1118丙接地隔离开关在开位
	7	投入八开二回1118控制熔断器
	8	投入八开二回1118信号熔断器
	9	合上八开二回1118乙隔离开关
	10	检查八开二回1118乙隔离开关在合位
	11	合上八开二回1118丙隔离开关
	12	检查八开二回1118丙隔离开关在合位
	13	联系调度：合上八开二回1118断路器
	14	检查八开二回1118断路器在合位

	序号	项　目　名　称
评 分 标 准	15	八开二回 1118 断路器重合闸方式选择开关 SA 切至"综重"位置
	16	投入八开二回 1118 断路器重合闸出口 XB
	17	将八开二回 1118 断路器保护投退正常
	18	母联 1100 断路器重合闸方式选择开关 SA 切至"停"位置
	19	退出母联 1100 断路器重合闸出口 XB
	20	拉开母联 1100 断路器
	21	检查母联 1100 断路器在开位
	22	切除旁母保护盘出口 XB
	23	拉开母联 1100 旁隔离开关
	24	检查母联 1100 旁隔离开关在开位
	25	合上母联 1100 甲隔离开关
	26	检查母联 1100 甲隔离开关在合位
	27	投入母联 1100 断路器，同期开关
	28	合上母联 1100 断路器
	29	切除母联 1100 断路器，同期开关
	30	检查母联 1100 断路器在合位
	31	切除母联 1100 断路器控制熔断器
	32	拉开母联 1100 分隔离开关
	33	检查母联 1100 分隔离开关在开位
	34	投入母联 1100 断路器控制熔断器
	35	投入母差保护跳母联 1100 断路器的保护 XB
	36	全面检查
	37	汇报
	38	盖"已执行"章
		（五防闭锁的"解锁"和"加锁"未填写）

		项 目 名 称
质量 要求		1. 操作票要用仿宋字填写，字迹不得潦草或辨认不清 2. 工作任务要填写清楚 3. 重要设备操作要使用双重编号 4. 操作票不准合项、并项 5. 操作票不准涂抹、更改 6. 每项操作前要核对设备标志 7. 操作顺序不准随意更改或跳项操作 8. 每完成一项操作要做记号，重要操作要记录时间 9. 应考虑五防闭锁的"解锁"和"加锁"
评 分 标 准	得分或 扣分	1. 字迹潦草辨认不清，扣 5 分 2. 操作每漏一项扣 5 分，严重漏项全题不得分 3. 操作票合项、并项，每处扣 2 分 4. 操作票任务填写不清，扣 5 分 5. 设备不写双重名称，每处扣 2 分 6. 操作术语使用不标准，每处扣 2 分 7. 操作票涂改、更改，每处扣 2 分 8. 每项操作前不核对设备标志，扣 5 分 9. 操作顺序颠倒或跳项操作，每次扣 5 分 10. 重要设备颠倒操作，全题不得分 11. 每项操作后不做记号，重要操作不记录时间，扣 2 分 12. 每项操作后不检查，扣 2 分 13. 发生误操作全题不得分

行业：电力工程　　　工种：水轮发电机组值班员　　　等级：高/技师

编　　号	C32C068	行为领域	e	鉴定范围	5
考核时限	40min	题　　型	B	题　分	35
试题正文	H厂3GS带刘龚Ⅱ线零起升压（3GS停机备用，刘龚Ⅱ线检修完毕）				
需要说明的问题和要求	1. 要求被考人单独完成操作 2. 考评员可根据考场设备实际情况拟出相似题目 3. 考核时，被考人要先填写操作票，然后进行操作 4. 倒闸操作时，要严格执行规程之规定现场考核只能进行模拟演示不准触及设备，并做好监护 5. 现场出现异常，停止考核退出现场 6. 线路重合闸投单开关且为"单重"				
工具、材料、设备现场	1. 现场考核，应选在备用设备上进行演示，以免影响机组运行；无备用设备，应做好安全防范措施 2. 现场考核时，应准备好必要的操作工具和绝缘用具，穿好工作服 3. H厂电气一次系统图 CB-08				

	序号	项　目　名　称
评分标准	1	收到调度令：3GS带刘龚Ⅱ线零起升压
	2	投入2212刘龚Ⅱ线保护电源
	3	投入2212刘龚Ⅱ线信号电源
	4	投入3GS 2301断路器控制电源
	5	投入4GS 2401断路器控制电源
	6	投入刘龚Ⅱ线2002断路器控制电源
	7	退出刘龚Ⅱ线2002断路器控制盘停信XB
	8	退出3GS 2301断路器控制盘停信XB
	9	退出4GS2401断路器控制盘停信XB
	10	投入2212刘龚Ⅱ线保护盘后备启动3GS失灵XB
	11	退出2212刘龚Ⅱ线保护盘后备启动4GS失灵XB
	12	退出2212刘龚Ⅱ线保护盘后备启动刘龚Ⅱ线失灵
	13	检查2212刘龚Ⅱ线其余保护XB投退正常
	14	中控室220kV电压表切至"刘龚Ⅱ线"
	15	拉开3GS 2301断路器甲接地隔离开关
	16	检查3GS 2301断路器甲接地隔离开关在开位
	17	拉开3GS 2301断路器丙接地隔离开关
	18	检查3GS 2301断路器丙接地隔离开关在开位
	19	检查3GS 2301断路器三相在分，油压正常
	20	合上3GS 2301断路器甲隔离开关
	21	检查3GS 2301断路器甲隔离开关在合位
	22	合上3GS 2301断路器丙隔离开关

	序号	项　目　名　称
评 分 标 准	23	检查 3GS 2301 断路器丙隔离开关在合位
	24	拉开 4GS 2401 断路器甲接地隔离开关
	25	检查 4GS 2401 断路器甲接地隔离开关在开位
	26	拉开 4GS 2401 断路器丙接地隔离开关
	27	检查 4GS 2401 断路器丙接地隔离开关在开位
	28	检查 4GS 2401 断路器三相在分，油压正常
	29	合上 4GS 2401 断路器甲隔离开关
	30	检查 4GS 2401 断路器甲隔离开关在合位
	31	合上 4GS 2401 断路器丙隔离开关
	32	检查 4GS 2401 断路器丙隔离开关在合位
	33	拉开刘龚Ⅱ线 2002 断路器丙接地隔离开关
	34	检查刘龚Ⅱ线 2002 断路器丙接地隔离开关在开位
	35	拉开刘龚Ⅱ线 2002 断路器乙接地隔离开关
	36	检查刘龚Ⅱ线 2002 断路器乙接地隔离开关在开位
	37	检查刘龚Ⅱ线 2002 断路器三相在分，油压正常
	38	合上刘龚Ⅱ线 2002 断路器丙隔离开关
	39	检查刘龚Ⅱ线 2002 断路器丙隔离开关在合位
	40	合上刘龚Ⅱ线 2002 断路器乙隔离开关
	41	检查刘龚Ⅱ线 2002 断路器乙隔离开关在合位
	42	联系调度：拉开刘龚Ⅱ线 2212 丙接地隔离开关
	43	拉开刘龚Ⅱ线 2212 丙接地隔离开关
	44	检查刘龚Ⅱ线 2212 丙接地隔离开关在开位
	45	合上 2212 刘龚Ⅱ线 TV 二次侧自动空气开关
	46	联系调度：刘龚Ⅱ线 2212 丙隔离开关合
	47	合上刘龚Ⅱ线 2212 丙隔离开关
	48	检查刘龚Ⅱ线 2212 丙隔离开关在合位
	49	退出 3GS 后备启动刘联Ⅰ线 XB
	50	投入 3GS 后备启动刘龚Ⅱ线 XB
	51	退出 3GS 失磁保护 XB
	52	将 3GS 励磁切至手动
	53	检查 3GS 励磁开关在分
	54	拉开 3GS 励磁控制电源开关
	55	检查 3GS 自动励磁给定电位器在下限
	56	检查 3GS 手动励磁给定电位器在下限
	57	检查 3T 中性点接地隔离开关在合位
	58	3GS 自动开机

续表

	序号	项　目　名　称
评分标准	59	监视 3GS 转速升至正常
	60	投入 3GS 2301 同期开关
	61	合上 3GS 2301 断路器
	62	切除 3GS 2301 同期开关
	63	复归 3GS 开机继电器
	64	合上 3GS 励磁控制电源开关
	65	合上 3GS 励磁开关
	66	投入 3GS 初励按钮
	67	逐级调 3GS 电压
	68	选测 2212 刘龚Ⅱ线三相电压平衡
	69	检查 2212 刘龚Ⅱ线一次设备正常
	70	将 3GS 励磁切至自动
	71	调 3GS 电压至正常
	72	投入 3GS 后备启动刘联Ⅰ线 XB
	73	投入 3GS 失磁 XB
	74	投入刘龚Ⅱ线保护盘后备启动刘联Ⅱ线 XB
	75	投入刘龚Ⅱ线保护盘后备 4GS 失灵 XB
	76	投入 3GS 2302 同期开关
	77	投入同期监察开关
	78	投入自动准同期装置
	79	监视 3GS 2302 断路器并网
	80	切除 3GS 2302 同期开关
	81	投入 4GS 2401 同期开关
	82	合上 4GS 2401 断路器
	83	切除 4GS 2401 同期开关
	84	投入刘龚Ⅱ线 2002 同期开关
	85	合上刘龚Ⅱ线 2002 断路器
	86	切除刘龚Ⅱ线 2002 同期开关
	87	切除同期监察开关
	88	切除自动准同期装置
	89	将 3GS 手动励磁给定电位器调规定
	90	检查 3GS 冷却水阀在开，水压正常
	91	检查 3T 冷却水阀在开，水压正常
	92	检查 3T 潜油泵运转正常
	93	拉开 3T 中性点隔离开关
	94	检查 3GS 2301 断路器三相在合，油压正常

380

	序号	项 目 名 称
	95	检查 3GS 2302 断路器三相在合，油压正常
	96	检查 2401 断路器三相在合，油压正常
	97	检查 2002 断路器三相在合，油压正常
	98	4GS 2401 断路器控制盘：重合闸方式选择开关 SA 切至"单重"位置
	99	投入 4GS 2401 断路器控制盘：重合闸出口 XB1
	100	退出 2212 刘龚Ⅱ线保护盘：构三跳 XB
	101	全面检查
	102	汇报
	103	盖"已执行"章 （五防闭锁的"解锁"和"加锁"未填写）
评分标准	质量要求	1. 操作票要用仿宋字填写，字迹不得潦草或辨认不清 2. 工作任务要填写清楚 3. 重要设备操作要使用双重编号 4. 操作票不准合项、并项 5. 操作票不准涂抹、更改 6. 每项操作前要核对设备标志 7. 操作顺序不准随意更改或跳项操作 8. 每完成一项操作要做记号，重要操作要记录时间 9. 应考虑五防闭锁的"解锁"和"加锁"
	得分或扣分	1. 字迹潦草辨认不清，扣 5 分 2. 操作每漏一项扣 5 分，严重漏项全题不得分 3. 操作票合项、并项，每处扣 2 分 4. 操作票任务填写不清，扣 5 分 5. 设备不写双重名称，每处扣 2 分 6. 操作术语使用不标准，每处扣 2 分 7. 操作票涂改、更改，每处扣 2 分 8. 每项操作前不核对设备标志，扣 5 分 9. 操作顺序颠倒或跳项操作，每次扣 5 分 10. 重要设备颠倒操作，全题不得分 11. 每项操作后不做记号，重要操作不记录时间，扣 2 分 12. 每项操作后不检查，扣 2 分 13. 发生误操作全题不得分

行业：电力工程　　工种：水轮发电机组值班员　等级：技师/高技

编　　号	C32C069	行为领域	e	鉴定范围	5
考核时限	40min	题　型	C	题　分	40
试题正文	H厂刘龚Ⅰ线相间短路事故，2202断路器拒动				
需要说明的问题和要求	1. 要求被考人单独完成操作 2. 考评员可根据考场设备实际情况拟出相似题目 3. 倒闸操作时，要严格执行规程之规定，现场考核只能进行模拟演示不准触及设备，并做好监护 4. 现场出现异常，停止考核退出现场 5. 线路重合闸方式为单重 6. 2GS带厂用电				
工具、材料、设备现场	1. 现场实际设备 2. 带好必要的操作工具和绝缘用具，穿好工作服 3. H厂电气一次系统图CB-08				

	序号	项　目　名　称
评 分 标 准	1	现象
	1.1	系统冲击，中控室警铃响，蜂鸣器响，F由50.01降至49.85Hz，厂房及中控室照明切换为直流
	1.2	2201断路器、2003断路器绿灯，2202断路器黑灯，2GS励磁开关绿灯，612断路器绿灯，2GS水机事故、电气事故，水机故障，2GS表计到"0"，刘龚Ⅰ线事故、故障光字牌亮，表计到"0"，刘龚Ⅱ线故障光字牌亮，录波器启动光字牌亮
	1.3	2T-6T故障，112断路器—115断路器回路熔断及风机故障，坝内泵、厂内泵、高压机、低压机、排水泵故障，消火电源消失、220V交流回路熔断，地下、坝后电缆油压失常光字牌亮，地下、坝后直流浮充到"0"，330kV电压表无显示，运行机组返回屏表计到"0"（厂用电消失所出现的信号）
	2	处理
	2.1	立即升其他机组负荷，保持系统周波，2202断路器操作电源切投一次
	2.2	2GS机旁检查：失灵保护动作，事故电磁阀动作，2GS转速降至65%，励磁开关在分，转子过压保护动作一次 汇报值长，按值长令，记录2GS信号并复归，2GS水车锁锭提，冷却水阀开启，手动保持转速
	2.3	保护室检查： 刘龚Ⅰ线901A D++保护动作，TA TB TC灯亮，101A GPJLCK动作，TA TB TC灯亮，两保护判断均为AB相故障，刘龚Ⅱ线GP启动发讯，2201、2003断路器控制盘TA、TB、TC灯亮，2202断路器控制盘TA、TC灯亮，TB灯未亮，保护动作显示"失灵启动"，录波器显示厂内有故障
	2.4	汇报值长，刘龚Ⅰ线重合闸退，后备启动相邻元件压板退
	2.5	3T中性点接地隔离开关投入

	序号	项 目 名 称
	2.6	倒厂用，恢复直流及无压释放负荷
	2.7	开关站检查：2003、2201 断路器三相在分，压力正常，2202 断路器 A、C 相在分，B 相在合，刘龚Ⅰ线厂内部分正常，汇报值长，2202 断路器隔离开关甲、乙手动拉开
		联系调度，2GS 保持转速，递升加压 2201 断路器并网，3T 中性点隔离开关切，恢复正常厂用系统运行
	2.8	一次设备检查，发现故障点在厂内汇报调度同意后，刘龚Ⅰ线做措施：2003 断路器乙、丙分，2102 甲、乙刀闸拉开，2102、2202、2003 断路器两侧接地隔离开关入、2211 丙隔离开关分，刘龚Ⅰ线 TV 二次侧自动空气开关分，2211 丙接地隔离开关入，2202，2003 断路器操作电源切，刘龚Ⅰ线保护及信号电源切
	2.9	做好记录，汇报有关领导
评分标准	质量要求	1. 分析判断准确 2. 根据规程和实际情况及时处理 3. 操作正确
	得分或扣分	1. 未调整其他机组负荷或调整不及时扣 3～5 分 2. 不切投 2202 断路器操作电源扣 2 分 3. 不检查现象每项扣 2 分 4. 不做记录扣 4 分 5. 不记录时间扣 2 分 6. 发生事故不立即汇报（5min 内）扣 2 分 7. 说不清事故现象扣 8 分 8. 不检查一次设备扣 6 分 9. 设备状况不说明扣 4 分 10. 检查非事故设备扣 4 分 11. 不立即恢复 2GS 扣 15 分 12. 恢复机组不联系调度扣 10 分 13. 恢复机组每错一项扣 5 分，重要项目错误此题不得分 14. 刘龚Ⅰ线做措施每漏一项扣 3 分，重要项目扣 8 分 15. 到时间未处理完成，根据情况扣 5～25 分 16. 处理中扩大事故此题不得分

编　　号	C43C070	行为领域	e	鉴定范围	5
考核时限	35min	题　　型	C	题　　分	40
试题正文	D厂110kV乙母线停电做安全措施				
需要说明的问题和要求	1. 要求被考人单独完成操作 2. 考评员可根据考场设备实际情况拟出相似题目 3. 考核时，被考人要先填写操作票，然后进行操作 4. 倒闸操作时，要严格执行规程之规定，现场考核只能进行模拟演示不准触及设备，并做好监护 5. 现场出现异常，停止考核退出现场 6. 双回出线同杆架设，装有横差保护				
工具、材料、设备现场	1. 现场考核，应选在备用设备上进行演示，以免影响机组运行；无备用设备，应做好安全防范措施 2. 现场考核时，应准备好必要的操作工具和绝缘用具，穿好工作服 3. D厂一次系统图 CB-04				

	序号	项　目　名　称
评 分 标 准	1	收到调度令：乙母线撤运
	2	投入母差非选择 XB
	3	投入盐建横差：母差闭锁横差 XB
	4	投入盐建横差：母联位置闭锁横差 XB
	5	投入盐桃横差：母差闭锁横差 XB
	6	投入盐桃横差：母联位置闭锁横差 XB
	7	投入盐张横差：母差闭锁横差 XB
	8	投入盐张横差：母联位置闭锁横差 XB
	9	将母线保护电压引入 XB 投退正常
	10	将各线路电压引入 XB 投退正常
	11	将故障录波器投退正常
	12	切除母联 1100 断路器操作电源
	13	检查母联断路器 1100 断路器在合位
	14	合上盐张Ⅰ回 1111 甲隔离开关
	15	检查盐张Ⅰ回 1111 甲隔离开关在合位
	16	拉开盐张Ⅰ回 1111 乙隔离开关
	17	检查盐张Ⅰ回 1111 乙隔离开关在开位
	18	合上 2T 1102 甲隔离开关
	19	检查 2T 1102 甲隔离开关在合位
	20	拉开 2T 1102 乙隔离开关

	序号	项　目　名　称
评 分 标 准	21	检查 2T 1102 乙隔离开关在开位
	22	合上盐建Ⅱ回 1114 甲隔离开关
	23	检查盐建Ⅱ回 1114 甲隔离开关在合位
	24	拉开盐建Ⅱ回 1114 乙隔离开关
	25	检查盐建Ⅱ回 1114 乙隔离开关在开位
	26	合上盐桃Ⅱ回 1116 甲隔离开关
	27	检查盐桃Ⅱ回 1116 甲隔离开关在合位
	28	拉开盐桃Ⅱ回 1116 乙隔离开关
	29	检查盐桃Ⅱ回 1116 乙隔离开关在开位
	30	合上 4T 1104 甲隔离开关
	31	检查 4T 1104 甲隔离开关在合位
	32	拉开 4T 1104 乙隔离开关
	33	检查 4T 1104 乙隔离开关在开位
	34	检查 110kV 乙母线除乙母电压互感器外无其他连接元件
	35	投入母联 1100 断路器操作电源
	36	拉开母联 1100 断路器
	37	检查母联 1100 断路器在开位
	38	切除 110kV 乙母电压互感器柜二次熔断器
	39	拉开 110kV 乙母电压互感器隔离开关
	40	检查 110kV 乙母电压互感器隔离开关在开位
	41	拉开母联 1100 甲隔离开关
	42	检查母联 1100 甲隔离开关在开位
	43	拉开母联 1100 乙隔离开关
	44	检查母联 1100 乙隔离开关在开位
	45	母差启动失灵 XB 切除
	46	切除母联 1100 断路器操作电源
	47	切除母联信号电源
	48	检查 110kV 乙母线确无连接元件
	49	在母线联断路器 1100 进出线侧验明无电压
	50	合上母联断路器 1100 甲接地隔离开关
	51	检查母联断路器 1100 甲接地隔离开关在合位
	52	合上母联断路器 1100 乙接地隔离开关
	53	检查母联断路器 1100 乙接地隔离开关在合位
	54	在 110kV 乙母 TV 验电无电压
	55	合上 110kV 乙母 TV 接地隔离开关
	56	检查 110kV 乙母 TV 接地隔离开关在合位

	序号	项 目 名 称
	57	合上 110kV 乙母接地隔离开关
	58	检查 110kV 乙母接地隔离开关在合位
	59	有关安全措施处挂警告牌
	60	全面检查
	61	汇报
	62	盖"已执行"章
		（五防闭锁的"解锁"和"加锁"未填写）
评 分 标 准	质量 要求	1. 操作票要用仿宋字填写，字迹不得潦草或辨认不清 2. 工作任务要填写清楚 3. 重要设备操作要使用双重编号 4. 操作票不准合项、并项 5. 操作票不准涂抹、更改 6. 每项操作前要核对设备标志 7. 操作顺序不准随意更改或跳项操作 8. 每完成一项操作要做记号，重要操作要记录时间 9. 应考虑五防闭锁的"解锁"和"加锁"
	得分或 扣分	1. 字迹潦草辨认不清，扣 5 分 2. 操作每漏一项扣 5 分，严重漏项全题不得分 3. 操作票合项、并项，每处扣 2 分 4. 操作票任务填写不清，扣 5 分 5. 设备不写双重名称，每处扣 2 分 6. 操作术语使用不标准，每处扣 2 分 7. 操作票涂改、更改，每处扣 2 分 8. 每项操作前不核对设备标志，扣 5 分 9. 操作顺序颠倒或跳项操作，每次扣 5 分 10. 重要设备颠倒操作，全题不得分 11. 每项操作后不做记号，重要操作不记录时间，扣 2 分 12. 每项操作后不检查，扣 2 分 13. 发生误操作全题不得分

编　　号	C43C071	行为领域	e	鉴定范围	5
考核时限	35min	题　　型	C	题　　分	40
试题正文	D厂110kV乙母线送电				
需要说明的问题和要求	1. 要求被考人单独完成操作 2. 考评员可根据考场设备实际情况拟出相似题目 3. 考核时，被考人要先填写操作票，然后进行操作 4. 倒闸操作时，要严格执行规程之规定，现场考核只能进行模拟演示不准触及设备，并做好监护 5. 现场出现异常，停止考核退出现场				
工具、材料、设备现场	1. 现场考核，应选在备用设备上进行演示，以免影响机组运行；无备用设备，应做好安全防范措施 2. 现场考核时，应准备好必要的操作工具和绝缘用具，穿好工作服 3. D厂一次系统图CB-04				

	序号	项　目　名　称
评 分 标 准	1	收到调度令：110kV乙母恢复送电
	2	拉开110kV乙母接地隔离开关
	3	检查110kV乙母接地隔离开关在开位
	4	拉开110kV乙母TV接地隔离开关
	5	检查110kV乙母TV接地隔离开关在开位
	6	拉开1100乙接地隔离开关
	7	检查1100乙接地隔离开关在开位
	8	拉开1100甲接地隔离开关
	9	检查1100甲接地隔离开关在开位
	10	检查110kV乙母线无安措
	11	投入母联信号电源
	12	投入母联1100断路器操作电源
	13	合上110kV乙母TV隔离开关
	14	检查110kV乙母TV隔离开关在合位
	15	投入110kV乙母TV柜二次熔断器
	16	检查母联断路器1100在切
	17	合上母联断路器1100甲隔离开关
	18	检查母联断路器1100甲隔离开关在合位
	19	合上母联断路器1100乙隔离开关
	20	检查母联断路器1100乙隔离开关在合位

	序号	项 目 名 称
评分标准	21	检查母联断路器 1100 油气压均正常
	22	切除母差非选择 XB
	23	合上母联断路器 1100
	24	检查 110kV 乙母线充电正常
	25	将母线保护电压引入 XB 投退正常
	26	投入母差非选择 XB
	27	切除母联 1100 断路器操作电源
	28	检查母联断路器 1100 在合位
	29	合上盐张Ⅰ回 1111 乙隔离开关
	30	检查盐张Ⅰ回 1111 乙隔离开关在合位
	31	拉开盐张Ⅰ回 1111 甲隔离开关
	32	检查盐张Ⅰ回 1111 甲隔离开关在开位
	33	合上 2T 1102 乙隔离开关
	34	检查 2T 1102 乙隔离开关在合位
	35	拉开 2T 1102 甲隔离开关
	36	检查 2T 1102 甲隔离开关在开位
	37	合上盐建Ⅱ回 1114 乙隔离开关
	38	检查盐建Ⅱ回 1114 乙隔离开关在合位
	39	拉开盐建Ⅱ回 1114 甲隔离开关
	40	检查盐建Ⅱ回 1114 甲隔离开关在开位
	41	合上盐桃Ⅱ回 1116 乙隔离开关
	42	检查盐桃Ⅱ回 1116 乙隔离开关在合位
	43	拉开盐桃Ⅱ回 1116 甲隔离开关
	44	检查盐桃Ⅱ回 1116 甲隔离开关在开位
	45	合上 4T 1104 乙隔离开关
	46	检查 4T 1104 乙隔离开关在合位
	47	拉开 4T 1104 甲隔离开关
	48	检查 4T 1104 甲隔离开关在开位
	49	投入母联 1100 断路操作电源
	50	切除母差非选择 XB
	51	退出盐建横差：母差闭锁横差 XB
	52	退出盐桃横差：母联位置闭锁横差 XB
	53	退出盐桃横差：母差闭锁横差 XB
	54	退出盐桃横差：母联位置闭锁横差 XB
	55	退出盐张横差：母差闭锁横差 XB
	56	退出盐张横差：母联位置闭锁横差 XB

序号	项　目　名　称
57	将各线路电压引入 XB 投退正常
58	将故障录波器投退正常
59	全面检查
60	汇报
61	盖"已执行"章 （五防闭锁的"解锁"和"加锁"未填写）

评分标准	质量要求	1. 操作票要用仿宋字填写，字迹不得潦草或辨认不清 2. 工作任务要填写清楚 3. 重要设备操作要使用双重编号 4. 操作票不准合项、并项 5. 操作票不准涂抹、更改 6. 每项操作前要核对设备标志 7. 操作顺序不准随意更改或跳项操作 8. 每完成一项操作要做记号，重要操作要记录时间 9. 应考虑五防闭锁的"解锁"和"加锁"
	得分或扣分	1. 字迹潦草辨认不清，扣 5 分 2. 操作每漏一项扣 5 分，严重漏项全题不得分 3. 操作票合项、并项，每处扣 2 分 4. 操作票任务填写不清，扣 5 分 5. 设备不写双重名称，每处扣 2 分 6. 操作术语使用不标准，每处扣 2 分 7. 操作票涂改、更改，每处扣 2 分 8. 每项操作前不核对设备标志，扣 5 分 9. 操作顺序颠倒或跳项操作，每次扣 5 分 10. 重要设备颠倒操作，全题不得分 11. 每项操作后不做记号，重要操作不记录时间，扣 2 分 12. 每项操作后不检查，扣 2 分 13. 发生误操作全题不得分

行业：电力工程　　　工种：水轮发电机组值班员　　　等级：中/高

编　　　号	C43C072	行为领域	e	鉴定范围	3
考核时限	15min	题　　型	C	题　分	40
试题正文	G 厂 110kV 北母线停电做安全措施				
需要说明的问题和要求	1. 要求被考人单独完成操作 2. 考评员可根据考场设备实际情况拟出相似题目 3. 考核时，被考人要先填写操作票，然后进行操作 4. 倒闸操作时，要严格执行规程之规定，现场考核只能进行模拟演示不准触及设备，并做好监护 5. 现场出现异常，停止考核退出现场				
工具、材料、设备现场	1. 现场考核，应选在备用设备上进行演示，以免影响机组运行；无备用设备，应做好安全防范措施 2. 现场考核时，应准备好必要的操作工具和绝缘用具，穿好工作服 3. G 厂 110kV 电气一次系统图 CB-07				

	序号	项　目　名　称
评分标准	1	收到调度令：北母线撤运
	2	合上 110kV 母保非选择 XB
	3	检查 110kV 母保非选择监视灯亮
	4	将母线保护电压引入 XB 投退正常
	5	将故障录波器投退正常
	6	将各线路电压引入 XB 投退正常
	7	拉开母联 1100 断路器直流
	8	检查母联 1100 断路器在合位
	9	合上 5T 1405 南隔离开关
	10	检查 5T 1405 南隔离开关在合位
	11	合上热氮甲线 1105 南隔离开关
	12	检查热氮甲线 1105 南隔离开关在合位
	13	合上吉热甲线 1103 南隔离开关
	14	检查吉热甲线 1103 南隔离开关在合位
	15	合上热铁丙线 1109 南隔离开关
	16	检查热铁丙线 1109 南隔离开关在合位
	17	合上 7T 1407 南隔离开关
	18	检查 7T 1407 南隔离开关在合位

	序号	项 目 名 称
	19	拉开 5T 1405 北隔离开关
	20	检查 5T 1405 北隔离开关在开位
	21	拉开热氮甲线 1105 北隔离开关
	22	检查热氮甲线 1105 北隔离开关在开位
	23	拉开吉热甲线 1103 北隔离开关
	24	检查吉热甲线 1103 北隔离开关在开位
	25	拉开热铁丙线 1109 北隔离开关
	26	检查热氮甲线 1109 北隔离开关在开位
	27	拉开 7T 1407 北隔离开关
	28	检查 7T 1407 北隔离开关在开位
	29	拉开 110kV 北母 TV 二次熔断器
	30	拉开 110kV 北母 TV 一次隔离开关
评	31	检查 110kV 北母 TV 一次隔离开关在开位
	32	合上 110kV 母联 1100 操作直流
分	33	检查 110kV 母联 1100 断路起电流表为零
	34	拉开 110kV 母联 1100 断路器
标	35	拉开 110kV 母联 1100 断路器操作信号直流
	36	检查 110kV 母联 1100 断路器在开位
准	37	拉开 110kV 母联 1100 断路器动力直流
	38	拉开 110kV 母联 1100 北隔离开关
	39	检查 110kV 母联 1100 北隔离开关在开位
	40	拉开 110kV 母联 1100 南隔离开关
	41	检查 110kV 母联 1100 南隔离开关在开位
	42	检查 110kV 北母线所有北隔离开关在开位
	43	验明 110kV 北母线三相确无电压
	44	合上 110kV 北母接地隔离开关
	45	检查 110kV 北母接地隔离开关在合位
	46	有关安全措施处挂警告牌
	47	全面检查
	48	汇报
	49	盖"已执行"章
		（五防闭锁的"解锁"和"加锁"未填写）

	序号	项　目　名　称
评 分 标 准	质量 要求	1. 操作票要用仿宋字填写，字迹不得潦草或辨认不清 2. 工作任务要填写清楚 3. 重要设备操作要使用双重编号 4. 操作票不准合项、并项 5. 操作票不准涂抹、更改 6. 每项操作前要核对设备标志 7. 操作顺序不准随意更改或跳项操作 8. 每完成一项操作要做记号，重要操作要记录时间 9. 应考虑五防闭锁的"解锁"和"加锁"
	得分或 扣分	1. 字迹潦草辨认不清，扣 5 分 2. 操作每漏一项扣 5 分，严重漏项全题不得分 3. 操作票合项、并项，每处扣 2 分 4. 操作票任务填写不清，扣 5 分 5. 设备不写双重名称，每处扣 2 分 6. 操作术语使用不标准，每处扣 2 分 7. 操作票涂改、更改，每处扣 2 分 8. 每项操作前不核对设备标志，扣 5 分 9. 操作顺序颠倒或跳项操作，每次扣 5 分 10. 重要设备颠倒操作，全题不得分 11. 每项操作后不做记号，重要操作不记录时间，扣 2 分 12. 每项操作后不检查，扣 2 分 13. 发生误操作全题不得分

392

行业：电力工程　　工种：水轮发电机组值班员　　等级：高/技师

编　　号	C32C073	行为领域	e	鉴定范围	3
考核时限	15min	题　型	C	题　分	40
试题正文	G 厂 110kV 吉热甲线 1103 断路器停电做安全措施,线路由旁路 1160 断路器带运行				
需要说明的问题和要求	1. 要求被考人单独完成操作 2. 考评员可根据考场设备实际情况拟出相似题目 3. 考核时,被考人要先填写操作票,然后进行操作 4. 倒闸操作时,要严格执行规程之规定,现场考核只能进行模拟演示不准触及设备,并做好监护 5. 现场出现异常,停止考核退出现场 6. 线路重合闸投"综重"				
工具、材料、设备现场	1. 现场考核,应选在备用设备上进行演示,以免影响机组运行;无备用设备,应做好安全防范措施 2. 现场考核时,应准备好必要的操作工具和绝缘用具,穿好工作服 3. G 厂 110kV 电气一次系统图 CB-07 4. 运行方式:双数断路器运行在北母,单数断路器在南母,母联投入,旁路备用				

	序号	项　目　名　称
评分标准	1	收到调度令:吉热甲线 1103 断路器撤运
	2	检查 110kV 旁路母线所有丙隔离开关在开位
	3	检查 110kV 旁路 1160 断路器在开位
	4	合上 110kV 旁路 1160 北隔离开关
	5	检查 110kV 旁路 1160 北隔离开关在合位
	6	合上 110kV 旁路 1160 丙隔离开关
	7	检查 110kV 旁路 1160 丙隔离开关在合位
	8	将旁路及 1160 断路器保护 XB 投退正常
	9	合上旁路 1160 断路器操作电源
	10	检查旁路 1160 保护盘显示正常
	11	合上旁路 1160 断路器
	12	检查旁路 1160 断路器在合位旁母充电良好
	13	拉开旁路 1160 断路器
	14	检查旁路 1160 断路器在开位
	15	合上吉热甲线 1103 丙隔离开关
	16	检查吉热甲线 1103 丙隔离开关在合位
	17	联系调度
	18	将吉热甲线 1103 各保护投退正常
	19	合上旁路 1160 断路器环并
	20	检查旁路 1160 断路器电流表指示正常
	21	旁路 1160 断路器重合闸方式选择开关 SA 切至"综重"
	22	投入旁路 1160 断路器重合闸出口 XB
	23	切除吉热甲线 1103 断路器重合闸方式选择开关 SA 切至"停"
	24	切除吉热甲线 1103 断路器重合闸出口 XB
	25	拉开吉热甲线 1103 断路器

	序号	项　目　名　称
评 分 标 准	26	检查吉热甲线 1103 断路器在开位
	27	切除 1103 断路器操作电源
	28	将旁路电压切换开关切至旁路侧
	29	拉开吉热甲线 1103 甲隔离开关
	30	检查吉热甲线 1103 甲隔离开关在开位
	31	拉开吉热甲线 1103 北隔离开关
	32	检查吉热甲线 1103 北隔离开关在开位
	33	检查吉热甲线 1103 南隔离开关在开位
	34	合上吉热甲线 1103 南北接地隔离开关
	35	检查吉热甲线 1103 南北接地隔离开关在合位
	36	合上吉热甲线 1103 甲接地隔离开关
	37	检查吉热甲线 1103 甲接地隔离开关在合位
	38	有关安全措施处挂警告牌
	39	全面检查
	40	汇报
	41	盖"已执行"章 （五防闭锁的"解锁"和"加锁"未填写）
	质量 要求	1. 操作票要用仿宋字填写，字迹不得潦草或辨认不清 2. 工作任务要填写清楚 3. 重要设备操作要使用双重编号 4. 操作票不准合项、并项 5. 操作票不准涂抹、更改 6. 每项操作前要核对设备标志 7. 操作顺序不准随意更改或跳项操作 8. 每完成一项操作要做记号，重要操作要记录时间 9. 应考虑五防闭锁的"解锁"和"加锁"
	得分或 扣分	1. 字迹潦草辨认不清，扣 5 分 2. 操作每漏一项扣 5 分，严重漏项全题不得分 3. 操作票合项、并项，每处扣 2 分 4. 操作票任务填写不清，扣 5 分 5. 设备不写双重名称，每处扣 2 分 6. 操作术语使用不标准，每处扣 2 分 7. 操作票涂改、更改，每处扣 2 分 8. 每项操作前不核对设备标志，扣 5 分 9. 操作顺序颠倒或跳项操作，每次扣 5 分 10. 重要设备颠倒操作，全题不得分 11. 每项操作后不做记号，重要操作不记录时间，扣 2 分 12. 每项操作后不检查，扣 2 分 13. 发生误操作全题不得分

行业：电力工程　　工种：水轮发电机组值班员　　等级：高/技师

编　　号	C32C074	行为领域	e	鉴定范围	3
考核时限	15min	题　型	C	题　分	40
试题正文	G厂110kV吉热甲线1103断路器送电，旁路断路器1160恢复备用				

需要说明的问题和要求	1. 要求被考人单独完成操作 2. 考评员可根据考场设备实际情况拟出相似题目 3. 考核时，被考人要先填写操作票，然后进行操作 4. 倒闸操作时，要严格执行规程之规定，现场考核只能进行模拟演示不准触及设备，并做好监护 5. 现场出现异常，停止考核退出现场
工具、材料、设备现场	1. 现场考核，应选在备用设备上进行演示，以免影响机组运行；无备用设备，应做好安全防范措施 2. 现场考核时，应准备好必要的操作工具和绝缘用具，穿好工作服 3. G厂110kV电气一次系统图CB-07 4. 运行方式：双数断路器运行在北母，单数断路器在南母，母联投入，旁路备用

	序号	项　目　名　称
评 分 标 准	1	收到调度令：1103恢复送电
	2	拉开吉热甲线1103南北接地隔离开关
	3	检查吉热甲线1103南北接地隔离开关在开位
	4	拉开吉热甲线1103甲接地隔离开关
	5	检查吉热甲线1103甲接地隔离开关在开位
	6	检查吉热甲线1103断路器在开位
	7	合上吉热甲线1103甲隔离开关
	8	检查吉热甲线1103甲隔离开关在合位
	9	合上吉热甲线1103北隔离开关
	10	检查吉热甲线1103北隔离开关在合位
	11	检查吉热甲线1103南隔离开关在开位
	12	联系调度：
	13	将吉热甲线1103各保护投退正常
	14	合上吉热甲线1103断路器操作电源
	15	合上吉热甲线1103断路器环并
	16	检查吉热甲线1103电流表指示正常
	17	吉热甲线1103断路器重合闸方式选择开关SA切至"综重"
	18	投入吉热甲线1103断路器重合闸出口XB
	19	旁路1160开关重合闸方式选择开关SA切至"停"
	20	退出旁路1160开关重合闸出口XB
	21	拉开110kV旁路1160断路器
	22	切除旁路1160断路器操作电源
	23	将旁路切换开关切至母线侧
	24	将旁路及1160断路器保护投退正常
	25	检查吉热甲线1103断路器在合位

	序号	项　目　名　称
	26	拉开吉热甲线 1103 丙隔离开关
	27	检查吉热甲线 1103 丙隔离开关在开位
	28	检查旁路 1160 断路器在开位
	29	拉开 110kV 旁路 1160 丙隔离开关
	30	检查 110kV 旁路 1160 丙隔离开关在开位
	31	拉开 110kV 旁路 1160 北隔离开关
	32	检查 110kV 旁路 1160 北隔离开关在开位
	33	全面检查
	34	汇报
	35	盖"已执行"章
		（五防闭锁的"解锁"和"加锁"未填写）
评分标准	质量要求	1. 操作票要用仿宋字填写，字迹不得潦草或辨认不清 2. 工作任务要填写清楚 3. 重要设备操作要使用双重编号 4. 操作票不准合项、并项 5. 操作票不准涂抹、更改 6. 每项操作前要核对设备标志 7. 操作顺序不准随意更改或跳项操作 8. 每完成一项操作要做记号，重要操作要记录时间 9. 应考虑五防闭锁的"解锁"和"加锁"
	得分或扣分	1. 字迹潦草辨认不清，扣 5 分 2. 操作每漏一项扣 5 分，严重漏项全题不得分 3. 操作票合项、并项，每处扣 2 分 4. 操作票任务填写不清，扣 5 分 5. 设备不写双重名称，每处扣 2 分 6. 操作术语使用不标准，每处扣 2 分 7. 操作票涂改、更改，每处扣 2 分 8. 每项操作前不核对设备标志，扣 5 分 9. 操作顺序颠倒或跳项操作，每次扣 5 分 10. 重要设备颠倒操作，全题不得分 11. 每项操作后不做记号，重要操作不记录时间，扣 2 分 12. 每项操作后不检查，扣 2 分 13. 发生误操作全题不得分

编　号	C21C075	行为领域	e	鉴定范围	5
考核时限	20min	题　型	B	题　分	20
试题正文	N厂500kV联络变压器（7B）由运行态转检修态				
需要说明的问题和要求	1. 要求被考人单独完成操作 2. 考评员可根据考场设备实际情况拟出相似题目 3. 考核时，被考人要先填写操作票，然后进行操作 4. 倒闸操作时，要严格执行规程之规定，现场考核只能进行模拟演示不准触及设备，并做好监护 5. 现场出现异常，停止考核退出现场				
工具、材料、设备现场	1. 现场考核，应选在备用设备上进行演示，以免影响机组运行；无备用设备，应做好安全防范措施 2. 现场考核时，应准备好必要的操作工具和绝缘用具，穿好工作服 3. N厂500kV联络变压器一次系统图 CB–13 4. 联络变压器转检修后应将500kV C2 串合环运行 5. 50436隔离开关与50412、50421隔离开关间有逻辑闭锁，分、合50436隔离开关前必须将50412、50421隔离开关断开				

	序号	项　目　名　称
评分标准	1	接值长令
	2	调整联络变压器7B有功、无功趋近于零
	3	检查联络变压器35kV侧母线负荷已转移
	4	断开联络变压器35kV侧307断路器
	5	检查联络变压器35kV侧307断路器三相确已断开
	6	将联络变压器35kV侧307断路器拉出至"试验"位
	7	断开联络变压器220kV侧207断路器
	8	检查联络变压器220kV侧207断路器三相确已断开
	9	断开联络变压器500kV侧5042断路器
	10	检查联络变压器500kV侧5042断路器三相确已断开
	11	断开联络变压器500kV侧5041断路器
	12	检查联络变压器500kV侧5041断路器三相确已断开
	13	断开500kV C2 串50412隔离开关
	14	检查500kV C2 串50412隔离开关三相确已断开
	15	断开500kV C2 串50421隔离开关
	16	检查500kV C2 串50421隔离开关三相确已断开
	17	断开500kV C2 串50436隔离开关
	18	检查500kV C2 串50436隔离开关三相确已断开
	19	断开220kV 2076隔离开关
	20	检查220kV 2076隔离开关三相确已断开
	21	将联络变压器35kV侧电压互感器1VYH拉出柜外

序号	项　目　名　称
21	断开 500kV 联络变压器电压互感器 3WYH 二次侧空气开关
22	用相同电压等级且合格的验电器验明联络变压器 500kV 侧三相确无电压
23	合上联络变压器 500kV 侧 5043617 接地隔离开关
24	检查联络变压器 500kV 侧 5043617 接地隔离开关三相已合好
25	用相同电压等级且合格的验电器验明联络变压器 220kV 侧三相确无电压
26	合上联络变压器 220kV 侧 20767 接地隔离开关
27	检查联络变压器 220kV 侧 20767 接地隔离开关三相已合好
28	用相同电压等级且合格的验电器验明联络变压器 35kV 侧三相确无电压
29	在联络变压器 35kV 侧悬挂一组三相短路接地线
30	合上 500kV C2 串 50412 隔离开关
31	检查 500kV C2 串 50412 隔离开关三相确已合好
32	合上 500kV C2 串 50421 隔离开关
33	检查 500kV C2 串 50421 隔离开关三相确已合好
34	无压合上联络变压器 500kV 侧 5041 断路器
35	检查联络变压器 500kV 侧 5041 断路器三相确已合好
36	同期合上联络变压器侧 500kV 侧 5042 断路器

质量要求
1. 操作票要用仿宋字填写，字迹不得潦草或辨认不清
2. 工作任务要填写清楚
3. 重要设备操作要使用双重编号
4. 操作票不准合项、并项
5. 操作票不准涂抹、更改
6. 每项操作前要核对设备标志
7. 操作顺序不准随意更改或跳项操作
8. 每完成一项操作要做记号，重要操作要记录时间

得分或扣分
1. 字迹潦草辨认不清，扣 5 分
2. 操作每漏一项扣 5 分，严重漏项全题不得分
3. 操作票合项、并项，每处扣 2 分
4. 操作任务写不清，扣 5 分
5. 设备不写双重名称，每处扣 2 分
6. 操作术语使用不标准，每处扣 2 分
7. 操作票涂改、更改，每处扣 2 分
8. 每项操作前不核对设备标志，扣 5 分
9. 操作顺序颠倒或跳项操作，每次扣 5 分
10. 重要设备颠倒操作，全题不得分
11. 每项操作后不做记号，重要操作不记录时间，扣 2 分
12. 每项操作后不检查，扣 2 分
13. 发生误操作全题不得分

398

行业：电力工程　　工种：水轮发电机组值班员　等级：技师/高技

编　号	C21C076	行为领域	e	鉴定范围	5
考核时限	20min	题　型	B	题　分	30
试题正文	×厂 500kV 联络变压器压器（7B）由检修态转运行态				
需要说明的问题和要求	1. 要求被考人单独完成操作 2. 考评员可根据考场设备实际情况拟出相似题目 3. 考核时，被考人要先填写操作票，然后进行操作 4. 倒闸操作时，要严格执行规程之规定，现场考核只能进行模拟演示不准触及设备，并做好监护 5. 现场出现异常，停止考核退出现场				
工具、材料、设备现场	1. 现场考核，应选在备用设备上进行演示，以免影响机组运行；无备用设备，应做好安全防范措施 2. 现场考核时，应准备好必要的操作工具和绝缘用具，穿好工作服 3. N 厂 500kV 联络变压器一次系统图 CB-13 4. 操作前，500kV C2 串合环运行，联络变压器复电前应先进行解环操作 5. 50436 隔离开关与 50412、50421 隔离开关间有逻辑闭锁，分、合 50436 隔离开关前必须将 50412、50421 隔离开关断开				

	序号	项　目　名　称
评 分 标 准	1	接值长令
	2	检查工作已结束，工作票已收回，工作人员已撤离，工作现场清洁无杂物
	3	拆除联络变压器 35kV 侧悬挂的一组三相短路接地线
	4	拉开联络变压器 220kV 侧 20767 接地隔离开关
	5	检查联络变压器 220kV 侧 20767 接地隔离开关三相确已断开
	6	拉开联络变压器 500kV 侧 5043617 接地隔离开关
	7	检查联络变压器 500kV 侧 5043617 接地隔离开关三相确已断开
	8	将联络变压器 35kV 侧电压互感器 1VYH 推进至"工作"位
	9	合上 500kV 联络变压器电压互感器 3WYH 二次侧空气开关
	10	断开联络变压器 500kV 侧 5042 断路器
	11	检查联络变压器 500kV 侧 5042 断路器三相确已断开
	12	断开联络变压器 500kV 侧 5041 断路器
	13	检查联络变压器 500kV 侧 5041 断路器三相确已断开
	14	断开 500kV C2 串 50412 隔离开关
	15	检查 500kV C2 串 50412 隔离开关三相确已断开
	16	断开 500kV C2 串 50421 隔离开关
	17	检查 500kV C2 串 50421 隔离开关三相确已断开
	18	合上 500kV C2 串 50436 隔离开关
	19	检查 500kV C2 串 50436 隔离开关三相确已合好
	20	合上 500kV C2 串 50412 隔离开关
	21	检查 500kV C2 串 50412 隔离开关三相确已合好
	22	合上 500kV C2 串 50421 隔离开关
	23	检查 500kV C2 串 50421 隔离开关三相确已合好

	序号	项　目　名　称
评分标准	24	合上 220kV 2076 隔离开关
	25	检查 220kV 2076 隔离开关三相确已合好
	26	检查联络变压器重瓦斯保护投"信号"位，其余保护按正常运行方式投入
	27	无压合上联络变压器 500kV 侧 5041 断路器
	28	检查联络变压器 500kV 侧 5041 断路器三相确已合好
	29	检查联络变压器充电运行正常
	30	同期合上联络变压器 500kV 侧 5042 断路器
	31	检查联络变压器 500kV 侧 5042 断路器三相确已合好
	32	同期合上联络变压器 220kV 侧 207 断路器
	33	检查联络变压器 220kV 侧 207 断路器三相确已合好
	34	将联络变压器 35kV 侧 307 断路器推进至"工作"位
	35	合上联络变压器 35kV 侧 307 断路器
	36	检查联络变压器 35kV 侧 307 断路器三相确已合好
	37	检查联络变压器 35kV 侧母线充电运行正常
	38	全面检查以上操作正确无误
	39	记录时间，报告值长，操作完毕
	质量要求	1. 操作票要用仿宋字填写，字迹不得潦草或辨认不清 2. 工作任务要填写清楚 3. 重要设备操作要使用双重编号 4. 操作票不准合项、并项 5. 操作票不准涂抹、更改 6. 每项操作前要核对设备标志 7. 操作顺序不准随意更改或跳项操作 8. 每完成一项操作要做记号，重要操作要记录时间
	得分或扣分	1. 字迹潦草辨认不清，扣 5 分 2. 操作每漏一项扣 5 分，严重漏项全题不得分 3. 操作票合项、并项，每处扣 2 分 4. 操作任务填写不清，扣 5 分 5. 设备不写双重名称，每处扣 2 分 6. 操作术语使用不标准，每处扣 2 分 7. 操作票涂改、更改，每处扣 2 分 8. 每项操作前不核对设备标志，扣 5 分 9. 操作顺序颠倒或跳项操作，每次扣 5 分 10. 重要设备颠倒操作，全题不得分 11. 每项操作后不做记号，重要操作不记录时间，扣 2 分 12. 每项操作后不检查，扣 2 分 13. 发生误操作全题不得分

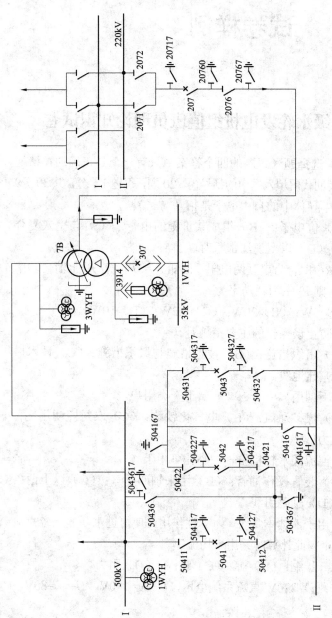

图 CB-13　N厂 500kV联络变压器一次系统图

中级水轮发电机组值班员理论知识试卷

一、选择题（每题的四个答案中只有一个是正确的，请把正确答案的代码填入题中的括号内，20 题，每题 1.5 分，共 30 分）

1. 半导体中的自由电子是指（   ）。

（A）价电子；（B）组成共价键的电子；（C）与空穴复合的电子；（D）以上说法都不对。

2. R_1 和 R_2 为串联两电阻，已知 $R_1=5R_2$，若 R_1 上消耗功率为 1W，则 R_2 上消耗功率为（   ）。

（A）5W；（B）20W；（C）0.2W；（D）10W。

3. 防止误操作的主要措施是（   ）。

（A）组织措施；（B）技术措施与组织措施；（C）技术措施；（D）挂地线。

4. 下列用户中（   ）属于一类用户。

（A）煤矿通风；（B）电气化铁路；（C）农村照明用电；（D）电力排灌。

5. 混流式水轮机主轴中心孔可用于（   ）。

（A）装置操作油管；（B）用来轴心补气；（C）以上两条兼有；（D）励磁引线。

6. 由于液体本身（   ）性作用，使得过水断面上各点流速不同，因此计算时采用平均流速。

（A）压缩；（B）弹；（C）黏滞；（D）阻力。

7. 测量 220V 直流系统电压，$U+_{对地}=140V$，$U-_{对地}=80V$，说明（   ）。

（A）负极全接地；（B）正极全接地；（C）负极绝缘下降；

（D）正极绝缘下降。

8. 下面说法错误的是（　　）。

（A）电路中有感应电流必有感应电势存在；（B）自感是电磁感应的一种；（C）互感是电磁感应的一种；（D）电路中产生感应电势必有感应电流。

9. 下面说法正确的是：（　　）。

（A）三极管的开关作用，就是三极管在脉冲信号作用下，一会儿导通，一会儿截止；（B）三极管的开关速度很快，可达到每秒 100 万次以上；（C）三极管的开关作用在数字电路中得到了广泛的应用；（D）以上说法都对。

10. 一负载电流相位滞后端电压 80°，该负载需电源（　　）。

（A）提供无功；（B）提供有功；（C）同时提供有功，无功；（D）吸收有功，发出无功。

11. 测量温度应选用的传感器是（　　）。

（A）电阻式传感器电感式传感器；（B）热电阻式传感器和电容式传感器；（C）热电阻式传感器和热电式传感器；（D）霍尔式传感器和热电式传感器。

12. 从油浸变压器顶部看，约有 1%～1.5% 的坡度，这是（　　）。

（A）安装误差；（B）导顺气流通道；（C）没有什么用途；（D）放油彻底。

13. 为了提高功率因数，通常采用的补偿方式是（　　）。

（A）过补偿；（B）全补偿；（C）欠补偿；（D）共振补偿。

14. 水库的工作深度是指：（　　）。

（A）防洪限制水位与死水位之间的水层深度；（B）正常蓄水位与死水位之间的水层深度；（C）防洪高水位与死水位之间的水层深度；（D）设计洪水位与校核洪水位之间的水层深度。

15. 水泵的安装高度主要受（　　）控制，否则将抽不上水或出水量很小。

（A）扬程；（B）真空度；（C）电动机功率；（D）水泵效率。

16. 大型离心泵启动前的出口阀应（　　　）。

（A）打开；（B）关闭；（C）充水；（D）开旁通阀。

17. 经检修或变动后的机组自动回路，其绝缘电阻应
（　　　）。

（A）大于 1MΩ；（B）大于 0.5MΩ；（C）大于 1.5MΩ；
（D）大于 10MΩ。

18. 发电机励磁调节器在"手动"，只增加有功时，则
（　　　）。

（A）无功增加；（B）无功减少；（C）无功不变；（D）不
确定。

19. 变压器瓦斯气体保护动作后，经检查气体无色不能燃
烧，说明是（　　　）。

（A）空气进入；（B）木质故障；（C）纸质故障；（D）油
故障。

20. 导叶实际开度（黑针）与开度限制指针重合时，应
（　　　）。

（A）减少开度限制使之不重合；（B）增加转速调整（频率
给定）；（C）减小转速调整使实际开度至开度限制以下2%～3%；
（D）增加开度限制。

二、判断题（把你认为正确的在题后的括号中画√，认为
错误的在题后的括号中画×。每题 1.5 分，共 30 分）

1. 变压器铁芯中的磁通是传递能量的桥梁。　　　　（　　　）

2. 准同期并列的条件是：相位、频率相同，相序一致。

（　　　）

3. 二次设备包括继电保护，自动装置，直流电源装置。

（　　　）

4. 在一个三极管放大电路中，三极管的基极电流增大时，
会引起集电极电流增大许多倍，这说明三极管具有生产电流的
能力。　　　　　　　　　　　　　　　　　　　　　（　　　）

5. 异步电动机的转差率是指同步转数与转子转速之差。
（　　）

6. 发电机失磁系指发电机在运行过程中失去励磁电流而使转子磁场消失。
（　　）

7. 输入、输出通道又称过程通道。
（　　）

8. 耦合电容器的作用是构成高频讯号通道，阻止高压工频电流进入弱电系统。
（　　）

9. 三极管有两个 PN 结，二极管有一个 PN 结，因此能用两个二极管组成一个两 PN 结的三极管。
（　　）

10. 在可控硅整流电路中，改变控制角 α，就能改变直流输出电压的平均值。
（　　）

11. 真空滤油机只用于绝缘油处理，其速度快、效率高。
（　　）

12. 正弦交流向量的加减，可以将向量直接相加减。（　　）

13. 高压断路器主要是用来切断电源的。（　　）

14. 在电阻和电容串联的交流电回路中，电阻吸收有功功率，而电容发出无功功率。
（　　）

15. 电流互感器在运行中二次侧严禁开路，空余的副线圈应当短接起来。
（　　）

16. 水轮机导轴承（水导轴承）所受的径向力，主要是导轴瓦间隙调整不均匀引起的。
（　　）

17. 机组进行自动准同期并网时，先合上发电机出口端断路器，然后马上给发电机加上励磁。
（　　）

18. 抽水蓄能电站因为抽水用的电比放水时发出的电要多，所以抽水蓄能电站在电力系统中没有什么作用。（　　）

19. 水润滑的橡胶水导轴承不允许供水中断。（　　）

20. 水电厂技术供水的排水一般设置集水井。（　　）

三、简答题（每题 5 分，共 15 分）

1. 什么是主保护？什么是后备保护？

2. 变压器最高运行电压是多少？若超压运行有何影响？

3. 隔离开关可以进行哪些操作？

四、计算题（每题 5 分，共 10 分）

1. 一台两极异步电动机，其额定转速为 2850r/min，求当电源频率为 50Hz 时，额定转差率为多少？

2. 某水轮发电机组，带有功负荷 80MW，无功负荷 −60Mvar，问功率因数是多少？

五、绘图题（5 分）

根据主俯视图画出左视图：

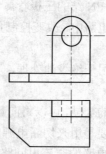

六、论述题（10 分）

发电机着火后如何处理？

中级水轮发电机组值班员技能要求试卷

一、发电机轴承温度升高处理（20 分）

二、变压器着火如何进行处理（20 分）

三、C 厂用 6kV I 段停电（25 分）

四、盐张 I 回 1111 线路停电（35 分）

中级水轮发电机组值班员理论知识试卷答案

一、选择题

1.（D）　　2.（C）　　3.（B）　　4.（A）　　5.（B）　　6.（C）

7. （C）　8. （D）　9. （D）　10. （C）　11. （C）　12. （B）

13. （C）　14. （B）　15. （B）　16. （B）　17. （B）　18. （B）

19. （A）　20. （C）

二、判断题

1. （√）　2. （×）　3. （×）　4. （×）　5. （×）　6. （√）

7. （√）　8. （√）　9. （×）　10. （√）　11. （×）　12. （×）

13. （×）　14. （√）　15. （√）　16. （×）　17. （×）　18. （×）

19. （√）　20. （×）

三、简答题

1. 答：主保护就是能够快速而且有选择地切除被保护区域内的故障的保护。后备保护就是当某一元件的主保护或断路器拒绝动作时能够以较长的时限切除故障的保护。

2. 答：变压器最高运行电压不得高于该分接头额定电压的110%，且额定容量不变。当电压过高时，变压器铁芯饱和程度增加，负载电流和损耗增大，导致电压磁通波形严重突变，电压波形中的高次谐波大大增加，不仅增加线路和用户电机损耗，甚至可能引起系统谐振和绝缘损坏，还干扰通讯、保护和自动装置的正常工作。

3. 答：（1）拉合旁路母线的旁路电流；（2）拉合母线上的电容电流；（3）拉合电压互感器，避雷器；（4）拉合变压器中性线，若中性线上装有消弧线圈，当系统无故障时才准操作；（5）拉合电容电流不超过 5A 的空载线路。

四、计算题

1. 解：已知 p =1，f =50Hz，n =2850r/min

则：$n_1 = \dfrac{60f}{p} = \dfrac{60 \times 50}{1} = 3000$ （r/min）

故：$s = \dfrac{n_1 - n}{n_1} \times 100\% = \dfrac{3000 - 2850}{3000} \times 100\% = 5\%$

答：额定转差率为 5%。

2. 解：

$$S = \sqrt{P^2 + Q^2}$$
$$= \sqrt{80^2 + (-60)^2}$$
$$= 100MVA$$
$$\cos\varphi = P/S = 0.8$$

答：功率因数为 0.8。

五、绘图题

根据主俯视图画出左视图：

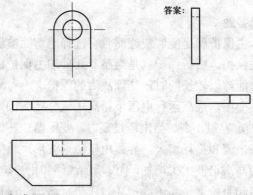

答案：

六、论述题

答：发电机着火后的处理方法和步骤如下：

（1）确认发电机着火，若机组未停，立即按"事故停机"按钮。

（2）发电机风洞门应关闭。

（3）确认发电机已灭磁无电压。

（4）打开发电机消防供水阀门（低水头电厂应启动消防水泵）。

（5）确认发电机火已灭后，关闭消防供水阀门。

机组灭火过程中注意的事项：

（1）不准破坏发电机风洞密封。

（2）灭火过程中不准进入风洞。

（3）发电机内部着火不准用沙子或泡沫灭火器。

（4）发电机引线着火，在停机灭磁后，用四氯化碳 1211 灭火器灭火。

（5）火熄灭后进风洞检查必须戴防毒面具，并有两人以上同行。

中级水轮发电机组值班员技能要求试卷答案

一、答：发电机轴承温度升高处理见下表：

编　号	C04A008	行为领域	e	鉴定范围	5
考核时限	10min	题　型	A	题　分	20
试题正文	发电机轴承温度升高处理				
需要说明的问题和要求	1. 要求被考人单独进行故障处理 2. 考评员可根据实际情况给出故障现象，被考人按规程规定进行处理；现场考核只能进行模拟演示，不能触及运行设备，并做好监护 3. 出现异常情况时，停止考核退出现场				
工具、材料、设备现场	1. 实际设备或仿真机 2. 现场考核时，不得触及设备，做好安全防范措施 3. 操作工具和绝缘用具				

	序号	项　目　名　称
评分标准	1	现象
	1.1	发电机轴承温度超过额定值
	2	处理
	2.1	检查各种表计，校核温度是否升高
	2.2	检查机组是否在共振区，设法避开
	2.3	检查轴承冷却器进出水水压，适当提高水压或冷却器切换冷却水向
	2.4	检查该轴承油色、油位是否正常（如有异常应取油样化验）。若有漏油、跑油、甩油现象应设法消除
	2.5	测定机组各部摆度，听轴承内有无异音，并测量轴电压
	2.6	经处理温度仍不下降，联系降低发电机出力。设专人监视温度
	2.7	如轴瓦温度急剧升高，应立即停机
	2.8	如轴瓦温度普遍升高，超过额定值，即将达到停机值，应紧急停机
	质量要求	按规程规定处理正确
	得分或扣分	不检查各表计核对温度扣1～3分 不检查水压扣2分 不检查轴承各部位扣2～5分 不调整负荷扣2分 不监视温度扣1分 不联系调度停机不得分

二、答：变压器着火如何进行处理见下表：

编　　号	C03A016	行为领域	e	鉴定范围	5
考核时限	15min	题　　型	A	题　　分	20

试题正文	变压器着火如何进行处理
需要说明的问题和要求	1. 要求被考人单独进行处理 2. 考评员可结合现场实际，给出变压器具体着火地点，被考人按规程规定进行处理，现场考核只能进行模拟演示，不准触及运行设备，并做好监护 3. 出现异常情况时，停止考核退出现场
工具、材料、设备现场	1. 现场实际设备 2. 应选在备用设备上进行考核，无备用变压器时，要做好安全防范措施 3. 备好操作工具、绝缘用具和灭火器材

评分标准	序号	项　目　名　称
	1	现象
	1.1	主变压器本体着火、冒烟、防爆筒喷油，重瓦斯气体保护动作，停机现象出现
	2	处理
	2.1	立即恢复电网频率和电压，同时到现场检查，确定变压器着火情况，汇报值长，立即将故障着火变压器停电处理，按规定关闭防火门
	2.2	拉开发变组单元出口断路器两侧隔离开关，并断开变压器冷却装置电源
	2.3	联系消防队进行报警，并组织人员灭火
	2.4	监视变压器着火情况，汇报发电厂总工，决定是否打开变压器下部事故放油阀放油，使油面低于着火处
	2.5	若变压器因内部故障引起着火时，禁止放油，以防变压器突然爆炸
	2.6	若检查为变压器外壳下部着火，在火势不大，且有足够安全距离时，可不停电迅速灭火，将通风装置停运，并做好停运准备
	2.7	变压器灭火，应使用二氧化碳、四氯化碳及1211喷雾水枪进行灭火
	2.8	使用灭火器灭火时，应穿绝缘靴、戴绝缘手套，注意液体不得喷至带电设备上
	质量要求	按规程规定正确处理
	得分或扣分	不到现场检查不得分 按着火部位变压器不停电全题不得分 不报警或不会报警扣2～4分 处理错误扣5分 处理不当不得分 灭火器使用不当扣1～3分 不使用绝缘用具扣2分

三、答：C 厂厂用 6kV I 段停电见下表：

编　号	C04B031	行为领域	e	鉴定范围	5
考核时限	20min	题　型	B	题　分	25
试题正文	C 厂厂用 6kV I 段停电做安全措施				
需要说明的问题和要求	1. 要求被考人单独完成操作 2. 考评员可根据考场设备实际情况拟出相似题目 3. 考核时，被考人要先填写操作票，然后进行操作 4. 倒闸操作时，要严格执行规程之规定，现场考核只能进行模拟演示不准触及设备，并做好监护 5. 现场出现异常，停止考核退出现场				
工具、材料、设备现场	1. 现场考核，应选在备用设备上进行演示，以免影响机组运行；无备用设备，应做好安全防范措施 2. 现场考核时，应准备好必要的操作工具和绝缘用具，穿好工作服 3. C 厂厂用一次系统图 CB-03 4. 17B、18B 可以并联运行 5. 备用电源自动投入装置停用				
评分标准	序号	项　目　名　称			
	1	收到值长令：厂用 6kV I 段停电做安全措施			
	2	检查 400V 系统 I、II 段联络断路器 D12 在工作位置			
	3	合上 400V 系统 I、II 段联络断路器 D12			
	4	检查 400V 系统 I、II 段联络断路器 D12 在合位			
	5	拉开 17T 417 断路器			
	6	检查 17T 417 断路器在开位			
	7	将 17T 417 断路器拉出至检修位置			
	8	投入 18T 保护跳 D12 断路器 XB			
	9	检查 17T 保护跳 D12 断路器 XB 在退出			
	10	检查 400V I 段母线运行正常			
	11	检查 1 号机机旁动力盘进线断路器 1J41 在工作位置			
	12	拉开 1 号机机旁动力盘进线断路器 1J27			
	13	检查 1 号机机旁动力盘进线断路器 1J27 在开位			
	14	合上 1 号机机旁动力盘进线断路器 1J41			
	15	检查 1 号机机旁动力盘进线断路器 1J41 在合位			
	16	将 1 号机机旁动力盘进线断路器 1J27 拉出至检修位置			

	序号	项 目 名 称
评 分 标 准	17	检查 2 号机机旁动力盘进线断路器 2J41 在工作位置
	18	拉开 2 号机机旁动力盘进线断路器 2J27
	19	检查 2 号机机旁动力盘进线断路器 2J27 在开位
	20	合上 2 号机机旁动力盘进线断路器 2J41
	21	检查 2 号机机旁动力盘进线断路器 2J41 在合位
	22	将 2 号机机旁动力盘进线断路器 2J27 拉出至检修位置
	23	拉开 27T 627 断路器
	24	检查 27T 627 断路器在开位
	25	将 27T 627 断路器小车开关拉出至检修位置
	26	切除 27T 627 断路器控制电源
	27	拉开 17T 617 断路器
	28	检查 17T 617 断路器在开位
	29	将 17T 617 断路器小车开关拉出至检修位置
	30	切除 17T 617 断路器控制电源
	31	拉开 6kV 系统Ⅰ、Ⅱ段联络断路器 12
	32	检查 6kV 系统Ⅰ、Ⅱ段联络断路器 12 在开位
	33	将 6kV 系统Ⅰ、Ⅱ段联络断路器 12 小车开关拉出
	34	切除 6kV 系统Ⅰ、Ⅱ段联络断路器 12 控制电源
	35	检查 11T 611 断路器在开位
	36	将 11T 611 断路器小车开关拉出至检修位置
	37	切除 11T611 断路器控制电源
	38	切除 6kVⅠ段电压互感器 TV 二次熔断器
	39	将 6kVⅠ段 TV 小车拉出至检修位置
	40	6kVⅠ段母线验电无电压
	41	6kVⅠ段母线 TV 柜挂三相短路接地线一组
	42	登记地线
	43	有关安全措施处挂警告牌
	44	全面检查
	45	汇报
	46	盖"已执行"章
		（五防闭锁的"解锁"和"加锁"未填写）
质量 要求		1. 操作票要用仿宋字填写，字迹不得潦草或辨认不清 2. 工作任务要填写清楚 3. 重要设备操作要使用双重编号 4. 操作票不准合项、并项 5. 操作票不准涂抹、更改 6. 每项操作前要核对设备标志 7. 操作顺序不准随意更改或跳项操作 8. 每完成一项操作要做记号，重要操作要记录时间 9. 应考虑五防闭锁的"解锁"和"加锁"

	序号	项　目　名　称
评 分 标 准	得分或 扣分	1. 字迹潦草辨认不清，扣 5 分 2. 操作每漏一项扣 5 分，严重漏项全题不得分 3. 操作票合项、并项，每处扣 2 分 4. 操作任务填写不清，扣 5 分 5. 设备不写双重名称，每处扣 2 分 6. 操作术语使用不标准，每处扣 2 分 7. 操作票涂改、更改，每处扣 2 分 8. 每项操作前不核对设备标志，扣 5 分 9. 操作顺序颠倒或跳项操作，每次扣 5 分 10. 重要设备颠倒操作，全题不得分 11. 每项操作后不做记号，重要操作不记录时间，扣 2 分 12. 每项操作后不检查，扣 2 分 13. 发生误操作全题不得分

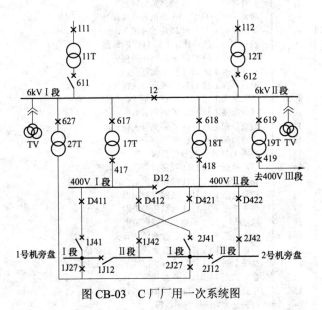

图 CB-03　C 厂厂用一次系统图

注：此图为正常运行系统图。

四、答：盐张 I 回 1111 线路停电见下表：

编　　号	C04B035	行为领域	e	鉴定范围	5
考核时限	30min	题　　型	B	题　　分	35

试题正文	盐张 I 回 1111 线路停电做安全措施
需要说明的问题和要求	1. 要求被考人单独完成操作 2. 考评员可根据考场设备实际情况拟出相似题目 3. 考核时，被考人要先填写操作票，然后进行操作 4. 倒闸操作时，要严格执行规程之规定，现场考核只能进行模拟演示不准触及设备，并做好监护 5. 现场出现异常，停止考核退出现场
工具、材料、设备现场	1. 现场考核，应选在备用设备上进行演示，以免影响机组运行；无备用设备，应做好安全防范措施 2. 现场考核时，应准备好必要的操作工具和绝缘用具，穿好工作服 3. D 厂一次系统图 CB-04

评分标准	序号	项　目　名　称
	1	收到调度令：盐张 I 回 1111 线路停电做安全措施
	2	检查盐张 I 回 1111 线路负荷降到零
	3	盐张 I 回 1111 线路重合闸方式选择开关 SA 切至"停用"位置
	4	切除盐张 I 回 1111 线路重合闸 XB
	5	联系调度：拉开盐张 I 回 1111 断路器
	6	检查盐张 I 回 1111 断路器在开位
	7	拉开盐张 I 回 1111 丙隔离开关
	8	检查盐张 I 回 1111 丙隔离开关在开位
	9	切除盐张 I 回 1111 线路同期 TV 二次熔断器
	10	拉开盐张 I 回 1111 乙隔离开关
	11	检查盐张 I 回 1111 乙隔离开关在开位
	12	检查盐张 I 回 1111 甲隔离开关在开位
	13	切除 1111 断路器操作直流
	14	切除盐张 I 回 1111 线路保护盘：启动失灵 XB
	15	切除盐张 I 回 1111 线路保护盘：保护出口 XB
	16	切除盐张 I 回 1111 线路保护电源
	17	切除盐张 I 回 1111 线路信号电源
	18	盐张 I 回 1111 断路器进线侧验电无电压
	19	合上盐张 I 回 1111 乙接地隔离开关
	20	检查盐张 I 回 1111 乙接地隔离开关在合位
	21	盐张 I 回 1111 丙隔离开关出线侧验电无电压
	22	合上盐张 I 回 1111 丙接地隔离开关
	23	检查盐张 I 回 1111 丙接地隔离开关在合位
	24	有关安全措施处挂警告牌
	25	全面检查
	26	汇报
	27	盖"已执行"章
		（五防闭锁的"解锁"和"加锁"未填写）

评分标准	序号	项 目 名 称
	质量要求	1. 操作票要用仿宋字填写，字迹不得潦草或辨认不清 2. 工作任务要填写清楚 3. 重要设备操作要使用双重编号 4. 操作票不准合项、并项 5. 操作票不准涂抹、更改 6. 每项操作前要核对设备标志 7. 操作顺序不准随意更改或跳项操作 8. 每完成一项操作要做记号，重要操作要记录时间 9. 应考虑五防闭锁的"解锁"和"加锁"
	得分或扣分	1. 字迹潦草辨认不清，扣5分 2. 操作每漏一项扣5分，严重漏项全题不得分 3. 操作票合项、并项，每处扣2分 4. 操作票任务填写不清，扣5分 5. 设备不写双重名称，每处扣2分 6. 操作术语使用不标准，每处扣2分 7. 操作票涂改、更改，每处扣2分 8. 每项操作前不核对设备标志，扣5分 9. 操作顺序颠倒或跳项操作，每次扣5分 10. 重要设备颠倒操作，全题不得分 11. 每项操作后不做记号，重要操作不记录时间，扣2分 12. 每项操作后不检查，扣2分 13. 发生误操作全题不得分

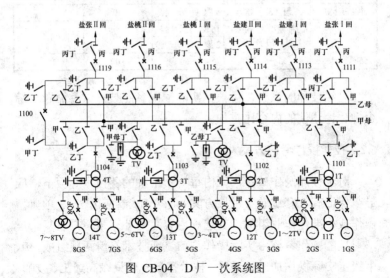

图 CB-04　D厂一次系统图

6 组卷方案

6.1 笔试试卷组卷方案

技能鉴定理论知识试卷组卷方案每卷不少于 5 种题型，其题量为 45～60 题，总分 100 分（试卷的题型与题量的分配，参见附表）。

附表　　　　试卷的题型与题量分配（组卷方案）表

题　型	鉴定工种等级		配　分	
	初级、中级	高级工、技师	初级、中级	高级、技师
选　择	20 题 （1～2 分/题）	20 题 （1～2 分/题）	20～40	20～40
判　断	20 题 （1～2 分/题）	20 题 （1～2 分/题）	20～40	20～40
简答/计算	5 题（6 分/题）	5 题（6 分/题）	30	25
绘图/论述	两种题型选一种， 1 题（10 分/题）	1 题（5 分/题） 2 题（10 分/题）	10	15
总　计	45～55 题	47～60 题	100	100

高级技师的试卷，可根据实际情况参照技师试卷命题，综合性、论述性的内容比重加大。

6.2 技能操作考核方案

对于技能操作试卷，库内每一个工种的各技术等级下，应最少保证有 5 套试卷（考核方案）。每套试卷应由 2～3 项典型操作或标准化作业组成，其选项内容互为补充，不得重复。

技能操作考核由实际操作与口试或技术答辩两项组成，初、中级工实际操作加口试进行，技术答辩一般只在高级工、技师、高级技师中进行，并根据实际情况确定其组织方式和答辩内容。